电子信息
工学结合模式
系列教材

21世纪高职高专规划教材

C与C51程序设计项目教程

丁向荣 普清民 赖金志 编著

清华大学出版社
北京

内 容 简 介

采用C语言编程是单片机应用、嵌入式系统应用编程必然的发展趋势。本书将C语言基本知识与Keil C有机结合在一起，既体现了电子信息大类专业方向的应用特色，又保留了C语言程序设计的通用性本色。本书采用任务驱动模式组织教材内容，将理论与实践紧密结合，易于实施"教、学、做"一体化教学模式，同时又便于读者自学与实践。

本教材可作为应用本科、高职高专、中职院校电子信息专业、电子通信专业、自动化专业、计算机相关专业C语言程序设计的教材，也可作为成人教育以及在职人员的培训教材、自学读物。

图书在版编目（CIP）数据

C与C51程序设计项目教程/丁向荣，普清民，赖金志编著. --北京：清华大学出版社，2014(2019.7重印)

21世纪高职高专规划教材. 电子信息工学结合模式系列教材

ISBN 978-7-302-34478-0

Ⅰ. ①C… Ⅱ. ①丁… ②普… ③赖… Ⅲ. ①C语言－程序设计－高等职业教育－教材 Ⅳ. ①TP312

中国版本图书馆CIP数据核字(2013)第274294号

责任编辑：王剑乔
封面设计：傅瑞学
责任校对：刘　静
责任印制：杨　艳

出版发行：清华大学出版社
　　网　址：http://www.tup.com.cn，http://www.wqbook.com
　　地　址：北京清华大学学研大厦A座　　**邮　编**：100084
　　社 总 机：010-62770175　　**邮　购**：010-62786544
　　投稿与读者服务：010-62776969，c-service@tup.tsinghua.edu.cn
　　质量反馈：010-62772015，zhiliang@tup.tsinghua.edu.cn
　　课件下载：http://www.tup.com.cn，010-62795764
印 装 者：北京建宏印刷有限公司
经　销：全国新华书店
开　本：185mm×260mm　　**印　张**：16　　**字　数**：366千字
版　次：2014年1月第1版　　**印　次**：2019年7月第3次印刷
定　价：39.00元

产品编号：054049-02

前 言

C 语言是目前最为基础、最为流行的程序设计语言，具有简洁、紧凑、灵活、实用、高效、可移植性好等优点。C 语言的数据类型丰富，可直接面向机器，既可用来编写系统程序，又可用来编写应用程序。单片机的 C 语言编程已成为单片机应用的必然趋势。本书新增了 C51 应用编程，着重介绍了 C 语言在 8051 单片机应用编程新增的数据类型、中断函数及开发工具，体现了 C 语言程序设计的具体应用，解决了传统计算机语言教学中"抽象，不知学有何用?"的弊病，能有效地提高学生的学习兴趣，为后续单片机、嵌入式系统的学习与应用奠定基础。

本教材根据工学结合的教学规律，采用以项目为导向、任务为驱动的教学模式组织教材内容，循序渐进。教材包括课程导引、C 程序设计篇与 C51 应用篇 3 个部分。课程导引包括 C 语言的发展与主要特点、C 程序的基本结构、程序的算法以及 C 语言集成开发环境的使用；C 程序设计篇包括顺序程序设计、选择结构程序设计、循环结构程序设计、数组的应用、用函数实现模块化程序设计、指针的应用、构造用户自己的数据类型、编译预处理、文件 9 个项目；C51 应用篇包括 Keil C 集成开发环境、C51 应用编程两个项目。

C 语言程序设计方面的教材有很多，相比其他教材，本教材具有如下特色：

(1) 新增 C51 应用篇，体现了 C 语言程序设计具体的应用特性，增加 C 语言程序设计课程与后续课程的连贯性。

(2) 采用以项目为导向、任务为驱动的教学模式组织教材内容，符合应用本科、高职高专、中职的教学目标，体现工学结合的职业教育教学特色。

本教材配有电子课件，以方便教学与读者自学使用。

本书由广东轻工职业技术学院丁向荣负责统筹、策划、统稿，具体编写课程导引、项目 10 与项目 11；中山职业技术学院普清民编写项目 3、项目 5～8；广东轻工职业技术学院赖金志编写项目 1、项目 2、项目 4 与项目 9。感谢深圳宏晶科技有限公司姚永平总经理对本教材的提议、建议与指导！在本书编写过程中参阅了大量书籍，同时也引用了互联网上的资料，在此向这些书籍和资料的原作者表示衷心的感谢！

限于编者水平有限，书中难免存在不当之处，恳请广大读者批评指正！任何批评、交流与建议，请发至：dingxiangrong65@163.com，不胜感谢！

编 者

2013 年 10 月于广州

目　录

C51 应用篇

课 程 导 引

课程导引是C语言学习的重要的准备过程，一是了解C语言的作用、特点与发展历史；二是从宏观上掌握C语言源程序的组成结构；三是掌握C语言应用编程的开发过程与C语言开发工具，包括程序的编辑、编译、连接与运行。

主要内容：

(1) 计算机指令与程序的概念。

(2) 机器语言、汇编语言与高级语言。

(3) C语言的特点与C语言源程序的组成结构。

(4) 算法的概念与算法的描述。

(5) C语言源程序的处理过程。

重点与难点：

(1) C语言源程序的编辑、编译、连接与运行。

(2) 算法的概念与描述。

0.1 C语言的发展与主要特点

0.1.1 计算机程序与计算机语言

一个完整的计算机是由硬件和软件两部分组成的，缺一不可。看得到、摸得着的实体部分是计算机的硬件部分，计算机硬件只有在软件的指挥下，才能发挥其效能。计算机采取“存储程序”的工作方式，即事先把程序加载到计算机的存储器中，当启动运行后，计算机便自动地按照程序进行工作。

1. 指令与程序

计算机在人们眼中是“万能”的，能自动完成各种各样的工作。但究其本质，计算机只能完成一些简单的操作，计算机的每一次操作都是根据人们事先指定的指令进行的，通过简单操作的不同组合及快速运行，计算机就能按照人们的意志完成各种各样的工作。但计算机确实是最伟大的电子产品。

(1) 指令是规定计算机完成特定任务的命令，微处理器就是根据指令指挥与控制计算机各部分协调地工作。

(2) 程序是指令的集合，是解决某个具体任务的一组指令。在用计算机完成某个工作任务之前，人们必须事先将计算方法和步骤编制成由逐条指令组成的程序，并预先将它以二进制代码(机器代码)的形式存放在程序存储器中。

2. 编程语言

编程语言分为机器语言、汇编语言和高级语言。

(1) 机器语言是用二进制代码表示的，是机器能直接识别的语言，因此机器语言程序又称为目标程序。早期的计算机编程就是用二进制代码进行编程的，但机器语言与人们习惯的语言差别太大，难学、难写、难记忆、难阅读、难修改、难推广，当时只有极少数计算机专业人员会用机器语言编程。

(2) 汇编语言是用英文助记符来描述指令的，如用 ADD 表示“加”、SUB 表示“减”等，记忆、阅读、书写远胜于机器语言，但计算机并不能直接识别与执行汇编语言指令，需要用一种称为汇编程序的软件，将汇编语言指令转换为机器语言指令代码，才可被计算机识别与执行。助记符指令与机器代码指令有一一对应的关系，与机器语言指令一样，直接面向机器操作，依赖于具体机器的特性。机器语言与汇编语言都称为计算机的低级语言。

(3) 高级语言是一种接近于人们习惯使用的自然语言与数学语言的编程语言。20世纪50年代开发出了第一种计算机高级语言——Fortran 语言。数十年来，全世界涌现出了2500多种高级语言，每种高级语言都有其特定的用途，影响最大的有 Fortran 语言和 Algol(适合数值计算)、Basic/QBasic(适合初学者的小型会话语言)、Cobol(适合商业管理)、Prolog(人工智能语言)、C 语言(系统描述语言)、C++ 语言(支持面向对象程序设计的大型语言)、Visual Basic(支持面向对象程序设计的语言)等。

高级语言经历了以下几个不同的发展阶段。

(1) 非结构化语言。初期的高级语言都属于非结构化设计语言，编程风格比较随意，只要符合语法规则即可，程序中的流程可随意跳转，使程序变得难以阅读与维护。早期的 Basic、Fortran 等都属于非结构化设计语言。

(2) 结构化语言。规定程序必须由顺序结构、选择(分支)结构、循环结构等基本模块构成，程序中流程不允许随意跳转，程序总是由上而下顺序执行各个基本模块。这种程序具有结构清晰、易于编写、阅读和维护等特点。QBasic、Fortran 77 和 C 语言都属于结构化程序设计语言。

(3) 面向对象的语言。非结构化语言、结构化语言都属于基于工作过程语言，编写程序时需要具体指定每一个过程的细节，适用于编写较小规模的程序。在实践应用的发展中，人们又提出了面向对象的程序设计方法。程序面对的不是过程的细节，而是一个个对象，对象是由数据以及对数据进行的操作组成。C++、C#、Java 等语言是支持面向对象程序设计的语言。

0.1.2 C语言的发展与主要特点

C语言是目前国际广泛使用的高级语言。

1. C语言的发展历程

C语言的祖先是 BCPL 语言。BCPL 语言如何演化为 C 语言以及 C 语言的发展历程如表 0-1 所示。

表 0-1　C 语言发展历程表

时　间	C 语言发展概况
1967 年	英国剑桥大学的 Martin Richards 提出了没有类型的 BCPL(Basic Combined Programming Language)语言
1970 年	美国 AT&T 贝尔实验室的 Ken Thompson 以 BCPL 语言为基础,设计出了很简单且很接近硬件的 B 语言。但 B 语言过于简单且功能有限
1972—1973 年	美国 AT&T 贝尔实验室的 D. M. Ritchie 在 B 语言基础上设计出了 C 语言。C 语言既保持了 BCPL 和 B 语言的优点(精练、接近硬件),又克服了它们的缺点(过于简单、无数据类型)。开发 C 语言的目的是尽可能地降低编程对硬件平台的依赖性,使之具有移植性。C 语言的新特点主要体现在具有多种数据类型(如字符、数值、数组、指针等)
1973 年	最初的 C 语言是为描述和实现 UNIX 操作系统提供一种工作语言,Ken Thompson 和 D. M. Ritchie 合作把 UNIX 的 90%以上用 C 语言改写。随着 UNIX 的日益广泛使用,C 语言迅速得到推广
1978 年	Brain W. Kernighan 和 Dennis M. Ritchie 合著了影响深远的名著《The C Programming Language》,这本书介绍的 C 语言实际成为第一个 C 语言标准。1978 年以后,C 语言先后移植到大、中、小和微型计算机上,C 语言很快风靡全世界,成为世界上应用最广泛的程序设计语言
1983 年	美国国家标准协会(ANSI)根据 C 语言问世以来各种版本对 C 语言的发展和扩充,制定了第一个 C 语言标准草案('83 ANSI C)
1989 年	美国国家标准协会公布了一个完整的 C 语言标准——ANSI X3. 159-1989(常称为 ANSI C 或 C89)
1990 年	国际标准化组织 ISO 接收 C89 作为国际标准 ISO/IEC 9899:1990(简称 C90),它和 ANSI 的 C89 基本上是相同的
1999 年	1995 年,ISO 对 C90 做了一些修订,1999 年又对 C 语言标准进行修订,在基本保留原来 C 语言特性的基础上,针对应用的需要,增加了一些功能,尤其是 C++ 中的一些功能,命名为 ISO/IEC 9899:1999,2001 年与 2004 年先后进行了两次技术修正。ISO/IEC 9899:1999 及其技术修正被称为 C99 标准

2. C 语言的特点

C 语言既可以编写系统软件,又可以编写应用软件,其主要具有以下特点。

(1) 语言简洁、紧凑,使用方便、灵活。只有 37 个关键字、9 种控制语句,程序书写形式自由,一行中可书写多条语句,一个语句可分散在多行。

说明:虽然 C 语言书写形式自由,为了便于阅读、维护,建议在学习与应用编程中,养成良好的书写习惯。

(2) 运算符丰富。C 语言有 34 种运算符,把括号、赋值、强制类型转换等都作为运算符处理,表达式类型多样化。

(3) 数据类型丰富。其包括整型、浮点型、字符型、数组类型、指针类型、结构体类型、共用体类型等,C99 又扩充了复数浮点类型、超长整型(long long)、布尔类型(bool)。

(4) 模块化结构。具有结构化的控制语句,如 if/else 语句、while 语句、do/while 语句、

switch/case语句、for语句等，用函数作为程序的基本模块单位，便于实现程序的模块化。

(5) 语法限制不太严格，程序设计自由度大。如对数组下标越界不做检查，对变量的类型使用比较灵活。因此，不能完全依赖编译查错，程序员更要养成严谨的工作习惯，仔细检查，确保自己的程序正确。

(6) 允许直接访问物理地址，能进行位操作，可以直接对硬件进行操作。C语言具有高级语言的功能和低级语言的许多功能，这种双重性使它既是成功的系统描述语言，又是通用的程序设计语言。

(7) 用C语言编写的程序可移植性好。C语言的编译系统简洁，很容易移植到新系统，在新系统上运行时，可直接编译"标准链接库"中的大部分功能，不需要修改源代码。几乎所有计算机系统都可以使用C语言。

(8) 生成目标代码质量高，程序执行效率高。

C语言既可以编写系统软件，又可以编写应用软件。许多以前只能用汇编语言处理的问题，现在都可以改为用C语言来编程了，如各种单片机、嵌入式系统应用编程都采用C语言编程了，C51篇所介绍的就是专门针对8051单片机的C语言编程知识。

0.2 C程序的基本结构

1. C语言程序结构形式

```
#include<stdio.h>                        //包含命令
#define PI  3.1415                       //宏定义
int time;                                //全局变量定义
float fun_1(int a, int b);               //函数声明
/*---自定义函数1----*/
float fun_1(int a, int b)                //函数首部
{                                        //函数体
    声明部分
    执行部分
}
      ⋮
/*---自定义函数n----*/
int fun_2(int x,int y)                   //函数首部
{                                        //函数体
    声明部分
    执行部分
}
/*---主函数----*/
void main(void)                          //函数首部
{                                        //函数体
    声明部分
    执行部分
}
```

2. C程序结构说明

一个C程序包括3大部分，即预编译命令、全局声明和函数定义。

（1）预编译命令包括文件包含命令（#include）、宏定义与宏定义的撤销（#define、#undef）和条件编译（#if、#else、#endif）。

（2）全局声明包括变量声明和函数声明，全部变量声明是指在函数之外进行变量声明，即在函数外定义的变量为全局变量，反之在函数内部定义的变量称为局部变量；当一个函数调用另一个函数时，被调用函数必须事先声明，被调用函数的声明既可以在调用函数中声明，也可以在调用函数的前面进行声明，在函数外部声明时，一般放在预编译命令之后、函数定义之前处声明。

（3）函数是C语言程序的基本单位，一个C语言程序可包含多个不同功能的函数，但一个C语言程序中只能有一个且必须有一个名为main()的主函数。主函数的位置可在其他功能函数的前面、之间或最后。当功能函数位于主函数的后面位置时，在主函数调用时必须“先声明”。

C语言程序总是从main()主函数开始执行。主函数可通过直接书写语句或调用功能子函数来完成任务。功能子函数可以是C语言本身提供的库函数，也可以是用户自己编写的函数。

（4）注释。注释不是C程序所必需的，只是为了便于阅读而设置。有两种注释方式。

① 以//开始的单行注释，这种注释可以单独占一行，也可以出现在一行中其他内容的右侧。

② 以/*开始、以*/结束的块式注释，这种注释可以包含多行内容。编译系统会将一个/*开始符与下一个*/结束符之间的内容作为注释。

3. 函数结构

一个函数包括两部分，即函数首部与函数体。

（1）函数首部。函数首部即为函数的第一行，包括函数类型、函数名、函数参数类型、函数参数名。

（2）函数体。函数体是指函数首部下方花括号内的部分，又分为声明部分和执行部分。

① 声明部分包括定义在本函数中所用到的变量和对本函数所调用函数的声明。

② 执行部分由若干个语句组成，指定在函数中所进行的操作。

4. 库函数与自定义函数

库函数是针对一些经常使用的算法，经前人开发、归纳、整理形成的通用功能子函数。ANSI C提供了100多个标准库函数，不同的C编译系统除提供标准库函数外，还提供一些专门的应用函数，如Keil C则包含了针对8051单片机应用编程的库函数。

自定义函数是用户自己根据需要而编写的子函数。

【例0-1】 下面的程序是“输入三角形3条边，求面积”的C语言源程序（EX0-1.C），试分析其程序结构。

```
1    #include<stdio.h>
2    #include<math.h>
3    float fun_area(int x,int y,int z)      //定义求"已知三角形3条边求面积"的子函数
```

```
4  {
5      float s,temp;
6      s=(x+y+z)/2;
7      temp=sqrt(s*(s-x)*(s-y)*(s-z));
8      return(temp);
9  }
10 void main(void)
11 {
12     int a,b,c;
13     float area;
14     scanf("%d,%d,%d",&a,&b,&c);        //从键盘输入三角形的3条边
15     area=fun_area(a,b ,c);             //调用"已知三角形3条边求面积"的子函数
16     printf("area=%f\n",area);          //输出三角形的面积
17 }
```

解:

(1) 程序首部有两条包含语句,包含了stdio.h和math.h两个头文件。因为主函数调用的scanf()、printf()(输入/输出)函数在stdio.h头文件中;自定义函数fun_area()调用的sqrt()(求平方)函数在math.h头文件中。

(2) 包含一个主函数main()和一个子函数fun_area(),主函数调用了fun_area()子函数,fun_area()子函数位于主函数之前定义,符合"先定义、后使用"的函数调用原则。

0.3 程序的算法

一个程序主要包括以下两方面的信息。

(1) 对数据的描述。在程序中要指定用到哪些数据以及这些数据的数据类型和组织形式,这也就是数据结构。

(2) 对操作的描述。在程序中指定计算机操作的步骤,也就是算法。

数据是操作对象,操作的目的是对数据进行加工处理。作为程序设计人员,必须认真考虑和设计数据结构和操作步骤(即算法)。著名计算机科学家沃思(Nikiklaus Wirth)提出一个公式,即

算法+数据结构=程序

实际上,一个过程化的程序除了以上两个主要因素外,还应当采用结构化程序设计方法来进行程序设计,并且用一种计算机语言来描述。因此,算法、数据结构、程序设计方法和计算机语言等4个方面是一个程序设计人员所应具备的知识。

算法是解决"做什么"和"怎么做"的问题。程序中的操作语句,实际上就是算法的体现。

1. 算法的概念

广义地说,为解决一个问题而采取的方法和步骤称为算法。

计算机程序的算法可分为两大类别:数值运算算法和非数值运算算法。数值运算的目的是求数值解,如求平方根、求圆柱体的体积等,都属于数值运算范畴。非数值运算包

括的面非常广，最常见的是用于事务管理领域，如学生档案管理、职工工资管理、图书管理等。

数值运算往往有现成的模型，可采用数值分析的方法，因此对数值运算算法的研究比较深入，算法比较成熟。对各种数值运算都有比较成熟的算法可供选用，如计算机程序系统中的"数学程序库"，C 语言编译系统中的头文件 math.h 中就包含了许多数学运算算法。

非数值运算的种类繁多，要求各异，难以做到全部都有现成的答案，只有一些典型的非数值运算算法（如排序、查找搜索算法）有现成、成熟的算法可供选用。大多问题需要程序设计者参照已有的类似算法思路，自行进行设计相关问题算法。

【例 0-2】 求 1＋2＋3＋4＋5，试编制求解算法。

解：

① 用最原始的方法实现。

步骤 1：先求 1＋2，得到结果 3。

步骤 2：将步骤 1 得到的结果 3 与 3 相加，得到结果 6。

步骤 3：将步骤 2 得到的结果 6 与 4 相加，得到结果 10。

步骤 4：将步骤 3 得到的结果 10 与 5 相加，得到结果 15。

试想用这种方法求解 1＋2＋…＋100，需要编写多少个步骤？99 个步骤，显然是不可取的。

② 寻找一种通用的运算算法。

设置两个变量，i 为被加数，j 为加数。此外，每次运算的和直接存回被加数变量。用循环算法来求解结果。可将上述算法修改如下：

步骤 1：i＝1。

步骤 2：j＝2。

步骤 3：i＋j→i。

步骤 4：j＋1→j。

步骤 5：若 j≤5，则返回重新执行步骤 3、步骤 4 与步骤 5；否则，算法结束。

当采用这种算法后，求解 1＋2＋…＋100 时，只需将步骤中的 5 改为 100 即可。同样，当遇到类似规律的计算时，只需做些小改动即可。如计算 1×2×3×4×5，只需将算法中步骤 3 中的"＋"号改为"×"号即可。因此，这种算法具有很强的通用性与灵活性。

注意：对计算机而言，第②种算法并没有减少它的运行步数，反而是增加了，但当运行数据增加时，大大地减少编写程序步数，将第①种算法中的顺序运行改为了循环运行。计算机是高速数据处理机器，循环运行是轻而易举的，因此，循环运行是程序算法的重要形式，循环程序结构是程序设计最为重要的结构。

2. 算法的描述

为了描述一个算法，可以有多种方法，主要有自然语言、传统流程图、N-S 流程图。

1）用自然语言描述算法

自然语言就是人们日常使用的语言，如汉语、英语或其他语言。用自然语言描述通俗易懂，但文字冗长，容易出现歧义。一般情况下，不建议使用自然语言描述算法。

2）用传统流程图描述算法

传统流程图，简称流程图。流程图是用一些图形框来描述各种操作，直观形象，易于理解。美国国家标准化协会ANSI规定了一些常用的流程图符号，已为世界各国程序工作者普遍采用，如图0-1所示。

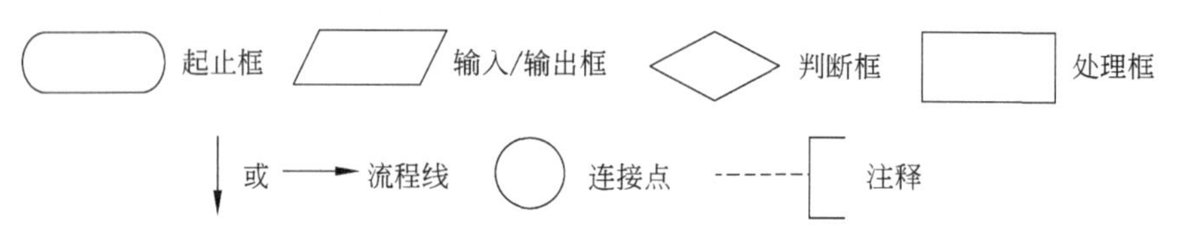

图0-1　流程图各种图框与名称

结构化程序设计有3种基本程序结构，有关它的流程图描述如下。

(1) 顺序结构。如图0-2所示，虚线框内是一个顺序结构，其中A和B两个框是顺序执行的。即，执行A后，必定执行B。

(2) 选择结构。选择结构又称为分支结构，如图0-3所示。此结构中必包含一个判断框。根据给定的条件p是否成立选择执行A框或B框。A框和B框是相互独立的，无论条件p是否成立。只能执行A框或B框之一。A框或B框中可以有一个是空的，即不执行任何操作，如图0-4所示中B框是空的。

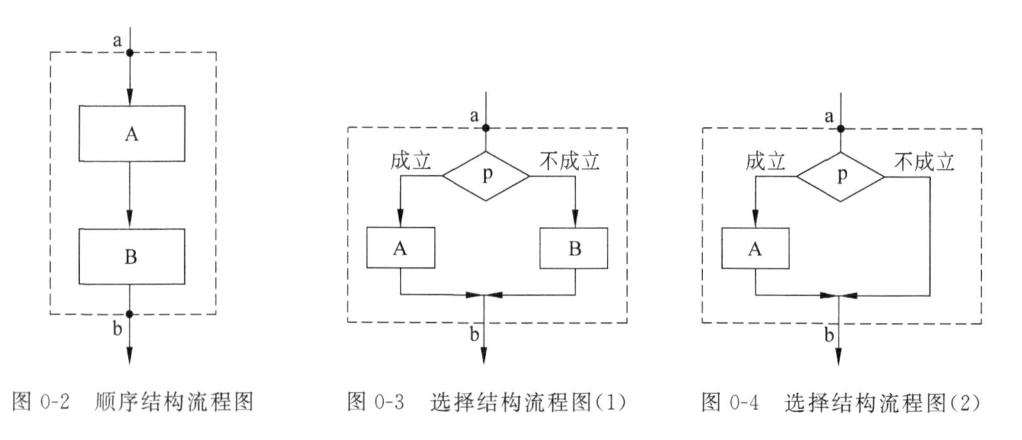

图0-2　顺序结构流程图　　图0-3　选择结构流程图(1)　　图0-4　选择结构流程图(2)

(3) 循环结构。循环结构又称重复结构，可分为两类结构。

① 当型(while型)循环结构。当型循环结构如图0-5(a)所示。当给定的条件p_1成立时，执行A框操作，执行完A后，再判断条件p_1是否成立，若成立继续执行A框操作，如此反复执行A框操作，直至某次条件p_1不成立为止，从而从b点退出本循环结构。

② 直到型(until型)循环结构。直到型循环结构如图0-5(b)所示。先执行A框操作，然后判断给定的条件p_2是否成立，若条件p_2不成立，再执行A，然后再判断条件p_2是否成立，若条件p_2仍不成立，再执行A，如此反复执行，直至给定条件p_2成立为止，从而从b点退出循环结构。

3）用N-S流程图描述算法

1973年，美国学者I. Nassi和B. Shneiderman提出了一种新的流程图形式，完全去掉

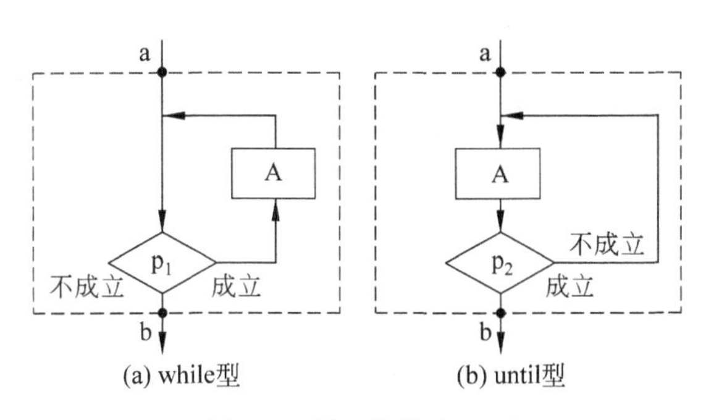

图 0-5 循环结构流程图

了带箭头的流程线，全部算法写在一个矩形框内，在这个框内包含从属于它的框，这种流程图称为 N-S 结构化流程图，简称 N-S 流程图。

用 N-S 流程图描述结构化程序的 3 种基本结构。

(1) 顺序结构。如图 0-6 所示，由 A 框和 B 框组成。

(2) 选择结构。选择结构如图 0-7 所示，当 p 条件成立时执行 A 操作，当 p 条件不成立时执行 B 操作。

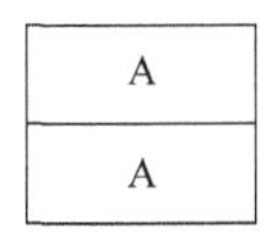

图 0-6 顺序结构的 N-S 流程图

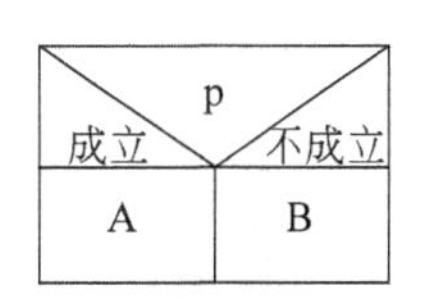

图 0-7 选择结构的 N-S 流程图

(3) 循环结构。当型循环结构如图 0-8 所示，当 p_1 条件成立时反复执行 A 操作，直至 p_1 条件不成立为止；直到型循环结构如图 0-9 所示，先执行 A 的操作，再判断 p_2 条件，只要 p_2 条件不成立再反复执行 A 操作，直到 p_2 条件成立为止。

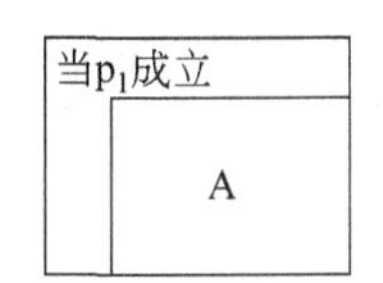

图 0-8 当型循环结构的 N-S 流程图

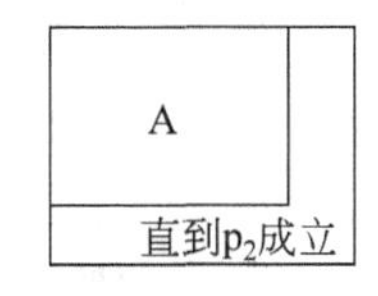

图 0-9 直到型循环结构的 N-S 流程图

【例 0-3】 判断 2000—2050 年中的每一年是否为闰年，并将结果输出。试用自然语言、传统流程图及 N-S 流程图描述其算法。

解：首先要分析闰年的条件：

能被 4 整除，但不能被 100 整除的是闰年，有 1996 年、2008 年、2012 年、…、2048 年；

能被 400 整除的是闰年，有 2000 年；

不符合这两个条件的不是闰年。

根据闰年的条件要求以及题目要求，设计的算法如下：

① 用自然语言描述。设 year 为年份变量。

步骤 1：2000→year。

步骤2：若year不能被4整除，则输出year和“不是闰年”字符，然后转到步骤6，检查下一个年份。

步骤3：若year能被4整除，不能被100整除，则输出year和“是闰年”字符，然后转到步骤6，检查下一个年份。

步骤4：若year能被400整除，则输出year和“是闰年”字符，然后转到步骤6，检查下一个年份。

步骤5：输出year和“不是闰年”字符。

步骤6：year＋1→year。

步骤7：当year≤2500时转步骤2继续执行，否则算法停止。

② 用传统流程图描述。如图0-10所示。

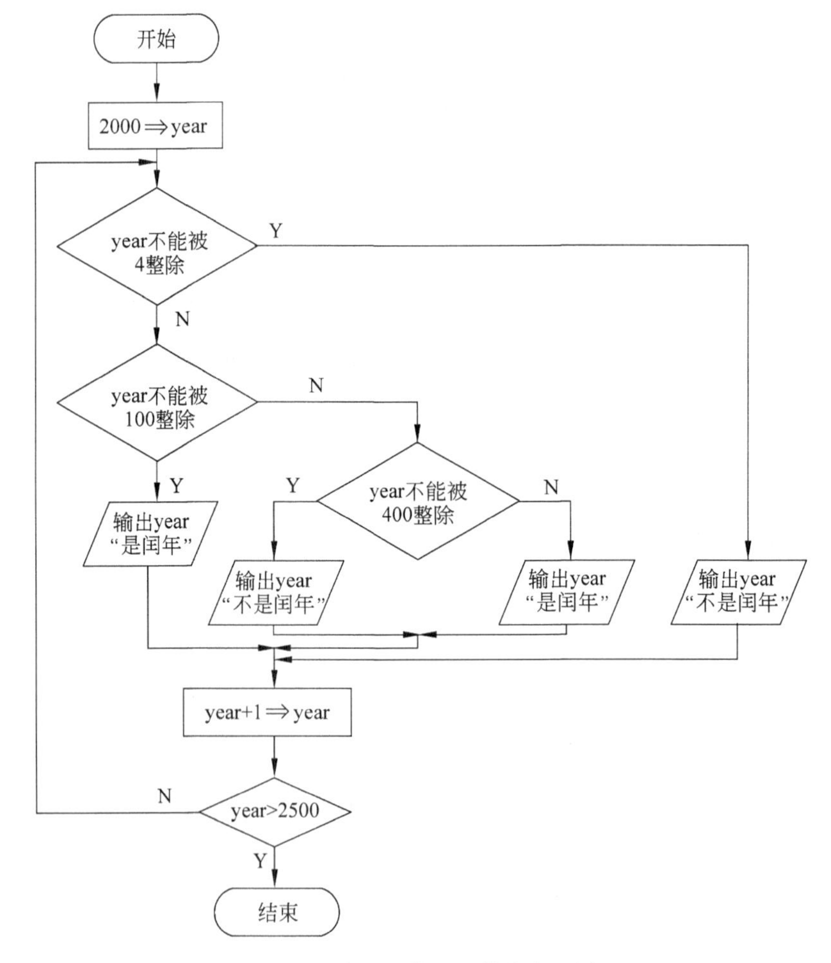

图0-10　例0-3算法的传统流程图

③ 用N-S流程图描述。如图0-11所示。

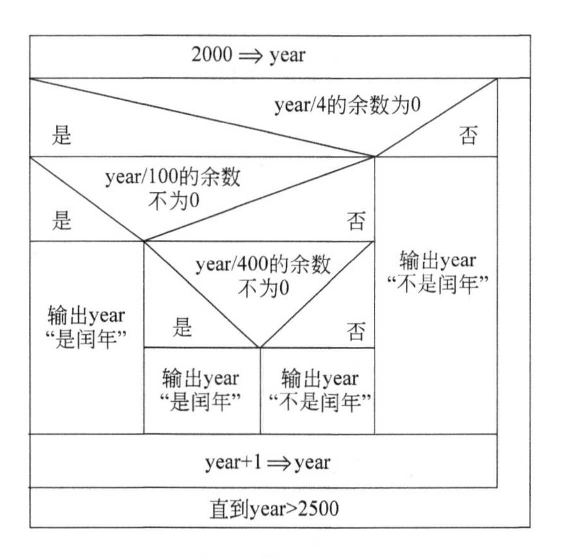

图 0-11　例 0-3 算法的 N-S 流程图

0.4　C 语言集成开发环境的使用

C 语言程序是不能直接被计算机识别和执行的，必须经编译程序把 C 语言源程序翻译成二进制形式的目标程序，然后再将该程序与系统的函数库以及其他目标程序连接起来，形成可执行的目标程序。其工作过程如图 0-12 所示。

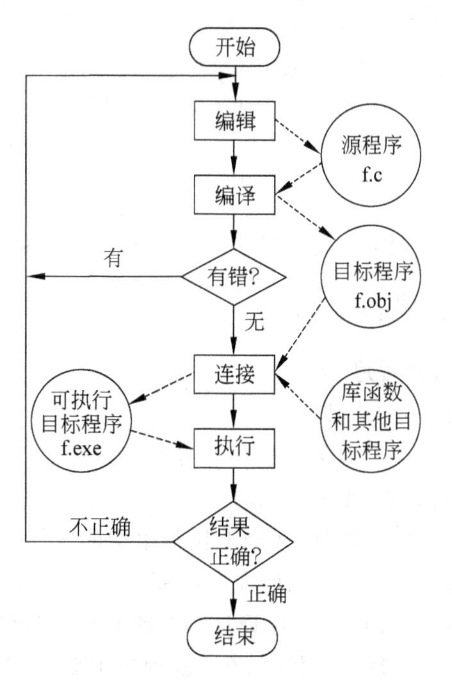

图 0-12　C 语言程序处理的工作过程

C语言源程序的处理是通过C语言编译系统来完成的，早期用Turbo C、Turbo C++ 3.0，现在多数采用Visual C++ 6.0编译系统，Visual C++ 6.0既可以对C++程序进行编译，也可对C程序进行编译。

0.4.1 安装Visual C++ 6.0与运行Visual C++ 6.0集成开发环境

Visual C++ 6.0有中文版和英文版，二者使用方法相同。为便于同学尽快入门，本教材采用中文版。Visual C++ 6.0有绿色版、企业版、完整版等不同的版本，对于初学者安装一个绿色版即可。

根据用户的方便，选择一个版本按提示进行安装。安装后，单击运行Visual C++ 6.0集成开发环境。屏幕上出现Visual C++ 6.0的主界面，如图0-13所示。

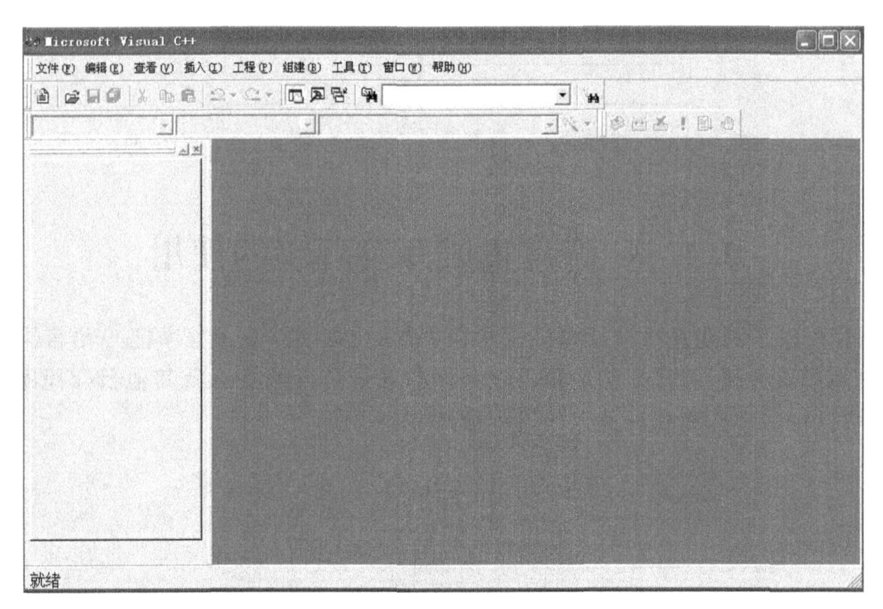

图0-13　Visual C++ 6.0的主界面

Visual C++ 6.0主界面的顶部是菜单栏，左侧是项目工作区窗口，右侧是程序编辑窗口。

0.4.2 单程序文件的操作步骤

1. 输入和编辑C语言源程序

新建一个C语言源程序的步骤如下。

(1) 在Visual C++ 6.0主界面菜单栏中选择“文件(File)”，然后选择“新建(New)”命令，屏幕上出现一个新建对话框，如图0-14所示。

(2) 单击新建对话框“文件”菜单，选择下拉菜单中的“C++ Source File”命令，表示要建立新的C++(兼容C)源程序文件，然后在对话框的右半部分“位置”输入框中输入要编辑程序的存储路径(如K:\C与C51程序设计项目教程\C程序)，在其上方的“文件名”文本框中输入准备编辑的源程序的文件名(如0-1源程序EX0-1.C)，设置后对话框如图0-15所示。

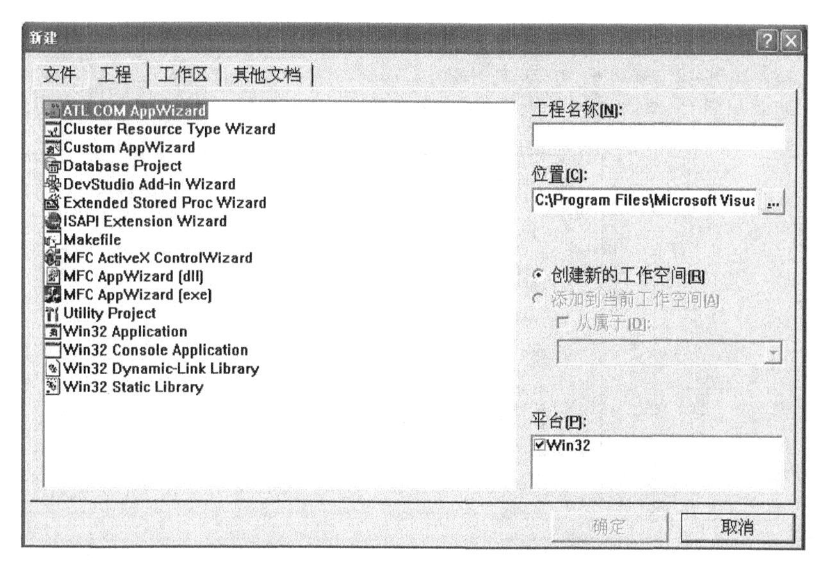

图 0-14　Visual C++ 6.0 的“新建”对话框

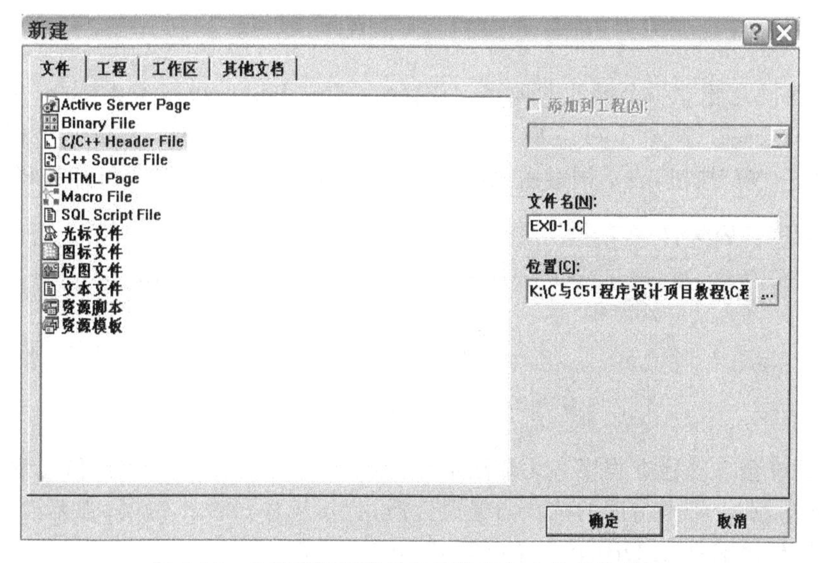

图 0-15　C 语言源程序的存储路径与文件名的设置

(3) 单击“确定”按钮后，回到 Visual C++ 6.0 主界面，并弹出 EX0-1.C 源程序的编辑框，在此框中就可以输入与编辑 EX0-1.C 源程序，如图 0-16 所示。

(4) 经检查无误后，在主菜单栏中选择“保存(Save)”命令，编辑程序即保存在指定路径(K:\C 与 C51 程序设计项目教程\C 程序)的 EX0-1.C 文件中。

2. 程序的编译

单击主菜单栏的“组建(Build)”，在其下拉菜单中选择“编译[EX0-1.C]”命令，EX0-1.C 就是刚刚建立、保存的文件。

单击编译命令后，屏幕中弹出一个对话框，提示“此编译命令要求一个有效的项目工

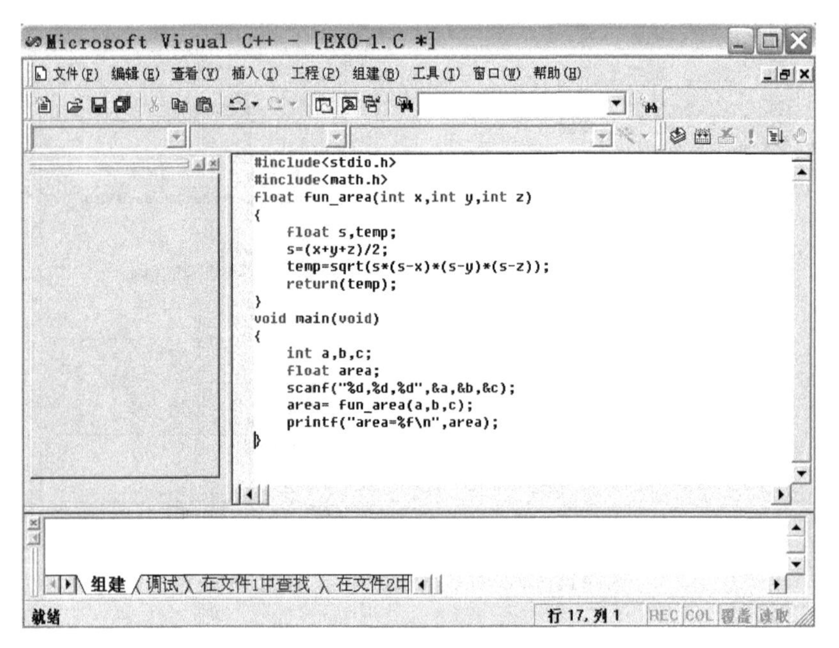

图 0-16 EX1-2-1.C 源程序的编辑框

作区,你是否同意建立一个默认的项目工作区?(This build command requires an active project workspace, Would you like to creat a default project workspace?)",如图 0-17 所示。单击"是(Y)"按钮,表示同意由系统建立默认的项目工作区,然后开始编译。

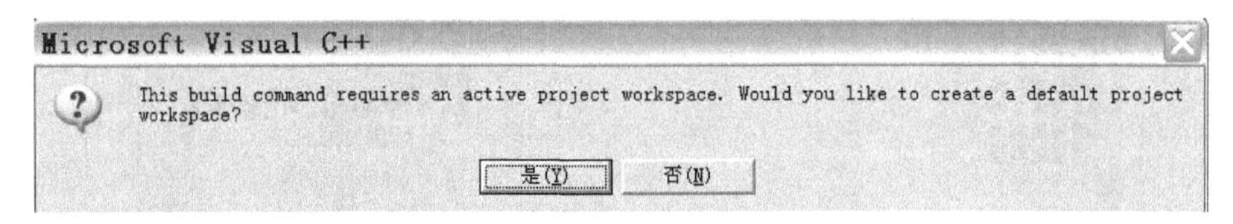

图 0-17 创建项目工作区对话框

编译系统会自动检查程序有无语法错误,然后在主窗口下部的调试信息窗输出编译信息,如有错,则会指出错误的位置与错误性质,提示程序员改正错误;若无错,则提示"0 错误信息",生成 EX0-1. OBJ 目标文件,如图 0-18 所示。

图 0-18 编译输出信息窗口

3. 程序的连接

后缀为 OBJ 的目标文件还不能直接运行,还必须把程序和系统的资源(如库文件)建立连接。单击主菜单栏的"组建(Build)",在其下拉菜单中选择"组建[EX0-1. exe]"命令,执行连接后,在调试输出窗口中输出连接时的信息,如没错误,则生成一个可执行文件

EX0-1. exe，如图 0-19 所示。

EX0-1.exe - 0 error(s), 0 warning(s)

组建 调试 在文件1中查找 在文件2中

图 0-19　连接输出信息窗口

说明：程序的编译与连接也可选择主菜单“组建(Build)”中的“组建(Build)”功能项一次完成程序的编译与连接，也可通过热键(F7)一次完成程序的编译与连接。

4. 程序的执行

得到 EX0-1. exe 文件后，就可以直接执行了。选择主菜单“组建(Build)”中的“！执行(Build)[EX0-1. exe]”命令，执行用户程序，如图 0-20 所示。

图 0-20　程序运行窗口

(1) 执行 scanf 语句，从键盘上分别输入 a，b，c 值，即 3，4，5 ↙。

(2) 执行 printf 语句，输出“area=”字符和 area 变量值，即 area=6. 000000。

(3) 最后一行“Press any key to continue”并非程序指定输出，而是 Visual C++ 6. 0 在输出结果后由系统自动加上的一行信息，告知用户“按任何一键继续”。当按下任何键时，输出窗口消失，回到 Visual C++ 6. 0 的主窗口。

说明：通过 Ctrl+F5 组合键，可一次完成程序的编译、连接与执行。

0. 4. 3　多程序文件的操作步骤

上述 Visual C++ 6. 0 的操作流程是基于单程序文件的，当程序是单程序文件时，建议采用上述操作方法。

如果一个程序包含多个源程序文件时，需要采用项目管理方法进行程序的编辑、编译、连接与运行。

1. 示例程序

将 EX0-1. C 程序分解成两个源程序文件 EX0-1a. C 和 EX0-1b. C。

EX0-1a. C：

```
#include<stdio.h>
void main(void)
{
    float fun_area(int x,int y,int z);     //函数声明
    int a,b,c;
    float area;
    scanf("%d,%d,%d",&a,&b,&c);            //从键盘输入三角形的 3 条边
```

```
    area=fun_area(a,b ,c);                    //调用"已知三角形 3 条边求面积"的子函数
    printf("area=%f\n",area);                 //输出三角形的面积
}
```

EX0-1b.C:

```
#include<math.h>
float fun_area(int x,int y,int z)             //定义求"已知三角形 3 条边求面积"的子函数
{
    float s,temp;
    s=(x+y+z)/2;
    temp=sqrt(s*(s-x)*(s-y)*(s-z));
    return(temp);
}
```

2. 创建项目工作区与项目文件

(1) 创建项目工作区。

在 Visual C++ 6.0 主界面菜单栏中选择“文件(File)”,然后选择“新建(New)”命令,在弹出的“新建”对话框中选择“工作区(workspace)”选项卡,在右部“工作空间名称”文本框中输入自己指定的工作区名称(如 SL);在“位置”文本框中输入指定的文件目录(如 K:\C与 C51 程序设计项目教程\C 程序(多程序文件)),或单击[...]按钮选择指定的文件目录,如图 0-21 所示。单击“确定”按钮,则完成项目工作区的创建工作。

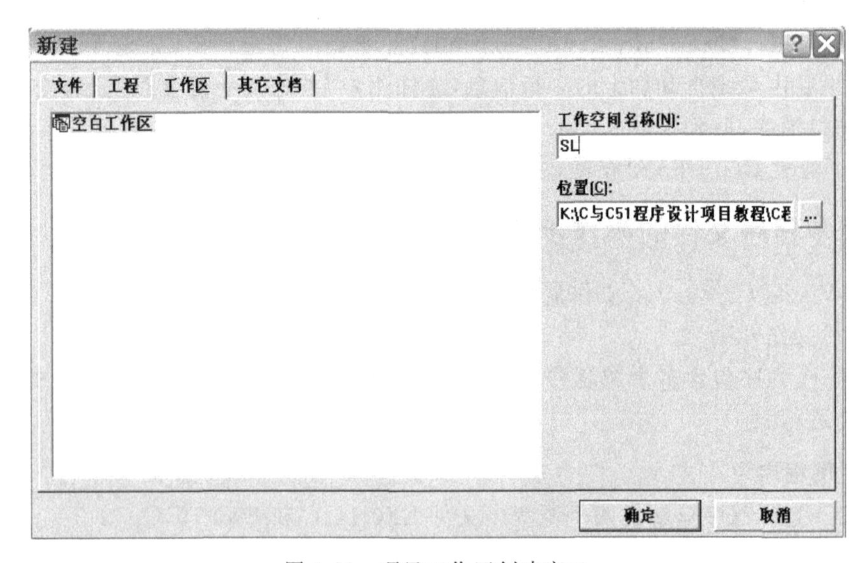

图 0-21　项目工作区创建窗口

(2) 创建项目文件。

在“新建”对话框中,选择“工程(Project)”选项卡,在对话框左侧列表中选择 Win32 Console Application 选项,在对话框右侧“工程名称”文本框中输入用户指定的项目名称(如 project_1),并选中“添加到当前工作空间(Add to current workspace)”单选按钮,此时“位置”输入框的内容自动变换为“K:\C 与 C51 程序设计项目教程\C 程序(多程序文

件)\SL\project_1”，表明已确认项目文件 project_1 放在项目工作区 SL 中，如图 0-22 所示。

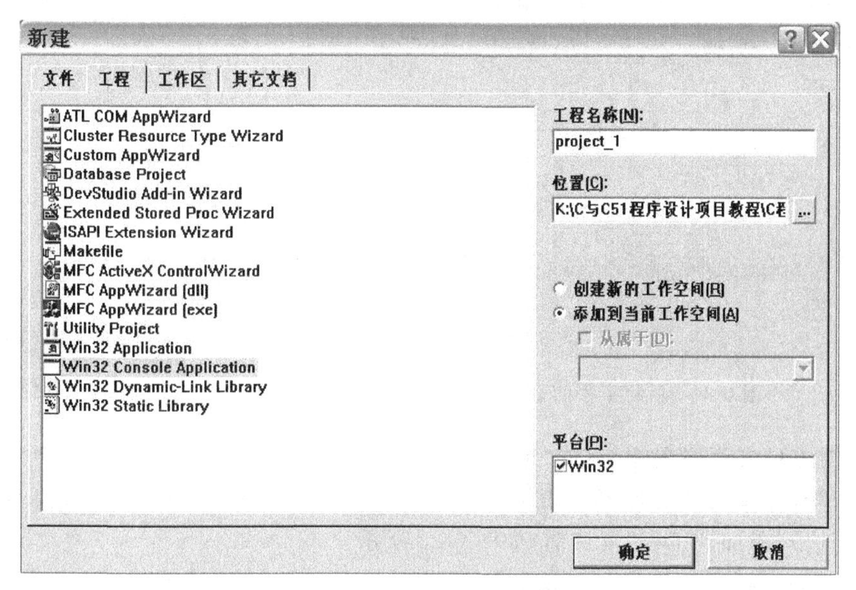

图 0-22　项目文件创建窗口

单击“确定”按钮，屏幕弹出一个询问创建什么类型的控制平台程序，如图 0-23 所示。选中“一个空工程”单选按钮，并单击“完成”按钮，屏幕弹出新建工程信息提示框，显示刚才建立项目的相关信息，如图 0-24 所示。

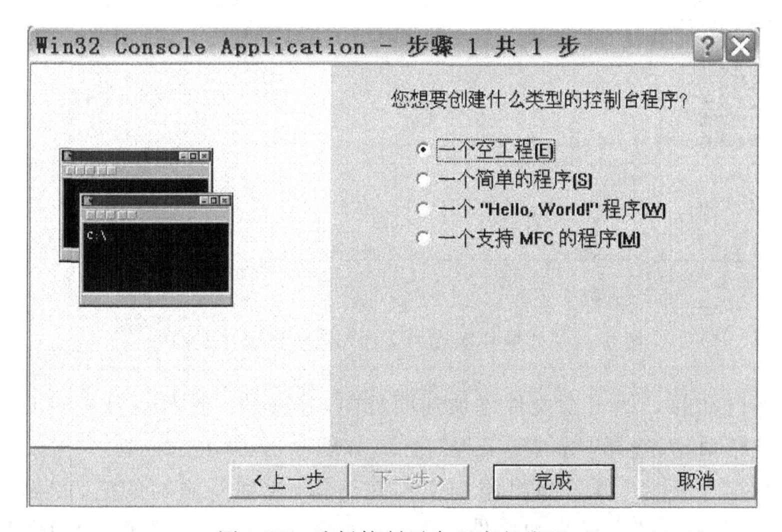

图 0-23　选择控制平台程序的类型

单击“确定”按钮，屏幕回到 Visual C++ 6.0 主界面，观察可以发现左边窗口出现一个工作区窗口，并显示工作区的相关信息，如项目文件名，如图 0-25 所示。

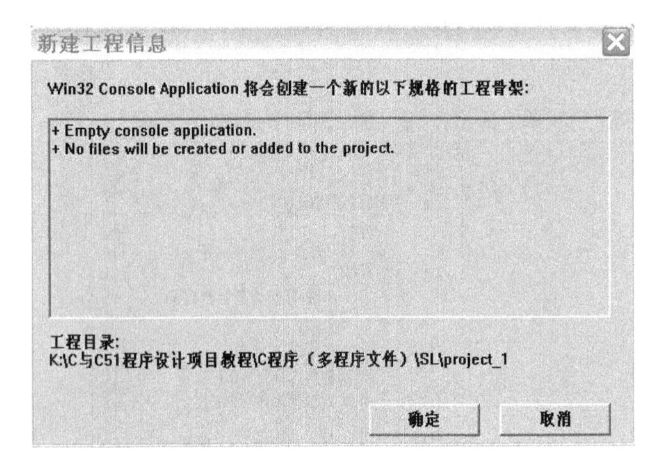

图 0-24 新建工程信息提示框

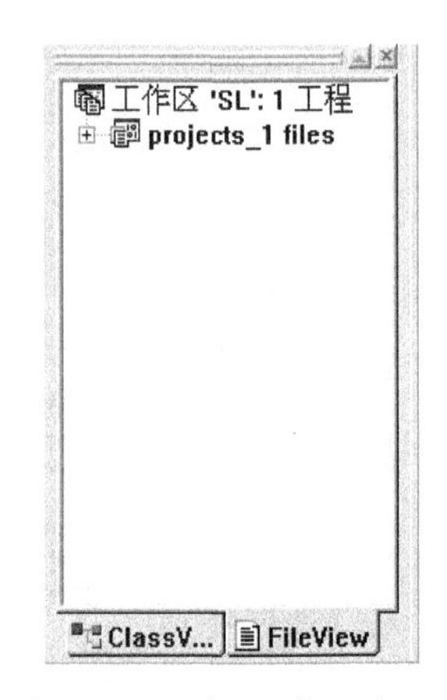

图 0-25 项目工作区窗口

(3) 创建C源程序文件与添加到项目文件中。

利用单程序文件的方法新建 EX0-1a.C 和 EX0-1b.C 源程序文件,并在新建文件的对话框中选中"添加到工程"复选框,如图 0-26 所示。

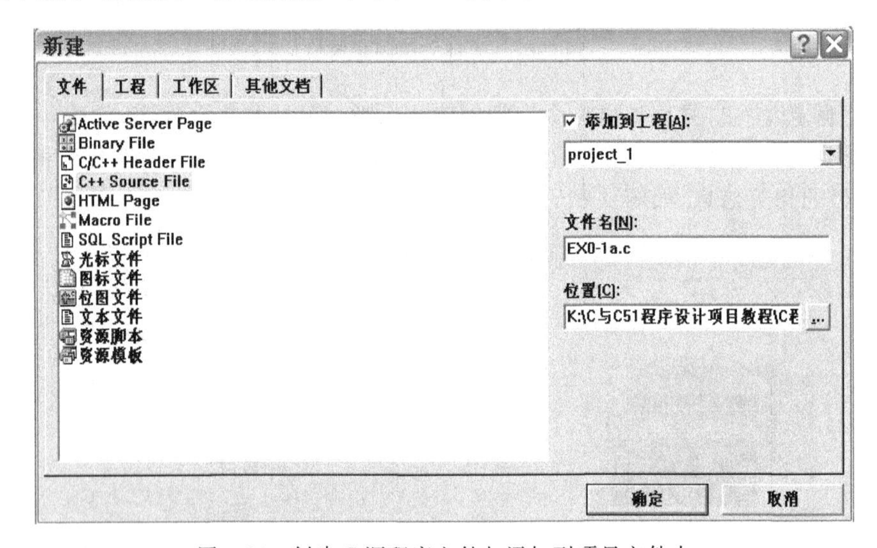

图 0-26 创建C源程序文件与添加到项目文件中

若需要将已知的C语言源文件添加到项目中,方法是:在 Visual C++ 6.0 主界面选择"工程"下拉菜单,并选择"增加到工程"命令,如图 0-27 所示。

单击"文件"子命令,屏幕弹出添加文件对话框,找到要添加的文件(如 EX0-1a.C, EX0-1b.C),单击确定就完成添加文件工作,并回到 Visual C++ 6.0 主界面,展开项目工作区的项目文件夹就能看到添加的文件,如图 0-28 所示。

(4) 编译与连接项目文件。

在 Visual C++ 6.0 主界面选择"组建"下拉菜单,单击"组建[project_1.exe]"命令,系统对整个项目文件进行编译与连接,如图 0-29 所示。完成后,在窗口下部会显示编译和连接信息。如果程序有错，会显示出错信息；如果无误，会生成可执行文件——project_1.exe。

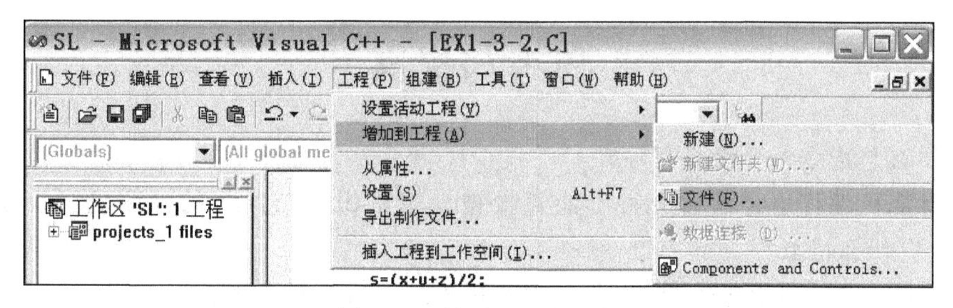

图 0-27　给项目添加文件

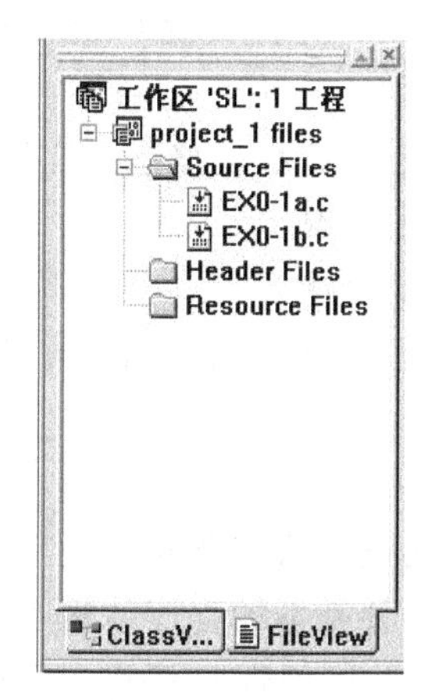

图 0-28　查看添加的文件

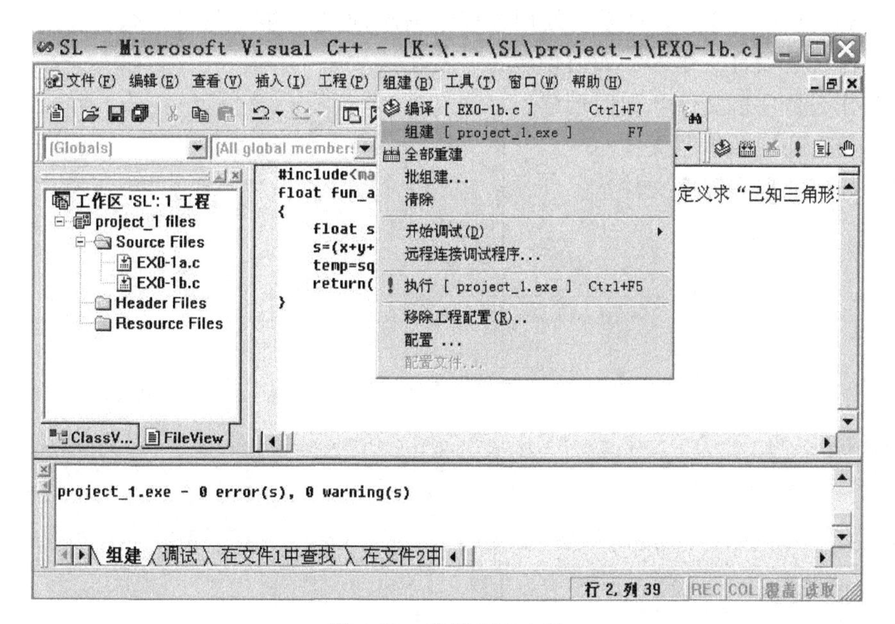

图 0-29　编译项目文件

(5) 程序的执行。

程序的执行同单程序文件的执行是一致的。

思考与提高

1. 什么是指令？什么是程序？

2. 计算机编程语言有哪几种？能直接被计算机识别与执行的计算机语言是什么？高级语言有什么特点？

3. C语言是由什么语言演变、发展过来的？C语言最早诞生在哪一年？

4. C89与C99分别是在哪一年制定的标准？由什么机构制定的？

5. C语言的双重性指的是什么？为什么说C语言既可以编写系统软件又可以编写应用软件？

6. 说明面向过程编程与面向对象编程的概念。C与C++有什么不同？

7. 一个C语言程序由哪几部分组成？

8. C语言程序的基本组成单位是什么？

9. 一个C语言程序是否可以没有主函数或有两个以上主函数？一个C语言程序执行时，从哪里开始运行？

10. 何为库函数？

11. 何为算法？算法的常用描述方法有哪几种？

12. 结构化程序设计包含哪几种基本的程序结构？

13. Visual C++ 6.0编译系统除能处理C语言源程序文件外，还能处理什么文件？

14. Visual C++ 6.0编译系统包含哪些功能？说明其操作流程。

15. Visual C++ 6.0编译系统处理过程中编译、连接功能指的是什么？

16. 什么是项目工作区？如何创建？

17. 什么是项目文件？如何创建？

18. 如何处理单程序文件？

19. 如何处理多程序文件？

C程序设计篇

项目 1

顺序程序设计

顺序结构是一种按语句书写顺序执行的程序结构,在顺序结构程序中,各语句(或命令)是按照位置的先后次序顺序执行,每条语句必须执行且只能执行一次,没有执行不到或执行多次的语句。生活中处处体现着顺序程序设计的思想,如图 1-1 所示。

C 语言中顺序程序设计的一般步骤如图 1-2 所示。

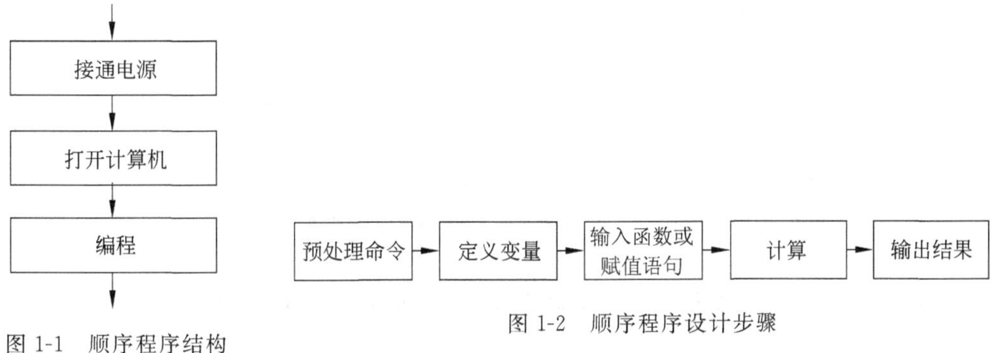

图 1-1　顺序程序结构

图 1-2　顺序程序设计步骤

顺序程序设计的主要内容如下。

(1) 正确运用变量、数据类型、运算符、表达式。

(2) 根据实际需要进行顺序程序编写。

(3) 格式化输入/输出。

重点与难点:

格式化输入/输出在实际编程时的正确应用。

任务 1.1　数据的表现形式及其运算

任务说明

C 语言程序中使用的各种数据类型是按被定义变量的性质、表示形式、占据存储空间的多少及构造特点来划分的。在本任务中,将学习 C 语言中数据的表现形式及其运算。

相关知识

1. 常量与变量

1）常量

常量是C语言程序中最基本的元素，其值在程序运行的过程中不能改变。

(1) 直接常量。直接常量是指在程序中直接引用的数据。

① 整型常量，如2、15、−3等。

② 实型常量，如3.14、21、−2.5等。

③ 字符常量，如'a'、'z'、'3'等，是用英文单引号' '括起来的一个字符。

④ 字符串常量，如"s"、"abc"、"1"等，是用英文双引号" "括起来的一个字符

(2) 符号常量。用标识符来表示一个数据，此标识符在程序运行中不能被赋值。符号常量需要借助于预处理命令#define来实现，其功能是把该标识符定义为其后的常量值。

定义形式：

```
#define  标识符  常量数据
```

例如：

```
#define PI 3.14159
```

通过定义后，程序编译前将程序中出现的PI用3.14159来替代。

习惯上，符号常量的标识符用大写字母，且定义时使用含义清楚的标记符。

2）变量

变量是计算机存储器中的一块被命名的存储空间，该存储空间中存放的数据就是该变量的值，且该值在程序运行中可以被改变。

定义形式：

```
类型标识符  变量名1[变量名2...变量名N];
```

例如：

```
char abc;
int 123;
float 3.14;
```

需要注意以下几点：

(1) 变量名与变量值是两个不同的概念，变量代表计算机内存中的某一存储空间，该存储空间中存放的数据就是该变量的值。

(2) 在同一程序块中，每个变量有唯一的名字，不能被重复定义，使用变量必须先定义后使用。

(3) C语言规定变量命名必须以字母或下划线_开头，后面可以跟若干个字母、数字、下划线，但不能有其他字符。例如，这些是合法的变量名：AbC、_abc_、_123；但这些是不合法的变量名：1abc、a$b。

(4) 在C语言中有些单词含有特殊意义，不允许用作标识符，这些单词称为关键字或保留字。例如，表示类型的char、int、float、double等虽然符合上述命名规则，但不能用作标识符。

2. 数据类型

1) 整型

(1) 整型常量就是整常数。在C语言中，使用的整常数有以下3种表现形式。

① 十进制形式。与数学上的整数表示相同，如123、0、-123等。

② 八进制形式。在数码前面加数字0，数码表示范围在0～7，如0123、-0123等。

③ 十六进制形式。在数码前面加0X(数字0，字母X大小写均可)，数码表示范围在0～9和A～F，如0x123、-0x123、0xFF等。

在16位的机器上，基本整型的长度也为16位，十进制无符号整常数的范围为0～65535，有符号数为-32768～+32767。八进制无符号数的表示范围为0～0177777。十六进制无符号数的表示范围为0x0～0xFFFF。

(2) 整型变量，用来存放整数，有6种类型的整型数据。

无符号基本整型　[unsigned] int

有符号基本整型　[signed] int

无符号短整型　[unsigned] short

有符号短整型　[signed] short

无符号长整型　[unsigned] long

有符号长整型　[signed] long

各种数据类型表示数据的取值范围，如表1-1所示。

表1-1　整型数据字节数与取值范围

类　型	Visual C++ 6.0	
	取值范围	字节数
[unsigned] int	0～4 294 967 295	4
[signed] int	-2 147 483 648～2 147 483 648	4
[unsigned] short	0～65 535	2
[signed] short	-32 768～32 768	2
[unsigned] long	0～4 294 967 295	4
[signed] long	-2 147 483 648～2 147 483 648	4

【例1-1】 整型变量的定义与使用。

```
main()
{
    int a,b,c,d;
    unsigned u;
    a=12;b=-24;u=10;
}
```

2）实型（浮点型）

（1）实型常量也称为实数或者浮点数。在C语言中，实数只采用十进制。

① 十进制小数形式。由数码0～9和小数点组成，如0.0、3.0、0.13、300.、−267.8230等均为合法的实数。整数部分和小数部分都可省略，但必须有小数点。

② 指数形式。由十进制数，加阶码标志“e”或“E”及阶码（只能为整数，可以带符号）组成，如2.1E5（等于2.1×10^5）。注意，小数点不能单独出现，e或E两边必须有数，且后面必须为整数。

（2）实型变量包括以下几种。

① 单精度浮点型变量：float。

② 双精度浮点型变量：double。

③ 长精度浮点型变量：long double。

实型数据字节数与取值范围见表1-2。

表1-2　实型数据字节数与取值范围

类　　型	取值范围	精度（有效位）	字节数
float	3.4E−38～3.4E+38	7	4
double	1.7E−308～1.7E+308	16	8
long double	1.0E−4936～1.0E+4936	19	16

【例1-2】 定义单精度浮点型变量f，定义双精度浮点型变量d。

```
main()
{
    float f;
    double float d;
}
```

3）字符型

（1）字符常量。字符常量是用单引号括起来的一个字符，如'a'、'b'、'1'、'?'，一般以一个字节来存放一个字符，存放的是字符的ASCII码值。

（2）字符变量。字符变量用来存放字符常量，一个字符变量只能存放一个字符，一个字符变量在内存中占一个字节的存储单元。字符值是以ASCII码的形式存放在变量的内存单元中的。

例如，对字符变量a、b赋予'x'和'y'值：

```
a='x';
b='y';
```

x的十进制ASCII码是120，y的十进制ASCII码是121。实际上是在a、b两个单元内存放120和121的二进制代码。

3. 运算符与表达式

C语言的运算符不仅具有不同的优先级，还具有特定的结合性。在表达式中，各运算量参与运算的先后顺序不仅要遵守运算符优先级别的规定，还要受运算符结合性的制约，以便确定是自左向右进行运算还是自右向左进行运算。

1）运算符分类

运算符的分类及其说明如表1-3所示。

表1-3　运算符分类与说明

类　型	说　明
算术运算符	用于各类数值运算,包括加(＋)、减(－)、乘(＊)、除(/)、求余(或称模运算,%)、自增(＋＋)、自减(－－)共7种
关系运算符	用于比较运算,包括大于(＞)、小于(＜)、等于(＝＝)、大于等于(＞＝)、小于等于(＜＝)和不等于(！＝)6种
逻辑运算符	用于逻辑运算,包括与(&&)、或(||)、非(!)3种
位操作运算符	参与运算的量,按二进制位进行运算,包括位与(&)、位或(|)、位非(～)、位异或(^)、左移(＜＜)、右移(＞＞)6种
赋值运算符	用于赋值运算,分为简单赋值(＝)、复合算术赋值(＋＝、－＝、＊＝、/＝、%＝)和复合位运算赋值(&＝、|＝、^＝、＞＞＝、＜＜＝)三类共11种
条件运算符	这是一个三目运算符,用于条件求值(?:)
逗号运算符	用于把若干表达式组合成一个表达式(,)
指针运算符	用于取内容(＊)和取地址(&)两种运算
求字节数运算符	用于计算数据类型所占的字节数(sizeof)
特殊运算符	有括号()、下标[]、成员(→,.)等几种

2）表达式

表达式是由操作数和运算符组成的序列。

(1) 算术表达式。用算术运算符和括弧将操作数连接起来的式子。

优先级:()高于＊、/、%高于＋、－。

结合性:指同级运算时运算符的结合方向。有两种:左结合性,从左至右运算规则;右结合性,从右到左运算规则。

注意:自增与自减运算符的结合性为自右向左。

```
++i,--i                    //先增(减)加1,再使用i
i++,i--                    //先使用i,再增(减)i
```

(2) 关系表达式。用关系运算符将表达式连接起来的式子。

优先级:(算术运算符)高于(＜,＜＝,＞,＞＝)高于(＝＝,！＝)

结合方向:自左向右。

表达式的值:关系成立,即为真,结果为1;关系不成立,即为假,结果为0。

(3) 逻辑表达式。用逻辑运算符将操作数连接起来的式子。

优先级:(!)高于(算术运算符)高于(关系运算符)高于(&&)高于(||)。

结合性:(!)自右向左,(&&,||)自左向右。

(4) 赋值表达式。用赋值运算符将变量和表达式连接起来的式子。

形式:＜变量＞＝＜表达式＞;

求值规则:将"＝"右边的表达式的值赋值给左边的变量。

结合性：自右向左。

(5) 复合运算表达式。由赋值运算符和算术运算符、位移、位逻辑运算符组成。

复合运算是一个运算符，功能是两个运算符的结合。

复合运算符：*=,/=,%=,+=,-=,＜＜=,＞＞=,&=,^=,i=。

如：

```
a+=b;
```

相当于

```
a=a+b;
a*=b+c;
```

相当于

```
a=a*(b+c);
```

(6) 其他运算符和表达式。

① 条件运算符(两个符号?:)与3个操作数组成三元运算。

形式：＜表达式＞? ＜表达式＞:＜表达式＞

顺序：自左向右。

优先级：逻辑＞条件＞赋值。

结合性：自右向左。

如：

```
max=a>b?a:b
```

② 逗号运算符。

形式：(表达式1,表达式2,表达式3,…,表达式N)

规则：从左至右依次计算表达式的值。

优先级：最低。

结合性：自左向右。

表达式值：最后一个表达式的值。

在C语言中，常用逗号作为分隔符。

③ 求字节运算符：求变量占用内存多少空间。

形式：sizeof 变量名

功能：求得变量或某种数据类型所需的字节数。

运算结果：整型数。

任务实施

1. 任务功能

分析EX1-1-1.c运算表达式程序的运行结果。

2. 编程思路分析

此程序中使用了复杂的算术表达式，即同一表达式中出现了多个运算符，因此要根据不同的运算符的优先级与结合性来分析其运行结果。例如，3＋4＊5/6 应先算“＊”，再算“/”，再算“＋”。

3. 编写程序

运算符应用实例源程序如下。

EX1-1-1.c：

```
#include<stdio.h>
void main()
{
    int x;
    x=(10+5)*4/5;
    printf("x=%d\n",x);
    x=(10+5)*5/2;
    printf("x=%d\n",x);
    x=10.0*5.0/2;
    printf("x=%d\n",x);
}
```

4. 运行结果分析

(1) 用 Visual C++ 6.0 编写程序。

(2) 运行如图 1-3 所示程序，检查程序运行是否按照运算符的优先级与结合性进行。

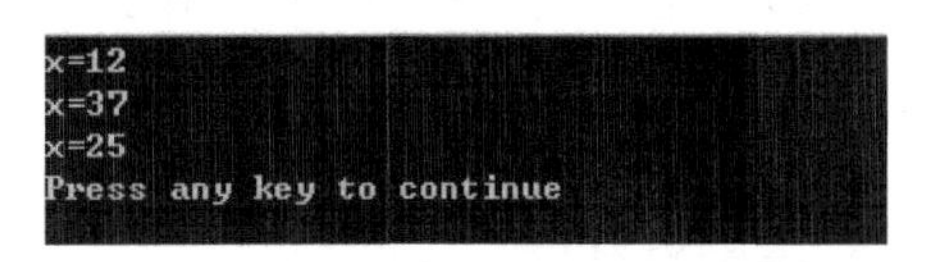

图 1-3　一段程序

任务拓展

按以下要求修改程序 EX1-1-1.c，并用 Visual C++ 6.0 进行软件仿真。

将程序中的括号去掉，对比两种情况的运行结果。

任务 1.2　C 语句的运用

任务说明

C 程序的执行部分是由语句组成的，程序的功能也是通过语句的执行来实现。在本任务中，将学习 C 语言中语句的应用。

相关知识

(1) 表达式语句。表达式语句由表达式加上分号“;”组成，其功能是计算表达式的值。

其一般形式为：

表达式;

例如：

```
x=y+z;
```

本语句为赋值语句,将y与z的和赋给x。

(2) 函数调用语句。由函数名、实际参数加上分号“;”组成,其功能是调用函数体并把实际参数赋予函数定义中的形式参数,然后执行被调函数体中的语句,求取函数值。

其一般形式为:

```
函数名(实际参数表);
```

例如:

```
printf("C Program");
```

本语句的功能是调用库函数,输出所提示的字符串。

(3) 控制语句。控制语句使用特定的语句定义符用于控制程序的流程,以实现程序的各种结构方式。C语言有三类共9种控制语句。

① 条件判断语句:if语句、switch语句。

② 循环执行语句:do while语句、while语句、for语句。

③ 转向语句:break语句、goto语句、continue语句、return语句。

(4) 复合语句。把多个语句用括号{}括起来组成的一个语句称为复合语句。

例如:

```
{
    x=y+z;
    a=b*c;
    printf("%d%d",x,a);
}
```

复合语句内的各条语句都必须以分号“;”结尾,表示各语句间隔离,在括号“}”外不能加分号。

(5) 空语句。只有分号“;”组成的语句称为空语句。空语句是什么也不执行的语句。

例如:

```
while(getchar()!='\n');
```

本语句的功能是,只要从键盘输入的字符不是回车则重新输入。其中,循环体为空语句,什么都不执行。

任务实施

1. 任务功能

判断输入数据与已知数据的大小比较情况。

2. 编程思路分析

此任务需要使用到控制语句中的条件判断语句,根据输入数据的大小做出判断,最后输出结果。

3. 编写程序

控制语句应用实例源程序EX1-2-1.c如下。

```
#include<stdio.h>
```

```
void main()
{
    int x;
    scanf("%d",&x);
    if(x<5)
        printf("输入的数据较小\n");
    else
        printf("输入的数据较大\n");
}
```

4. 运行结果分析

(1) 用 Visual C++ 6.0 编写程序。

(2) 运行图 1-4 所示程序，检查程序运行时执行语句的控制情况。

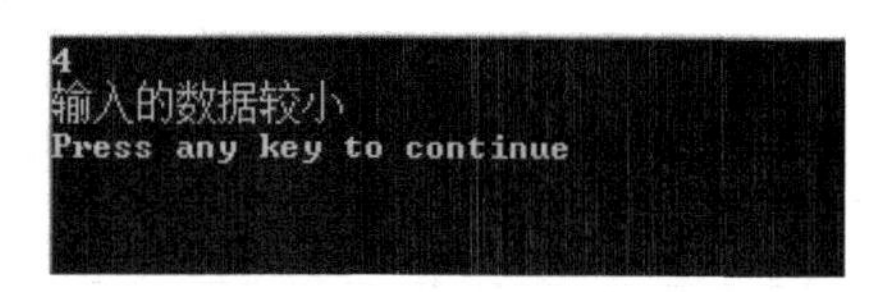

图 1-4　一段程序

任务拓展

设计一个伺服程序，并用 Visual C++ 6.0 进行软件仿真，要求如下：

当输入特定数据时继续往下执行，否则程序一直在空转，什么都不执行。

任务 1.3　数据的输入/输出

任务说明

C 语言本身不包含输入和输出语句，输入和输出操作是由函数来实现的，在 C 标准库中提供了一些输入和输出函数。因此在使用 C 语言库函数时，要用预编译命令 #include 将有关“头文件”包括在源文件中。使用标准输入/输出库函数时要用到 “stdio. h”文件，因此源文件开头应有以下预编译命令：

```
#include<stdio.h>
```

或

```
#include "stdio.h"
```

输入/输出是以计算机为主体而言的。本任务介绍的是向标准输入/输出设备显示器输入/输出数据的语句。

相关知识

1. 格式输出函数(printf 函数)

printf 函数称为格式输出函数，其关键字最末一个字母 f 即为“格式”(format)之意。其功能是按用户指定的格式，把数据显示到显示器屏幕上。printf 函数是一个标准库函数，它的函数原型存放在头文件“stdio. h”中。

格式输出函数调用的一般形式为：

```
printf("格式控制字符串",输出表列)
```

其中,格式控制字符串用于指定输出格式。格式控制字符串是以%开头的字符串,在%后面跟有各种格式字符,以说明输出数据的类型、形式、长度、小数位数等。如表1-4所示。

表1-4 输出格式字符

格式字符	意　　义
d	以十进制形式输出带符号整数(正数不输出符号)
o	以八进制形式输出无符号整数(不输出前缀0)
x,X	以十六进制形式输出无符号整数(不输出前缀0x)
u	以十进制形式输出无符号整数
f	以小数形式输出单、双精度实数
e,E	以指数形式输出单、双精度实数
g,G	以%f或%e中较短的输出宽度输出单、双精度实数
c	输出单个字符
s	输出字符串

输出表列中给出了各个输出项,要求格式字符串和各输出项在数量和类型上应该一一对应。另外,printf函数中还可以在格式控制串内出现非格式控制字符,这时在显示屏幕上将原文照印,起到提示的作用。

格式控制字符串也可以是转义符,它由反斜杠字符"\"后跟一个特定字符组成,用来输出转义符所代表的控制代码或特殊字符,表1-5列出了常用的转义字符。

表1-5 格式转义字符

字符形式	意　　义	字符形式	意　　义
\n	换行	\"	双引号字符
\t	横向跳格	\'	单引号(撇号)字符
\v	竖向跳格	\\	反斜杠字符"\"
\b	退格	\ddd	1~3位八进制数所代表的字符
\r	回车	\xhh	1~2位十六进制数所代表的字符

【例1-3】 字符串的输出。

```
void main()
{
    int a=123,b=321;
    printf("Hello World\n",a,b);        //非格式字符串在输出时原样照印
    printf("%d,%d\n",a,b);
    printf("%c,%c\n",a,b);              //输出 ASCII 码值对应的字符
    printf("a=%d,b=%d\n",a,b);
}
```

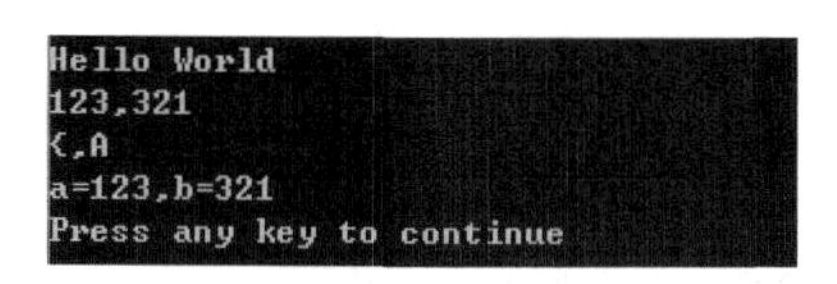

图 1-5　输出结果

程序运行结果如图 1-5 所示。

2. 格式输入函数(scanf 函数)

scanf 函数称为格式输入函数,其功能是按用户指定的格式从键盘上把数据输入到指定的变量中。与 printf 函数相同,scanf 函数是一个标准库函数,它的函数原型在头文件 stdio. h 中。

scanf 函数的一般形式为:

```
scanf("格式控制字符串",变量地址列表);
```

其中,格式控制字符串的作用与 printf 函数相同,但不能显示非格式字符串,也就是不能显示提示字符串。地址表列中给出各变量的地址,地址是由地址运算符"&"后跟变量名组成的(见表 1-6),表示编译系统在内存中给变量分配的地址,各地址项之间用逗号隔开。

表 1-6　输入格式字符的意义

格式字符	意　　义	格式字符	意　　义
d	输入十进制整数	f 或 e	输入实型数(用小数形式或指数形式)
o	输入八进制整数	c	输入单个字符
x	输入十六进制整数	s	输入字符串
u	输入无符号十进制整数		

【例 1-4】　字输串的输入。

```
#include<stdio.h>
void main()
{
    int x,y;
    printf("请分别输入 x,y\n");
    scanf("%d%d",&x,&y);
    printf("x=%d,y=%d\n",x,y);
}
```

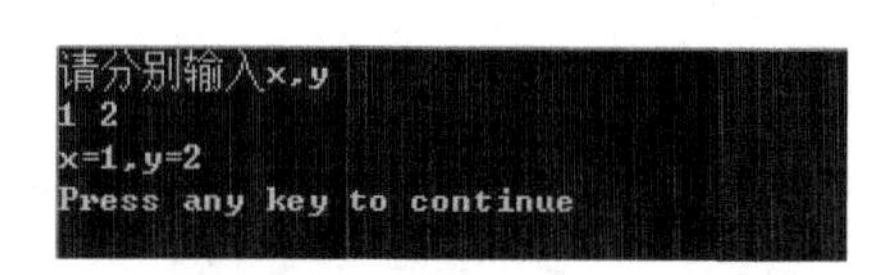

图 1-6　运行结果

运行结果如图 1-6 所示。

由于 scanf 函数本身不能显示提示串,需要与 printf 语句配合使用,先用 printf 语句在屏幕上输出提示,请用户输入 x、y 的值,然后再执行 scanf 语句。

在输入时要与 scanf 语句的格式串中非格式字符在"%d%d%d"之间作输入时间隔的形式保持一致,即如果使用某一字符或空格和回车键作为每两个输入数之间的间隔,则在输入的时候输入数之间也要是某一字符或者空格和回车键隔开。

3. 字符输出函数(putchar 函数)

putchar 函数是字符输出函数,其功能是在显示器上输出单个字符,与格式输入/输出函数相类似,在使用前必须要包含 stdio. h 这个头文件。

其一般形式为:

putchar(字符变量)

例如：

```
putchar('A');                                //输出大写字母 A
putchar(a);                                  //输出字符变量 a 的值
putchar('\101');                             //也是输出字符 A
putchar('\n');                               //换行
```

【例 1-5】 输出单个字符。

```
#include<stdio.h>
void main()
{
    char a='A',b='p',c='l',d='e';
    putchar(a);putchar(b);putchar(b);putchar(c);?putchar(d);
    putchar('\n');
}
```

运行结果如图 1-7 所示。

```
Apple
Press any key to continue
```

图 1-7 运行结果

4. 字符输入函数(getchar 函数)

getchar 函数的功能是从键盘上输入一个字符。与格式输入/输出函数相类似，在使用前必须要包含 stdio.h 这个头文件。

其一般形式为：

getchar();

通常调用字符输入函数把输入的字符赋予一个字符变量，构成赋值语句。

例如：

```
char c;
c=getchar();
```

【例 1-6】 输入单个字符。

```
#include<stdio.h>
void main()
{
    char c;
    printf("请输入一个字符\n");
    c=getchar();
    putchar(c);
    putchar('\n');
}
```

```
请输入一个字符
a
a
Press any key to continue
```

图 1-8 运行结果

此程序从键盘输入一个字符后输出到显示器上，如图 1-8 所示。

需要注意的是，getchar 函数只能接受单个字符，输入数字也按字符处理。当输入多于一个字符时，只有第一个字符被接收。

任务实施

1. 任务功能

输入矩形的边长，根据边长计算该矩形的面积。

2. 编程思路分析

本任务可以按照以下步骤进行分析：

(1) 首先需要用户输入矩形的边长 a、b。

(2) 然后由程序计算矩形的面积 S=a * b。

(3) 最后输出结果。

3. 编写程序

求矩形面积的源程序如下。

EX1-3-1. c：

```
#include<stdio.h>
void main()
{
    float a,b,s;
    printf("请输入矩形的边长 a 和 b\n");
    scanf("%f,%f",&a,&b);
    s=a * b;
    printf("a=%f,b=%f,s=%f\n",a,b,s);
    printf("矩形的面积=%f\n",s);
}
```

```
请输入矩形的边长a和b
4,5
a=4.000000,b=5.000000,s=20.000000
矩形的面积=20.000000
Press any key to continue
```

图 1-9　运行结果

4. 运行结果分析

通过键盘输入矩形的边长，然后将计算的面积打印出来，如图 1-9 所示。

任务拓展

设计一个三角形面积计算程序，并用 Visual C++ 6.0 进行软件仿真，要求如下。

输入三角形 3 个边长，计算出面积。

提示：首先计算半周长 $s=(a+b+c)/2$，然后通过海伦公式计算面积，即 area=sqrt(s * (s−a) * (s−b) * (s−c))。由于采用了求平方的函数，需要增加一个 math. h 的头文件。

思考与提高

1. 填空题

(1) 以下程序段的输出结果是________。

```
void main()
{
```

```
    int a=2,b=3,c=4;
    a*=16+(b++)-(++c);
    printf("%d",a);
}
```

(2) 以下程序段的输出结果是________。

```
int x=17,y=26;
printf("%d",y/=(x%=6));
```

(3) 下列程序的输出结果是________。

```
void main()
{
    int x=3,y=5;
    printf("%d",x=(x--)*(--y));
}
```

(4) 若有以下程序：

```
void main()
{
    int m=0256,n=256;
    printf("%o %o\n",m,n);
}
```

程序运行后的输出结果是________。

(5) 若有以下程序：

```
void main()
{
    int m=666,n=888;
    printf("%d\n",m,n);
}
```

程序运行后的输出结果是________。

2. 选择题

(1) 下面正确的字符常量是(　　)。

A. "B"　　B. "\\"　　C. 'k'　　D. " "

(2) 下面4个选项中，均为合法的标记符是(　　)。

A. abc　_abc　　B. #abc　Abc　　C. a_b_c　1km　　D. _gm　a.b.c

(3) 下面4个选项中，不正确的字符常量是(　　)。

A. '\n'　　B. '1'　　C. "a"　　D. '\101'

(4) 要求运算数必须是整型或字符型的运算符是(　　)。

A. &&　　B. &　　C. !　　D. ||

(5) 运作对象必须是整型数的运算符是(　　)。

A. %　　B. .　　C. /　　D. **

(6) 已知 x＝3、y＝2，则表达式 x＊＝y＋8 的值为(　　)。

A. 3　　B. 2　　C. 30　　D. 10

(7) 在下列描述中，正确的一条是(　　)。

A. if (表达式)语句中，表达式的类型只限于逻辑表达式

B. 语句“goto 12;”是合法的

C. for(;;)语句相当于 while(1)语句

D. break 语句可用于程序的任何地方，以终止程序的执行

(8) 若有以下程序：

```
#include<stdio.h>
void main()
{
    int     y=3,x=3,z=1;
    printf("%d   %d\n",(++x,y++),z+2);
}
```

运行该程序的输出结果是(　　)。

A. 3　4　　B. 4　2　　C. 4　3　　D. 3　3

3. 编程题

(1) 设计一个程序实现输入 3 个小写字母，输出其 ASCII 码和对应的大写字母。

(2) 设计一个程序实现输入一个圆的半径，输出这个圆的面积。

项目 2

选择结构程序设计

在 C 语言中程序通常是按照由上而下的顺序来执行各个语句的，直到整个过程结束，即顺序执行。但在现实生活中，很多问题的解决方法都不是按顺序执行的，所以又引入了选择结构，以改变程序的执行。选择程序结构通过判断给定的条件来控制程序的流程。

选择结构程序设计的主要内容如下。

(1) 关系运算符与关系表达式。

(2) 逻辑运算符与逻辑表达式。

(3) 用 if 语句实现的选择结构。

(4) 用 switch/case 语句实现的多分支结构。

重点与难点：

(1) 各种运算符的优先级与结合性。

(2) 用 if/switch/case 语句实现的多分支结构。

1. 关系运算符及其优先次序

1) 关系运算符

关系运算符适用于数值型、字符型、日期型和逻辑型数据，运算符两侧必须是同类型的量或表达式；否则系统会自动进行强制类型转换。关系运算符都是双目运算符，其结合性均为左结合。关系运算符的优先级低于算术运算符，高于赋值运算符。在 C 语言中有表 2-1 所示的关系运算符。

表 2-1 关系运算符

运算符	意　义	优先级
>=	大于或等于	↓
<=	小于或等于	
>	大于	
<	小于	
==	等于	
!=	不等于	

在 6 个关系运算符中，<、<=、>、>=的优先级相同，高于==和!=；==和!=的

优先级相同。

2）关系表达式

关系表达式的一般形式为：

表达式　关系运算符　表达式

例如：

```
a+b>c-d
x>3-1
```

都是合法的关系表达式，根据运算符的结合性，先进行算术运算后进行关系运算。

3）关系运算的值

关系运算的结果只有“真”和“假”，分别用“1”和“0”表示。

例如：

9>0 成立，其值为“真”，即为 1。

3>(b=4)由于 3>4 不成立，其值为假，即为 0。

【例 2-1】 分析以下各种关系表达式的值。

```
#include<stdio.h>
void main()
{
    char c='k';
    int i=1,j=2,k=3;
    printf("%d,%d\n",'a'+5<c,-i-2*j>=k+1);
    printf("%d,%d\n",i+j+k==-2*j,k==j==i+5);
}
```

```
1,0
0,0
Press any key to continue
```

图 2-1　运行结果

运行结果如图 2-1 所示。

在本例中字符变量是以它对应的 ASCII 码参与运算的。

对于含有多个关系运算符的表达式，则需要根据各运算符的优先级和结合性进行分析与运算。

2. 逻辑运算符与逻辑表达式

1）逻辑运算符

逻辑运算符如表 2-2 所示。

表 2-2　逻辑运算符

运算符	意　　义	优先级
!	非运算；单目运算符	↓
&&	与运算；双目运算符	
||	或运算；双目运算符	

需要注意的是，“&&”和“||”低于关系运算符，“!”高于算术运算符。

按照运算符的优先级可以得出：

a>b && c>d　等价于　(a>b)&&(c>d)

a+b>c&&x+y<b　等价于　((a+b)>c)&&((x+y)<b)

2) 逻辑表达式

逻辑表达式的一般形式为：

表达式　逻辑运算符　表达式

例如：

```
(a&&b)&&c
```

【例 2-2】 分析以下各种逻辑表达式的值。

```
#include<stdio.h>
void main()
{
    char c='k';
    int i=1,j=2,k=3;
    printf("%d,%d\n",!i*!j,!!!k);
    printf("%d\n",k||i&&j-3);
    printf("%d\n",i==5 &&(j=8));
}
```

本例中!i和!j分别为0，!x*!y也为0，故其输出值为0。由于k为非0，故!!!x的逻辑值为0。对k||i && j−3式，先进行算术运算，计算j−3的值为非0，再求i && j−3的逻辑值为1，故x||i&&j−3的逻辑值为1。对i==5&&(j=8)式，由于i==5为假，即值为0，所以整个表达式的值为0。

运算结果如图2-2所示。

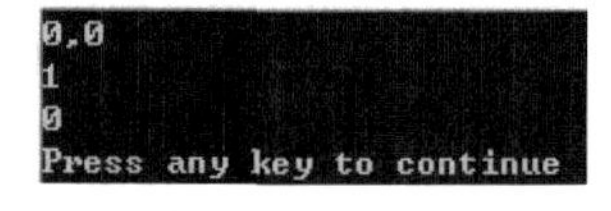

图2-2　运行结果

3) 逻辑运算的值

逻辑运算的值也有“真”和“假”两种，用“1”和“0”来表示。其运算规则如下。

(1) 与运算&&。参与运算的两个量都为真时，结果才为真；否则为假。

例如：

```
1>0 && 2>1
```

由于1>0与2>1同时为真，结果为真。

(2) 或运算||。参与运算的两个量只要有一个为真，结果就为真。当两个量都为假时，结果才为假。

例如：

```
1>0||1>2
```

由于1>0为真，相或的结果为真。

(3) 非运算!。参与运算量为真时，结果为假；参与运算量为假时，结果为真。

例如，!(5>0)的结果为假。

需要注意：C 语言在给出逻辑运算值时，以“1”代表“真”、“0 ”代表“假”。但在判断一个量是为“真”还是为“假”时，以“0”代表“假”，以非“0”的数值代表“真”。

3. 条件运算符与条件表达式

条件运算符要求有 3 个操作对象，故称为三目运算符，它是 C 语言中唯一的一个三目运算符。条件表达式的一般形式为：

```
表达式 1? 表达式 2:表达式 3
```

(1) 条件运算符的执行顺序。先求解表达式 1，若为非 0(真)则求解表达式 2，此时表达式 2 的值就作为整个条件表达式的值。若表达式 1 的值为 0(假)，则求解表达式 3，表达式 3 的值就是整个条件表达式的值。

例如：

```
max=(a>b)?a:b
```

执行结果就是将条件表达式的值赋给 max。也就是将 a 和 b 二者中大者赋给 max。

(2) 条件运算符优先级高于赋值运算符、逗号运算符，但低于其他运算符。

例如：

```
a>b ?a:b+1
```

相当于

```
a>b ?a:(b+1)
```

(3) 条件运算符的结合方向为“自右至左”。当一个表达式中出现多个条件运算符时，应该将位于最右边的问号与离它最近的冒号配对，并按照这一原则正确区分各条件运算符的运算对象。

例如：

```
a>b ?a : c>d ?c : d
```

相当于

```
a>b ?a : (c>d ?c : d)
```

【例 2-3】 分析以下条件表达式的值。

```
#include<stdio.h>
void main()
{
    int a=1,b=2,c=3,d=4,e;
    e=a>b ?a : c>d ?c : d
    printf("%d \n",e);
}
```

运行结果如图 2-3 所示。

```
4
Press any key to continue
```

图 2-3　运行结果

任务2.1　if语句实现的选择结构(一)

任务说明

C语言程序的函数中可以有多条语句，但这些语句总是从前到后按顺序执行的。除了按顺序执行外，有时需要检查一个条件，然后根据检查的结果执行不同的后续代码，在C语言中可以用分支语句实现。用if语句可以构成分支结构，它根据给定的条件进行判断，以决定执行某个分支程序段。在本任务中，将学习到if语句的基本结构。

相关知识

1. 单分支选择if语句

单分支选择是if语句基本的形式。

其一般形式为：

```
if(表达式) 语句;
```

语句执行流程：如果语句返回值为真，就执行其后面的语句；否则跳过语句。其过程可用图2-4表示。

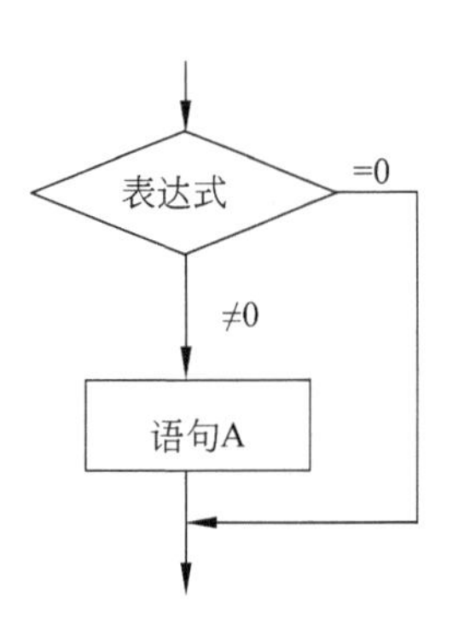

图2-4　单分支选择结构

【例2-4】　求出两个变量间最大值。

```
#include<stdio.h>
void main()
{
    int a,b,max;
    printf("\n 输入两个数字：  ");
    scanf("%d%d",&a,&b);
    max=a;
    if(max<b)
    max=b;
    printf("max=%d\n",max);
}
```

当a>b时程序将会跳过max=b这一行，直接往下运行，则最大的值为a，实现两个变量中最大值的获取。

运行结果如图2-5所示。

```
输入两个数字:   33 9
max=33
Press any key to continue
```

图2-5　运行结果

2. 双分支选择if语句

其一般形式为：

```
if(表达式)
    语句1;
else
    语句2;
```

其执行过程是：如果表达式的值为真，则执行语句 1；否则执行语句 2。如图 2-6 所示。

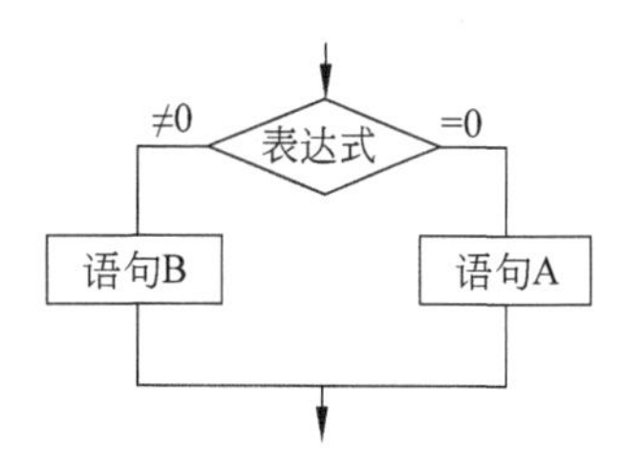

图 2-6　双分支选择结构

【例 2-5】　求出两个变量间最大值。

```
#include<stdio.h>
void main()
{
    int a,b,max;
    printf("\n 输入两个数字：   ");
    scanf("%d%d",&a,&b);
    if(a>b)
        max=a;
    else
        max=b;
    printf("max=%d\n",max);
}
```

图 2-7　运行结果

改用 if-else 语句判别 a、b 的大小。若 a 大，则输出 a；否则输出 b。

运行结果如图 2-7 所示。

注意：当 if-else 之间的语句不止一句时，应用一对{}将语句括起来。

3. 多分支选择 if 语句

当有多个分支选择时，可采用 if-else-if 语句。

其一般形式为：

```
if(表达式 1)
    语句 1;
else if(表达式 2)
    语句 2;
else if(表达式 3)
    语句 3;
…
else if(表达式 m)
    语句 m;
else
    语句 n;
```

其执行过程是：依次判断表达式的值，当出现某个值为真时，则执行其对应的语句，然后跳到整个 if 语句之外继续执行程序。如果所有的表达式均为假，则执行语句 n。然后继续执行后续程序。多分支 if-else 的执行过程如图 2-8 所示。

【例 2-6】　根据输入的学生成绩打印出对应的等级。

```
#include<stdio.h>
void main()
{
```

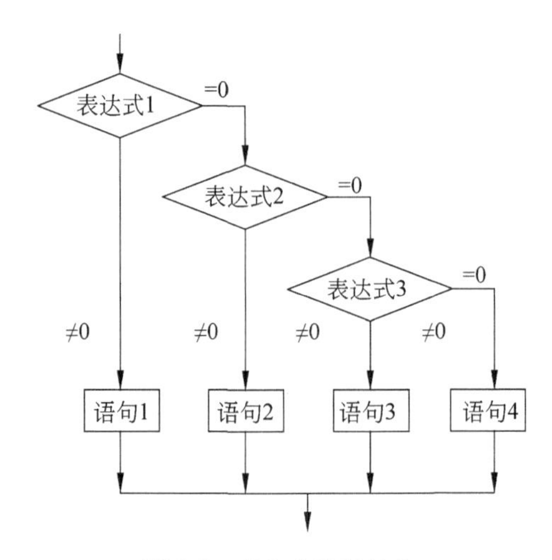

图 2-8 多分支选择结构

```
    int score;
    printf("请输入考试分数: \n");
    scanf("%d",& score);
    if(score>89)
        printf("成绩优秀。\n");
    else if(score>79)
        printf("成绩良好。\n");
    else if(score>59)
        printf("成绩及格。\n");
    else
        printf("不及格!\n");
}
```

这是一个多分支选择的问题,根据判断输入的数据,分别给出不同的输出。

运行结果如图 2-9 所示。

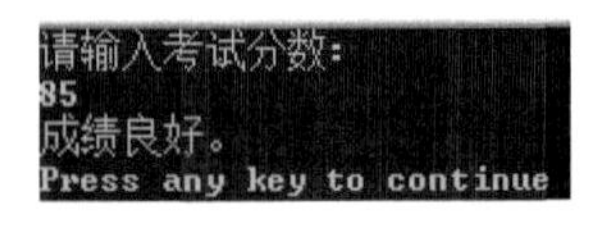

图 2-9 运行结果

在使用多分支 if 语句的时候需要注意以下问题。

(1) 当 if 语句中出现多个 if 与 else 的时候,要遵循 else 与 if 的匹配原则:就近一致原则,即 else 总是与前面的最近的 if 相匹配。

(2) if 语句中条件的写法应尽量简单。

任务实施

1. 任务功能

设计一个程序计算以下函数的结果。

$$y=\begin{cases}x^2+x-4 & (x\leqslant 0)\\ x^2-3x-1 & (x>0)\end{cases}$$

2. 编程思路分析

此任务为分段函数的求解。当 x 落在不同的区间时,y 就采用不同的函数进行计算。

所以此任务中当输入一个 x 的值后，先判断它落在什么区间，然后再决定采用哪一个函数进行计算。此任务的设计流程如图 2-10 所示。

3. 编写程序

该函数计算源程序如下。

EX2-1-1. c：

```
#include<stdio.h>
void main()
{
    float  x,y;
    printf("input x:\n");
    scanf("%f",&x);
    if(x<=0)
        y=x*x+x-4;
    else
        y=x*x-3*x-1;
    printf("y=%f\n",y);
}
```

运行结果如图 2-11 所示。

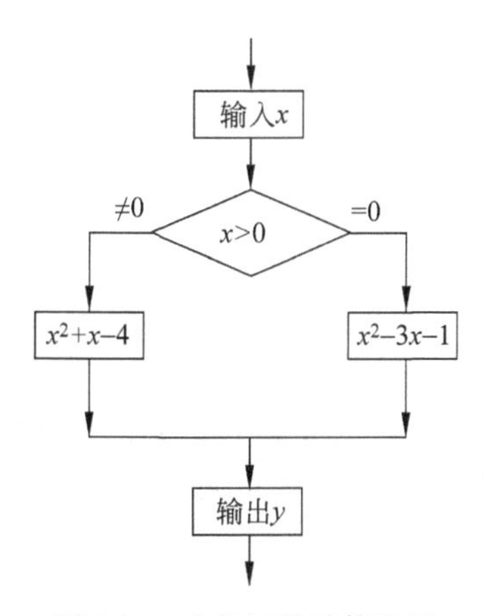

图 2-10　分段函数计算流程

图 2-11　运行结果

任务拓展

按以下要求修改程序 EX2-1-1. c，并用 Visual C++ 6. 0 进行软件仿真。

修改 x 的分段区间为 3 个，使用多分支 if-else 结构进行计算。

任务 2. 2　if 语句实现的选择结构(二)

任务说明

在一个 if 语句中可以包含另一个或多个 if 语句，这称为 if 语句的嵌套。

相关知识

if语句的嵌套的一般形式为：

```
if(表达式 1)
    if(表达式 2)
        语句 1;
    else
        语句 2;
else
    if(表达式 3)
        语句 3;
    else
        语句 4;
```

其执行过程是：如果表达式1的值为真，则执行第一个if-else语句；如果表达式1的值为假，则执行第二个if-else语句。然后跳到整个if语句之外继续执行程序。if语句嵌套的执行过程如图2-12所示。

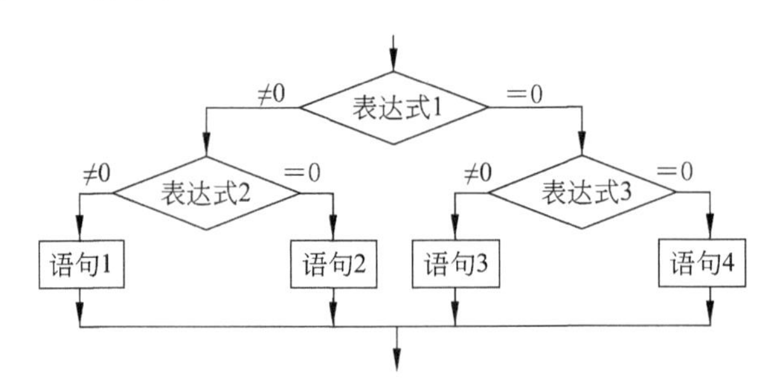

图2-12 if语句的嵌套

在嵌套内的if语句可以是单分支选择if语句也可以是双分支if-else语句，这将会出现多个if和多个else重叠的情况，这时要特别注意if和else的配对问题。

【例2-7】 if语句的嵌套。

```
#include<stdio.h>
void main()
{
    int x;
    scanf("%d",&x);
    if(x>=0)
        if(x>0)
            printf("ON");
    else
        printf("OFF");
}
```

从程序编写的格式上看，else好像是和第1个if配对，当x>0时，输出结果ON；当x=0时，则没有输出；当x<0时，输出结果OFF。而编译器不是根据缩排格式识别if结

构的，所以这种理解是错误的。其正确识别 if 语句的规则是：else 与它上面最接近的 if 匹配，且这个 if 没有被花括号或其他的 else 匹配掉。例 2-7 的运行结果如图 2-13 所示。

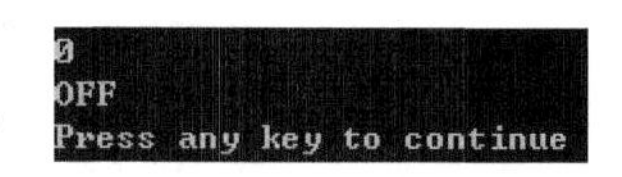

图 2-13　例 2-7 运行结果

如果需要达到 else 和第 1 个 if 配对的效果，可以借助于花括号{}实现：

```
if(x>=0)
{
    if(x>0)
        printf("ON");
}
else
    printf("OFF");
```

缩排格式是为了便于阅读和交流，而编译器是忽略程序的缩排格式的。要正确识别一个复杂的 if 嵌套结构时，要始终遵循 else 与 if 配对的规则。使用花括号{}则是一个良好的编码习惯。

任务实施

1. 任务功能

设计一个程序，计算以下函数的结果。

$$y=\begin{cases}x^2+x-4 & (x\leqslant 0)\\ x^2 & (2\geqslant x>0)\\ x^2-3x-1 & (x>2)\end{cases}$$

2. 编程思路分析

此任务是求分段函数的计算结果。根据输入的 x 值，先分成 $x>0$ 与 $x\leqslant 0$ 两种情况，然后对于情况 $x>0$，再区分 x 是大于 2 还是小于 2。显然，在第二个分支中嵌套了一个双分支 if 语句。

3. 编写程序

该函数计算源程序如下。

EX2-2-1.c：

```
#include<stdio.h>
void main()
{
    float  x,y;
    printf("input x:\n");
    scanf("%f",&x);
    if(x<=0)
        y=x * x+x-4;
    else
    {
        if(x>2)
```

```
            y=x * x -3 * x-1;
        else                                    //隐含(2≥x>0)
            y=x * x;
    }
    printf("y=%f\n",y);
}
```

```
input x:
3
y=-1.000000
Press any key to continue
```

图 2-14　运行结果

运行结果如图 2-14 所示。

任务拓展

设计程序比较两个数的大小关系，分别采用以下两种选择分支结构实现。

(1) 采用 if 语句的嵌套结构。

(2) 采用 if-else-if 语句。

任务 2.3　用 switch/case 语句实现的多分支结构

任务说明

用嵌套的 if 语句可以实现多分支的选择结构，但是如果分支越来越多时，用嵌套的 if 语句实现就显得繁杂。在分支结构程序设计中，C 语言提供了一个处理多分支选择结构强有力的手段，那就是 switch 语句。switch 语句功能就是当多分支选择的各个条件由同一个表达式的不同结果值决定时，由其实现多路径分支控制，决定执行某一个分支。用 switch 语句处理和设计某些问题的，比用 if 语句写程序更简洁、思路更清晰。

相关知识

switch 语句的一般形式为：

```
switch(表达式)
{
    case 常量表达式 1:语句 1; [break];
    case 常量表达式 2:语句 2; [break];
    …
    case 常量表达式 n:语句 n; [break];
    default:语句 n+1;
}
```

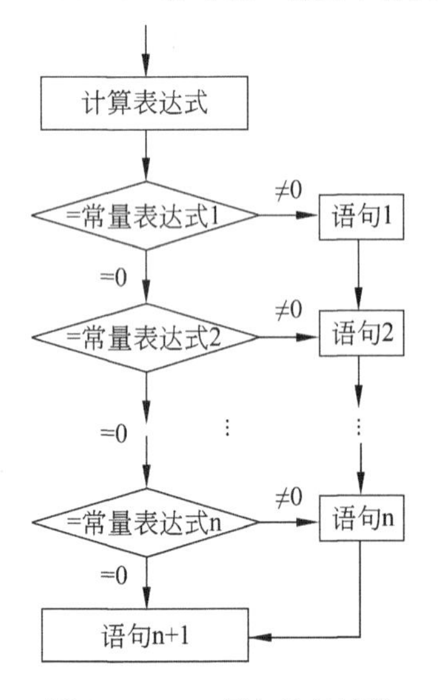

图 2-15　case 语句执行过程

其执行过程是：计算表达式的值，然后逐个与 case 后的常量表达式值相比较，当表达式的值与某个常量表达式的值相等时，执行其后的语句，然后不再进行判断继续执行后面所有 case 后的语句。如表达式的值与所有 case 后的常量表达式均不相同时，则执行 default 后的语句。switch 语句的执行过程如图 2-15 所示。

【例 2-8】 根据成绩等级打印对应的百分数段。

```
#include<stdio.h>
void main()
{
    char grade;
    printf("Input grade: ");
    scanf("%c",& grade);
    switch(grade)
    {
        case 'A':  printf("90~100\n");
        case 'B':  printf("70~89\n");
        case 'C':  printf("60~69\n");
        case 'D':  printf("<60\n");
        default:  printf("error\n");
    }
}
```

本程序是要求输入一个成绩等级，输出对应的成绩段。

从运行结果(见图 2-16)可以看出，当输入“B”之后，执行了 case 'B'对应的语句，但是以后的所有语句也被执行了，输出了 70～89 及以后的所有成绩段。这与设计预期不一致。实际上在 switch 语句中，表达式的值和“case 常量表达式”相等则转向该项执行，但不能在执行完该语句后自动跳出整个 switch 语句，仍然会继续执行所有后面 case 语句直至 switch 语句结束。为了避免上述情况，C 语言提供了 break 语句，用于跳出 switch 语句，在每一case 语句之后增加 break 语句，使每一次 case 语句执行之后均可跳出 switch 语句，从而达到设计预期。

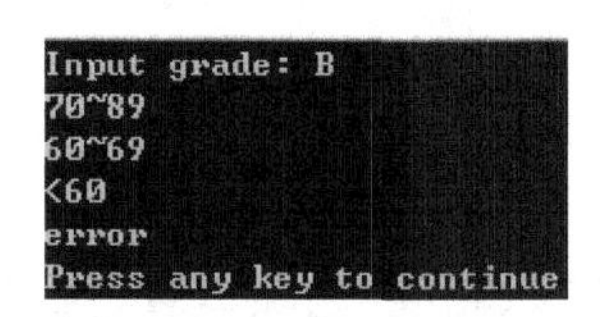

图 2-16　运行结果

【例 2-9】 根据输入的等级打印成绩段。

```
#include<stdio.h>
void main()
{
    char grade;
    printf("Input grade: ");
    scanf("%c",& grade);
    switch(grade)
    {
        case 'A':  printf("90~100\n");break;
        case 'B':  printf("70~89\n"); break;
        case 'C':  printf("60~69\n"); break;
        case 'D':  printf("<60\n"); break;
        default:  printf("error\n"); break;
    }
}
```

运行结果如图 2-17 所示。

```
Input grade: B
70~89
Press any key to continue
```

图 2-17　运行结果

在使用 switch 语句时需要注意以下几点：

(1) 表达式和常量表达式可为任何类型。

(2) 各常量表达式的值必须各不相同;否则会出现错误。

(3) switch语句的书写格式:语句体本身必须用花括号括起来;case和常量表达式之间必须有空格;default可以写在语句体的任何位置,也可以省略不写。

(4) 各case和default子句的先后顺序可以不同,而不会影响程序执行结果。

(5) 各常量表达式的值起标号作用,多个case可以共用一组执行语句。

(6) 允许switch嵌套使用,但同一个switch语句中,任意两个case的常量表达式值不能相同。

任务实施

1. 任务功能

已知x和y为float型变量,要求输入一个算术运算符(+、-、*或/),并对x和y进行指定的算术运算。

2. 编程思路分析

编程思路分析如下:

(1) 设x和y为float型变量并赋初值。

(2) 输入的运算符op为char型变量。

(3) 根据op的值(为'+'、'-'、'*'、'/')进行x和y的相加、相减、相乘、相除运算(选择分支)。

(4) 还需要考虑输入字符不是+、-、*或/时的情况。

(5) 输出计算结果。

3. 编写程序

该函数计算源程序如下。

EX2-3-1.c:

```
#include<stdio.h>
void main()
{
    float x=21,y=3,z;
    char op;
    op=getchar();
    switch(op)
    {
        case '+': z=x+y; break;
        case '-': z=x-y; break;
        case '*': z=x*y; break;
        case '/': z=x/y; break;
        default: z=0;
    }
    if(z!=0)
        printf("%f%c%f=%f\n",x,op,y,z);
    else
```

```
        printf("%c is not an operator\n",op);
}
```

运行结果如图 2-18 所示。

```
+
21.000000+3.000000=24.000000
Press any key to continue
```

图 2-18　运行结果

任务拓展

参考上面的例子设计一个程序，实现以下功能。

(1) 根据输入的数字输出对应的是星期几。

(2) 修改满足条件 1 的程序，根据输入的数字分别输出是工作日还是休息日。

思考与提高

1. 填空题

(1) 当 m=2,n=1,a=1,b=2,c=3 时，执行完 d=(m=a! =b)&&(n=b>c)后，n 的值为________，m 的值为________。

(2) 设有：

```
int a=1,b=2,c=3,d=4,m=2,n=2;
```

执行(m=a>b)&&(n=c>d)后 n 的值为________。

(3) 以下程序的运行结果是________。

```
void main()
{
    int a,b,d=241;
    a=d/100%9;
    b=(-1)&&(-1);
    printf("%d,%d",a,b);
}
```

(4) 以下程序的运行结果是________。

```
void main()
{
    int m=5;
    if(m++>5)
        printf("%d\n",m);
    else
        printf("%d\n",m--);
}
```

(5) 以下程序的输出结果是________。

```
void main()
{
    int x=2,y=-1,z=2;
    if(x<y)
```

```
        if(y<0)
            z=0;
        else
            z+=1;
    printf("%d\n",z);
}
```

2. 选择题

(1) 逻辑运算符两侧运算对象的数据类型(　　)。

A. 只能是0或1　　B. 只能是0或非0正数

C. 只能是整型或字符型数据　　D. 可以是任何类型的数据

(2) 以下关于运算符优先顺序的描述中,正确的是(　　)。

A. 关系运算符<算术运算符<赋值运算符<逻辑与运算符

B. 逻辑与运算符<关系运算符<算术运算符<赋值运算符

C. 赋值运算符<逻辑与运算符<关系运算符<算术运算符

D. 算术运算符<关系运算符<赋值运算符<逻辑与运算符

(3) 以下运算符中优先级最低的是(　　),优先级最高的是(　　)。

A. ?:　　B. &&　　C. +　　D. !=

(4) 对于选择结构语句 If x=10 Then y=100,下列说法中正确的是(　　)。

A. x=10 和 y=100 均为赋值语句

B. x=10 和 y=100 均为关系表达式

C. x=10 为关系表达式,y=100 为赋值语句

D. x=10 为赋值语句,y=100 为关系表达式

(5) 为避免在嵌套的条件语句 if-else 中产生二义性,C语言规定:else 子句总是与(　　)配对。

A. 缩排位置相同的 if　　B. 其之前最近的 if

C. 其之后最近的 if　　D. 同一行上的 if

(6) 执行以下程序段后,变量 a、b、c 的值分别是(　　)。

```
int x=10,y=9;
int a,b,c;
a=(--x==y++)--x:++y;b=x++;c=y;
```

A. a=9,b=9,c=9　　B. a=8,b=8,c=10

C. a=9,b=10,c=9　　D. a=1,b=11,c=10

(7) 以下程序的运行结果是(　　)。

```
void main()
{
    int k=4,a=3,b=2,c=1;
    printf("\n%d\n",k<a?k:c<b?c:a);
}
```

A. 4　　B. 3　　C. 2　　D. 1

3. 编程题

(1) 输入三角形的3条边,判断它是何类型的三角形(等边三角形、等腰三角形、一般三角形)。

(2) 假设奖金税率如下(a代表奖金,r代表税率)

$a<500, r=0\%$;

$500\leqslant a<1000, r=5\%$;

$1000\leqslant a<2000, r=8\%$;

$2000\leqslant a<3000, r=10\%$;

$3000\leqslant a, r=15\%$。

设计程序对输入的一个奖金数,求税率和应缴税款以及实得奖金数(扣除奖金税后)。题中r代表税率,t代表税款,b代表实得奖金数。

(3) 编写程序计算运输公司对用户要求的运费。路程s越远,每公里运费越低。标准如下:

$s<250$km,没有折扣;

$250\leqslant s<500$km,2%折扣;

$500\leqslant s<1000$km,5%折扣;

$1000\leqslant s<2000$km,8%折扣;

$2000\leqslant s<3000$km,10%折扣;

$3000\leqslant s$,15%折扣。

设每公里每吨货物的基本运费为p,货物重为w,距离为s,折扣为d,则总运费f的计算公式为:$f=pws(1-d)$。

(4) 编写程序从键盘上输入两个整数,检查第一个数是否能被第二个数整除。

(5) 编程实现:输入一个整数,判断它能否被3、5、7整除,并输出以下信息之一。

① 能同时被3、5、7整除。

② 能被其中两个数整除(要指出是哪两个数)。

③ 能被其中一个数整除(指出是哪一个数)。

④ 不能被3、5、7任一个整除。

(6) 设计一个程序计算以下函数的结果。

$$y=\begin{cases}-1 & (x<0)\\ 0 & (x=0)\\ 1 & (x>0)\end{cases}$$

项目 3

循环结构程序设计

程序经常会重复执行某些相同的操作，比如求“1+2+…+100”的和。可首先设置一个变量 sum，其初值为 0，用来存放计算之和。然后，解决以下 3 个问题即可。

(1) 将 k 的初值置为 1。

(2) 每执行 1 次“sum+=k”后，k 增 1。

(3) 当 k≤100 时，重复执行第(2)步；否则，结束。

这种根据某个条件重复执行相同算法的程序结构，称为循环结构。C 语言提供了 3 种实现循环结构的语句，即 while 语句、do-while 语句和 for 语句。

循环结构程序设计主要内容如下：

(1) while 语句、do-while 语句、for 语句等 3 种基本语句。

(2) break、continue、goto 语句。

(3) 循环结构程序嵌套。

重点与难点：

(1) 用 while、do-while、for 三种基本语句编写循环结构程序的方法。

(2) break 语句与 continue 语句的用法及区别。

任务 3.1　用 while 语句实现的循环结构

任务说明

在日常生活中遇到的有些循环问题，事前不知道循环次数，这时可以使用 while 语句实现循环。在本任务中，将学习 while 语句的格式、执行流程和应用方法。

相关知识

1. while 语句格式

while 语句也称为“当型”循环语句，它的格式为：

```
while(表达式)
{
    循环体语句;
}
```

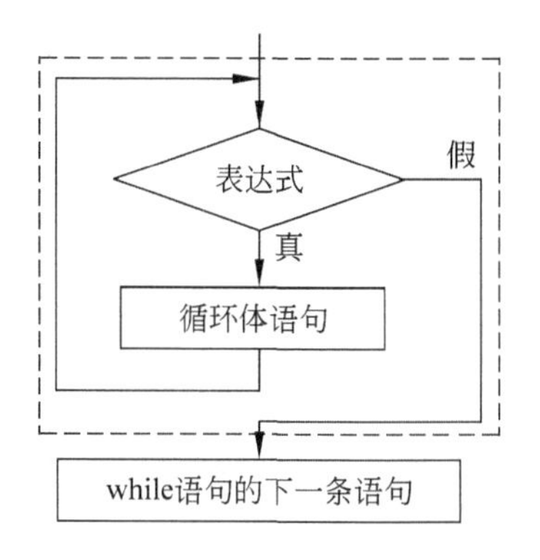

图 3-1　while 语句的执行流程

2. while 语句执行流程

while 语句执行流程如图 3-1 所示。

While 语句执行的流程如下。

(1) 求解表达式。如果其值为非 0,转第(2)步;否则转第(3)步。

(2) 执行循环体语句,然后转第(1)步。

(3) 执行 while 语句的下一条语句。

while 循环的特点是:先判断"表达式"是否成立,然后再决定是否执行循环体语句。

注意事项:

(1) 循环体如包括一个以上的语句,则必须用{}括起来,组成复合语句。

(2) while 语句的表达式一般是关系表达或逻辑表达式,也可以是其他表达式,只要表达式的值为非 0,即可使循环继续。

任务实施

1. 任务功能

编写程序,用 while 语句求 1+2+3+…+100 的值。

2. 编程思路

这是一个求多个有规律的数相加的问题,可以通过取数和求和两步来完成。

(1) 取数。第一个数为 1,其后的数都是在前一个数的基础上加 1 得到,直至 100。因此,可以在循环体中定义一个变量 i,每循环一次使 i 增 1,直到 i 的值超过 100,这样可以获得所要的每个数。

(2) 求和。可定义一个变量 sum 来存放和,给 sum 赋初值 0。当第 1 次判断表达式 i≤100 成立时,第一次执行循环体,sum+1 赋给 sum,i 的值变为 2;当第 2 次判断表达式 i≤100 成立时,第二次执行循环体时,sum+2 赋给 sum,i 的值变为 3;……。以此类推,直至循环结束,最后 sum 中存放的是 1+2+3+…+100 的值。执行流程如图 3-2 所示。

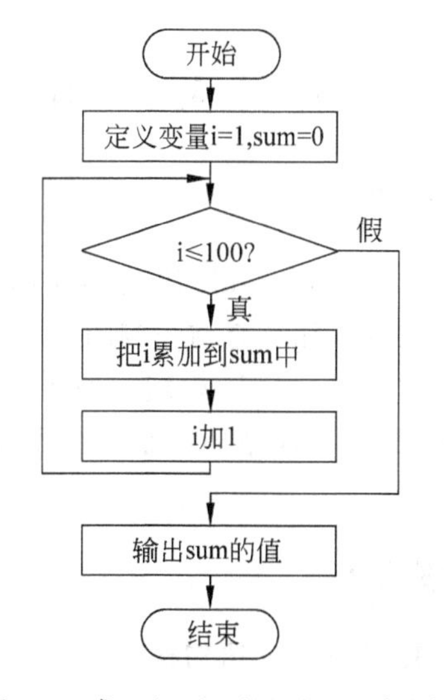

图 3-2　求 1+2+3+…+100 流程图

3. 源程序 EX3-1-1.c

```
#include<stdio.h>
void main()
{
    int i=1,sum=0;                          //循环控制变量 i 和累加器 sum 初始化
```

```
    while( i<=100 )
    {
        sum+=i;                         //累加
        i++;                            //i 自加
    }
    printf("sum=%d\n",sum);             //输出结果
}
```

4. 运行、调试

在 VC++ 6.0 开发环境下,编辑、编译和调试源程序 EX3-1-1.c。程序运行的结果为:

```
sum=5050
```

任务拓展

在源程序 EX3-1-1.c 的基础上,若把 while 的循环体改为:

```
{
    i++;                                //i 自加
    sum+=i;                             //累加
}
```

请同学们分析一下结果为多少? 如果想得到正确的结果 sum=5050,则如何修改源程序 EX3-1-1.c?

任务 3.2 用 do-while 语句实现的循环结构

任务说明

有时使用 while 语句实现循环时,循环体语句组一次都不能执行。这是因为,while 语句在进入循环之前先判断循环条件。但在日常生活中,有时也需要先无条件执行一次循环体语句,然后再根据判断条件确定是否重复执行循环体语句。这时可以使用 do-while 语句实现循环控制。在本任务中,将学习 do-while 语句的格式、执行流程和应用方法。

相关知识

1. do-while 语句格式

do-while 语句也称为"直到"循环语句,它的格式为:

```
do
{
    循环体语句;
} while(表达式);
```

注意事项:

(1) "while(表达式)"后面的分号不能省。

(2) 当循环体语句仅由一条语句构成时，可以省略大括号{}。

2. do-while 语句执行流程

do-while 语句执行流程如图 3-3 所示。

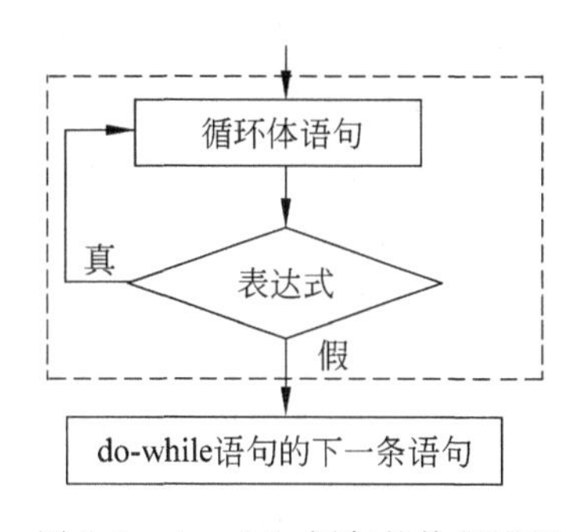

图 3-3　do-while 语句的执行流程

do-while 循环执行流程如下。

(1) 执行循环体语句。

(2) 求解表达式。如果表达式的值为非 0(真)，则转向第(1)步继续执行；否则，转向第(3)步。

(3) 执行 do-while 的下一条语句。

do-while 循环语句的特点是：先执行循环体语句，然后再求解表达式，决定是否继续循环。

【例 3-1】 用 do-while 语句求 1+2+3+…+100 的值。

程序代码如下。

```
#include<stdio.h>
void main()
{
    int i=1,sum=0;                    //循环控制变量 i 和累加器 sum 初始化
    do
    {
        sum+=i;                       //累加
        i++;                          //变量 i 自加
    }while(i<=100);
    printf("sum=%d\n",sum);
}
```

程序运行结果：

```
sum=5050
```

注意：do-while 语句与 while 语句的区别。由于 while 语句是先判断表达式，后执行循环体语句，所以循环体语句有可能一次也不执行。由于 do-while 是先执行一次循环体语句，再判断表达式，所以循环体语句至少被执行一次。

任务实施

1. 任务功能

编写程序，计算数学式 $1+\frac{1}{2}+\frac{1}{3}+\frac{1}{4}+\cdots+\frac{1}{n}$ 的近似值。要求至少累加到 $1/n\leqslant 0.00984$ 为止。输出循环次数及累加和。

2. 编程思路

定义一个变量 n，取值分别为 1、2、3、4、…，可通过 n 自加来实现。定义一个变量 sum，初值为 0，用来存放累加后的结果，即近似值。n=1，sum=sum+1.0/n 得到数学式

的第1项；n＝2，当1/n＞0.009 84时，sum＝sum＋1.0/n得到数学式的第1项和第2项的和；……以此类推，直到1/n≤0.009 84时，累加结束，即可得到数学式的近似值。

流程图如图3-4所示。由图3-4可知，先执行sum＝sum＋1.0/n，然后判断表达式1/n＞0.009 84是否为真，决定是否继续循环。

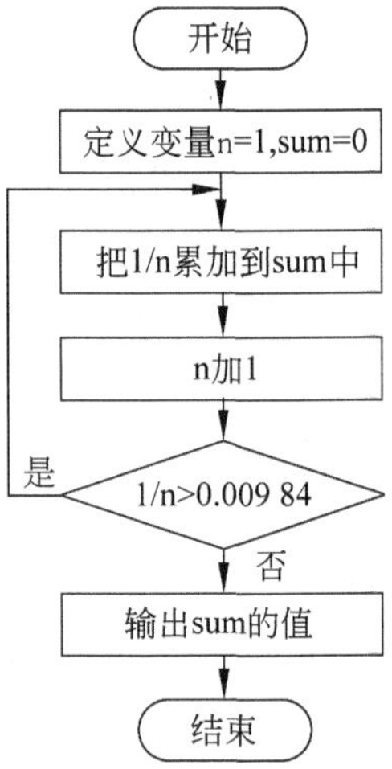

开始
定义变量n=1,sum=0
把1/n累加到sum中
n加1
1/n>0.009 84
是
否
输出sum的值
结束

图3-4　计算数学式近似值的流程图

3. 源程序EX3-2-1.c

```
#include<stdio.h>
void main()
{
    int n=1,N;
    float sum=0;
    do{
        sum=sum+(float)1/n;              //将每一项累加到 sum 中
        n++;                             //变量 n 自加,求新的分母值
    }while((float)1/n>0.00984);
    N=n-1;                               //求循环的次数
    printf("N=%d\nsum=%.4f\n",N,sum);
}
```

4. 运行、调试

在VC++ 6.0开发环境下，编辑、编译和调试源程序EX3-2-1.c。程序运行结果为：

```
N=101
sum=5.1973
```

任务拓展

用while语句编写循环结构程序，重新计算本任务中的数学式$1+\frac{1}{2}+\frac{1}{3}+\frac{1}{4}+\cdots+\frac{1}{n}$的近似值。要求至少累加到1/n≤0.009 84为止。

任务3.3　用for语句实现的循环结构

任务说明

在3种循环语句中，for语句功能更强，最为灵活，不仅可用于循环次数已经确定的情况，也可用于循环次数虽不确定，但给出了循环继续条件的情况。本任务中将学习for语句的格式、执行流程和应用方法。

相关知识

1. for 语句格式

```
for(表达式 1;表达式 2;表达式 3)
{
    循环体语句;
}
```

上述 for 语句格式中,“表达式 1”的功能是对循环变量赋初值,“表达式 2”的功能是判断循环变量是否满足继续循环的条件,“表达式 3”的功能是改变循环变量。

for 循环语句的执行流程如下。

(1) 求解表达式 1。

(2) 求解表达式 2。如果其值为非 0,执行第(3)步;否则,执行第(4)步。

(3) 执行循环体语句,并求解表达式 3,然后转向第(2)步。

(4) 执行 for 语句的下一条语句。

2. for 语句的执行流程

执行过程流程如图 3-5 所示。

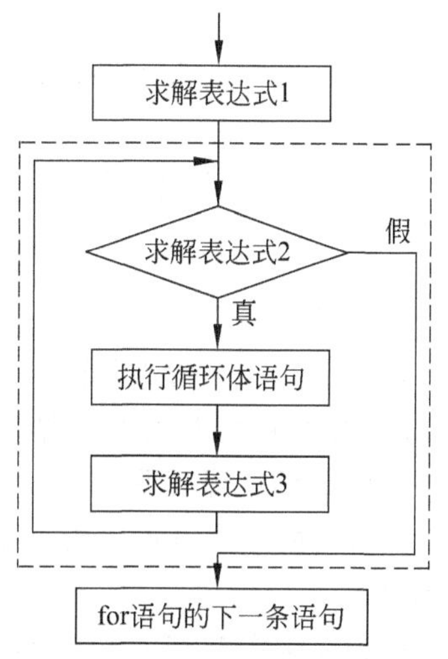

图 3-5 for 循环语句的执行流程

【例 3-2】 用 for 语句求 1～100 的累计和。

程序代码如下。

```
#include<stdio.h>
void main()
{
    int i,sum=0;                    //循环控制变量 i 和累加器 sum 初始化
    for(i=1;i<=100;i++)
    {
        sum+=i;                     //累加
    }
    printf("sum=%d\n",sum);
}
```

程序运行结果:

```
sum=5050
```

3. for 语句的几点说明

(1) “表达式 1”、“表达式 2”和“表达式 3”部分均可缺省,甚至全部缺省,但其间的分号不能省略,如 for(;;)

① 表达式 1 省略。例如:

```
i=1;
```

```
for(;i<=100;i++)
    sun+=i;
```

由此可以看出表达式1并不是真的省略了，而是换了一个地方。

② 表达式3也可以省略。例如：

```
for(i=1;i<=100;)
{   sum+=i;
    i++;
}
```

从这个意义来看，表达式3并没有省略，而是换了一个地方。如果一定要省略循环变量或改变这个表达式3，将不能使循环条件(表达式2)达到“假”，因而不能结束循环，该循环将成为死循环。

③ 表达式2省略。例如：

```
for(i=1;  ;i++)
    sum+=i;
```

如果表达式2省略，就不判断循环条件，即认为循环条件始终为真，循环无终止地进行，如果没有别的办法退出循环，将成为死循环。循环条件2省略的流程如图3-6所示。

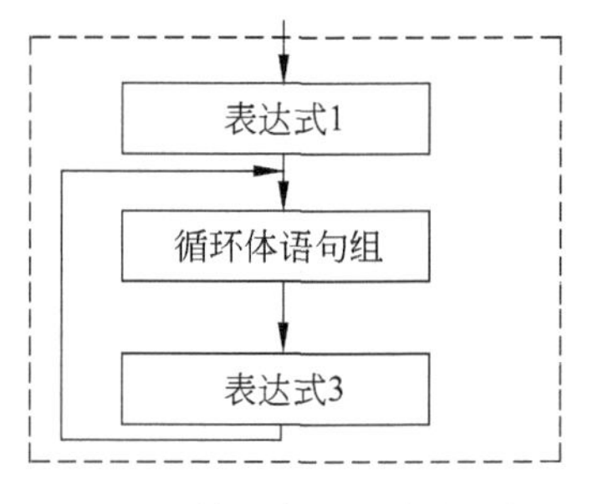

图3-6 循环条件省略流程图

(2) 当循环体语句仅由一条语句构成时，可以省略大括号{}。

(3) 表达式1，既可以是给循环变量赋初值的赋值表达式，也可以是其他表达式(如逗号表达式)。例如：

```
for(sum=0,i=1;i<=100;i++)
    sum+=i;
```

(4) 表达式2是一个逻辑量，除一般的关系(或逻辑)表达式外，也允许是数值(或字符)表达式。C语言将非0值看成是逻辑真，将0值看成是逻辑假。

任务实施

1. 任务功能

编写程序，求n的阶乘n!(n!=1×2×…×n)。

2. 编程思路

由任务要求可知n!=1×2×…×n，若从键盘输入n的值为5，则5! = 1×2×3×4×5=120。编程时，可首先设一个累乘器fact用来存放乘积，设初值为1。然后分别把1,2,…,n与fact相乘后赋值给fact。具体重复运算如下。

第1次：fact=fact * 1

第2次：fact=fact * 2

第3次：fact=fact * 3

……

第 n 次：fact=fact * n

执行流程如图 3-7 所示。

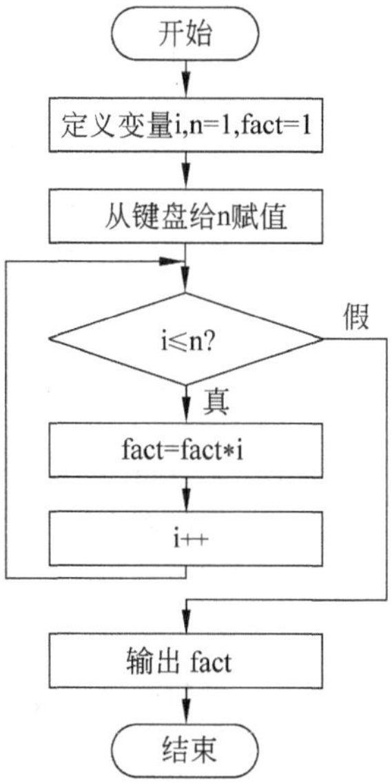

图 3-7 求 n! 的流程图

3. 源程序 EX3-3-1.c

```
#include<stdio.h>
void main()
{
    int i, n;
    long  fact=1;          //将累乘器 fact 初始化为 1
    printf("Input n: ");
    scanf("%d", &n);
    for(i=1;i<=n;i++)
        fact*=i;           //累乘
    printf("%d !=%ld\n", n, fact);
}
```

4. 运行、调试

在 VC++ 6.0 开发环境下，编辑、编译和调试源程序 EX3-3-1.c。程序运行结果为：

```
Input n: 5<回车>
5 !=120
```

任务拓展

用 while 循环求 n 的阶乘 n!(n!=1×2×…×n)，体会与本任务中用 for 循环求阶乘 n! 的不同之处。

任务 3.4 循环嵌套

任务说明

若在循环结构的循环体内，又出现了另一个完整的循环结构，则称为“循环嵌套”。嵌套式的结构表明各循环之间只能是“包含”关系，即一个循环结构完全在另一个循环结构的里面。通常把里面的循环称为“内循环”，外面的循环称为“外循环”。本任务主要学习循环嵌套编程的方法。

相关知识

C 语言的 3 种循环语句都可以嵌套，既可以自身嵌套也可以相互嵌套。循环嵌套的层数没有限制，但一般用得较多的是二重循环或三重循环。

1. for 循环嵌套

for 循环嵌套如图 3-8 至图 3-10 所示。

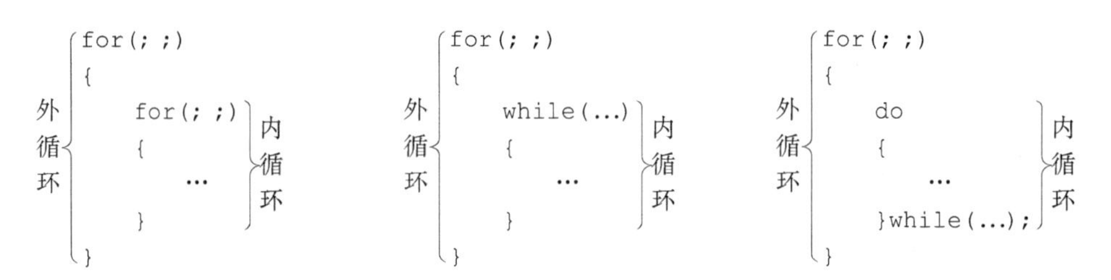

图 3-8　for 与 for 循环的嵌套　　图 3-9　for 与 while 循环的嵌套　　图 3-10　for 与 do-while 循环的嵌套

2. while 循环嵌套

while 循环嵌套如图 3-11 至图 3-13 所示。

图 3-11　while 与 while 循环的嵌套　　图 3-12　while 与 for 循环的嵌套　　图 3-13　while 与 do-while 循环的嵌套

3. do-while 循环嵌套

do-while 循环嵌套如图 3-14 至图 3-16 所示。

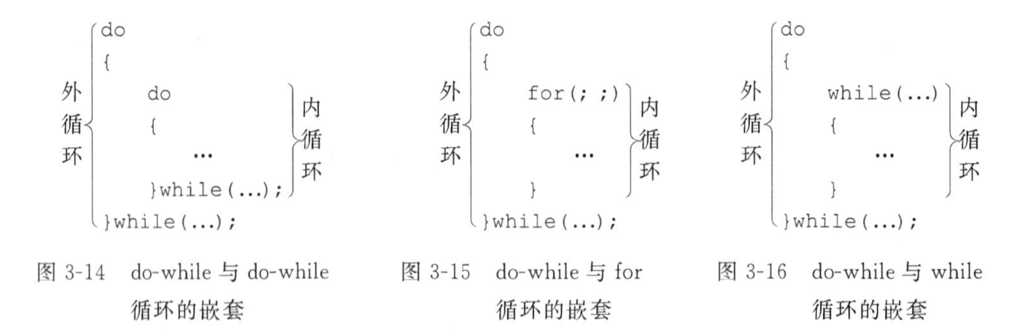

图 3-14　do-while 与 do-while 循环的嵌套　　图 3-15　do-while 与 for 循环的嵌套　　图 3-16　do-while 与 while 循环的嵌套

任务实施

1. 任务功能

用循环嵌套编写程序输出九九乘法口诀表。

2. 编程思路

乘法表的特点如下。

(1) 共有 9 行。

(2) 每行的式子数量很有规律,第几行就有几个式子。

(3) 对于每一个式子，既与所在的行有关，又与所在的行上的位置(列)有关。首先看输出其中一行的情况。假设要输出的是第 i 行，我们知道 i 行共有 i 个式子，可用以下程序段实现：

```
for(j=1;j<=i;j++)
    printf("%3d*%d=%-2d",j,i, i*j);
printf("\n");
```

如果给上述程序段加一个外循环，使 i 从 1 取到 9，每执行一次内循环，就输出了乘法表中对应行的所有式子。执行流程如图 3-17 所示。

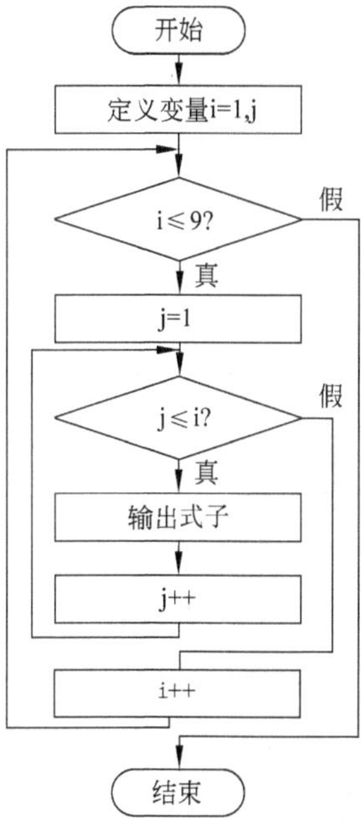

图 3-17　输出九九乘法口诀表执行流程

3. 源程序 EX3-4-1.c

```
#include<stdio.h>                    //包含头文件
void main()
{
    int i,j,k=0;
    for(i=1;i<=9;i++)                //外循环执行 9 次
    {
        for(j=1;j<=i;j++)            //内循环每次的执行次数与 i 有关
        {
            k=i*j;
            printf("%3d*%d=%-2d",j,i,k);   //输出结果
        }
        printf("\n");                //换行
    }
}
```

4. 运行、调试

在 VC++ 6.0 开发环境下，编辑、编译和调试源程序 EX3-4-1.c。程序运行结果如下。

```
1*1=1
1*2=2  2*2=4
1*3=3  2*3=6   3*3=9
1*4=4  2*4=8   3*4=12  4*4=16
1*5=5  2*5=10  3*5=15  4*5=20  5*5=25
1*6=6  2*6=12  3*6=18  4*6=24  5*6=30  6*6=36
1*7=7  2*7=14  3*7=21  4*7=28  5*7=35  6*7=42  7*7=49
1*8=8  2*8=16  3*8=24  4*8=32  5*8=40  6*8=48  7*8=56  8*8=64
1*9=9  2*9=18  3*9=27  4*9=36  5*9=45  6*9=54  7*9=63  8*9=72  9*9=81
```

任务拓展

用双层 for 循环打印下面的图形。

```
*****
 *****
  *****
   *****
```

提示：外层用一个for循环(控制图形所在的行)，内层用两个for循环(一个用来控制每行图形中"*"输出，另一用来控制每行图形中空格" "的输出)。

任务3.5　goto、break、continue语句的应用

任务说明

前面介绍的while、do-while、for语句，都是在判定循环条件不成立时，才结束整个循环。在实际应用中，有时还要求在循环的中途退出循环，这就要用到break、continue语句。如果需要将程序转到指定的位置去执行，可以采用goto语句。本任务介绍以上3种语句的使用方法。

相关知识

1. goto语句

1) goto语句的格式

goto语句的一般格式：

```
goto 语句标号;
```

功能：使系统转向标号所在的语句行执行。

语句标号用标识符表示，它的命名规则与变量名的命名规则相同。例如：

```
goto label_1;                          /* 合法 */
goto 123;                              /* 不合法 */
```

2) goto语句的执行流程

可以用goto语句和if语句构成循环。使用goto语句实现求解1～100累加和的程序如下(流程如图3-18所示)。

【例3-3】 用goto语句实现求解1～100累加。

程序代码如下。

```
void main()
{
      int n=1,sum=0;
loop: sum+=n;
      n++;
      if(n<=100)  goto loop;
      printf("sum=%d\n", sum);
}
```

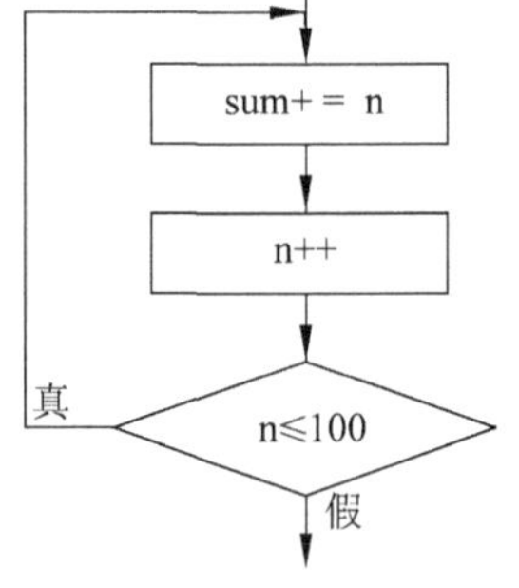

图3-18　goto语句的执行流程

注意：结构化程序设计方法，主张限制使用goto语句。因为滥用goto语句会破坏程序设计的结构，导致程序结构无规律、可读性差。

2. break语句

break语句的格式很简单，由关键字break和分号组成。

break语句的一般格式是：

```
break;
```

该语句只用于以下两个场合。

(1) 在switch多分支选择结构中，当某个case后的语句执行完、遇到break时，就跳出switch结构。

(2) 在循环结构中，若遇到break，就立即结束整个循环，跳到该循环的后续语句处执行。

【例3-4】 阅读下面的程序，它输出什么结果？

```
#include"stdio.h"
void main( )
{
    int x;
    for(x=1; x<=10; x++)
    {
        if(x==5)
        break;                              //break语句
        printf("%d\t", x);
    }
    printf("\nBroke out of loop at x=%d\n", x);
}
```

程序让变量x从1～10控制语句“printf ("%d\t",x);”的执行，把当时x的值打印出来。但如果x=5，那么就强行结束整个循环，去做该循环的后续语句：

```
printf("\nBroke out of loop at x=%d\n",x);
```

按照for的规定，循环应进行10次。但在x取值为5时，由于条件x==5成立而做break，于是就强迫循环结束，后面的5次循环不做了。所以，程序执行过程中打印出的结果如下。

```
1    2    3    4
Broke out of loop at x=5
```

3. continue语句

continue语句的一般形式是：

```
continue;
```

在循环结构里遇到它时，就跳过循环体中它后面的其他语句(如果有的话)，提前结束本次循环，去判断循环控制条件，以决定是否进入下一次循环。注意，该语句只能用在C

语言的循环结构中 。

【例 3-5】 阅读下面的程序,它输出什么结果?

```
#include"stdio.h"
void main( )
{
    int x, y;
    for(x=1; x<=10; x++)
    {
        if(x==5)
        {
            y=x;
            continue;
        }
        printf("%d\t", x);
    }
    printf("\nUsed continue to skip printing the value : %d\n", y);
}
```

题目的意思是让变量 x 从 1～10 控制语句“printf ("%d\t",x);”的执行,把当时 x 的取值打印出来。但若 x=5,那就强行结束这一次循环。即不执行“printf ("%d\t", x);”语句,而进入下一次的循环判断。

程序执行后,打印出的结果为:

```
1    2    3        4    6    7    8    9    10
Used continue to skip printing the value : 5
```

任务实施

1. 任务功能

编写程序,把 100～200 之间的能被 3 整除的数输出,并且每行输出 10 个。

2. 编程思路

重复判断 100～200 之间的每一个数,可用前面介绍的 while、do-while 和 for 语句实现。若某个数不能被 3 整除,则可提前结束本次循环而直接进入下次循环,用 continue 即可。执行流程如图 3-19 所示。

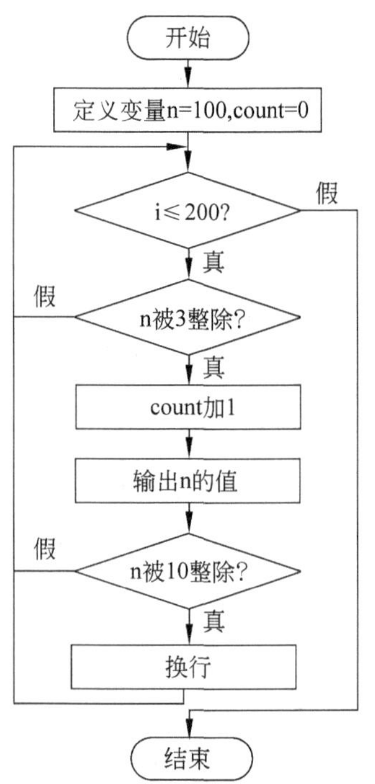

图 3-19 执行流程

3. 源程序 EX3-5-1.c

```
#include<stdio.h>
void main()
{
    int n,count=0;                          //count 用来计数
    for(n=100;n<=200;n++)
    {
```

```
        if(n%3!=0)  continue;               //不能被3整除的跳过
        count++;
        printf("%5d",n);
        if(count%10==0)  printf("\n");      //若count能被10整除,换行
    }
    printf("\n");                           //换行
}
```

4. 运行、调试

在VC++ 6.0开发环境下,编辑、编译和调试源程序EX3-5-1.c。程序运行结果如下。

```
102  105  108  111  114  117  120  123  126  129
132  135  138  141  144  147  150  153  156  159
162  165  168  171  174  177  180  183  186  189
192  195  198
```

任务拓展

求100～200之间的全部素数。

提示:在源程序EX3-5-1.c的基础上,用一个嵌套的for循环即可处理。

思考与提高

1. 填空题

(1) 执行for(i=0;i<28;i++)printf("*"); 将输出________个*号。

(2) 执行for(i=20;i>=0;i--)printf("*"); 将输出________个*号。

(3) 与int i=10;while(i<100){printf("p"); i++}这两条语句等价的for语句是________。

(4) 与for(i=0;i<10;i++)printf("%d",i); 等价的while循环是________。

(5) 下面程序的输出结果是________。

```
#include<stdio.h>
void main()
{  int a,sum;
   for(a=1,sum=0;a<=100;a++)
   sum=sum+a;
   printf("%d",sum);
}
```

(6) 下列程序的输出结果是________。

```
void main()
{  int a;
   for(a=1;a<5;a++)
    {  switch(a)
       {  case 1:printf("%d, ",a); break;
```

```
            case 2:printf("%d, ",a); break;
            case 3:printf("%d, ",a); break;
            default:printf("OK!\n");
        }
    }
}
```

2. 选择题

(1) for(i=0;i<10;i++); 结束后,i的值是(　　)。

A. 9　　B. 10　　C. 11　　D. 12

(2) 对for(表达式1; ;表达式3)可理解为(　　)。

A. for(表达式1; 0;表达式3)　　B. for(表达式1; 1;表达式3)

C. for(表达式1;表达式1;表达式3)　　D. for(表达式1;表达式2;表达式3)

(3) 当执行以下程序时,(　　)。

```
#include<stdio.h>
void main()
{   int a;
    while(a=5)
    printf("%d ",a--);
}
```

A. 循环体执行5次　　B. 循环体执行0次

C. 循环体执行无限次　　D. 系统会当机

(4) 设有程序段,则描述正确的是(　　)。

```
int  k=10;
while(k=0)  k=k-1;
```

A. 循环体语句一次也不执行　　B. 循环是无限循环

C. while循环语句执行十次　　D. 循环体语句执行一次

(5) 下面有关for循环的正确描述是(　　)。

A. for循环只能用于循环次数已经确定的情况

B. for循环是先执行循环体语句,后判断表达式

C. 在for循环中不能用break语句跳出循环体

D. for循环的循环体语句中,可以包含多条语句,但必须用花括号括起来

(6) 要使下面程序输出10个整数,则在下划线处填入正确的数是(　　)。

```
for(i=0;i<=________;)
printf("%d\n",i+=2);
```

A. 9　　B. 10　　C. 18　　D. 20

(7) 下面程序的循环次数是(　　)。

```
int k=0;
while(k<10)
{
```

```
    if(k<1)  continue;
    if(k==5)  break;
    k++;
}
```

A. 不能确定循环次数　　B. 6

C. 5　　D. 4

3. 编程题

(1) 用 for 循环设计一程序,实现求 1～100 的奇数和。

(2) 设计一程序,计算 1!+2!+3!+…+10!。

(3) 把 100～200 之间能被 7 整除的数,以 10 个数为一行的形式输出,最后输出一共有多少个这样的数。

(4) 设计一程序,计算 1～20 之间所有能被 3 整除的数之和。

(5) 编写程序,计算数学式 $1+\frac{1}{3}+\frac{1}{5}+\frac{1}{7}+\frac{1}{9}\cdots$的近似值,直到最后一项的值小于 10^{-4}为止。

(6) 编写程序,求 $1+\frac{1}{2^2}+\frac{1}{3^2}+\cdots+\frac{1}{15^2}$的值。

(7) 设计一程序,显示输出以下所示的三角形(要求用循环实现)。

```
        *
      * * *
    * * * * *
  * * * * * * *
* * * * * * * * *
```

项目 4

数组的应用

在程序设计中，为了处理方便，把具有相同类型的变量按有序的形式组织起来。这些按序排列的同类数据元素的集合称为数组，这组元素的数据类型就是数组的类型。构成数组的这组元素在内存中占用一组连续的存储单元，可以用一个统一的数组名标识这一组数据，而用下标来指明数组中各元素的序号。

数组具有以下特性。

- 数组可以是一维、二维或多维的。
- 数组的索引从零开始：具有 N 个元素的数组的索引是从 $0 \sim N-1$。
- 数组元素可以是任何类型，包括数组类型。
- 数组名也是一变量名；数组定义时需指定类型和长度。
- 长度可以在方括号中直接指定，也可以通过赋值来间接指定。
- 当使用超出范围的值时，编译不出错，但运行会出错。

数组的主要内容如下：

(1) 一维数组定义和引用。

(2) 二维数组定义和引用。

(3) 字符数组。

重点与难点：

(1) 掌握字符数组处理字符串的技巧。

(2) 利用数组解决实际问题。

任务 4.1　一 维 数 组

任务说明

在 C 语言中，将前后相邻、类型相同的一组变量作为一个整体，这个整体此时成为数组类型的变量，这个整体被称为一维数组。其中每个变量称为数组元素，变量的个数称为数组长度或数组容量。在本次任务中，将学习一维数组的定义、引用和初始化。

相关知识

1. 一维数组的定义

一维数组的一般格式为：

类型说明符 数组名 [常量表达式];

其中,类型说明符是任一种基本数据类型或构造数据类型;数组名是用户定义的数组标识符,也代表着数组元素在内存中的起始地址,它的命名规则与变量名的命名一样;方括号中的常量也称下标表达式,表示一维数组中元素的个数,即数组长度(也称为数组大小)。

例如:

```
int a[10];                    //说明整型数组 a,有 10 个元素
float b[10],c[20];            //说明实型数组 b,有 10 个元素,实型数组 c,有 20 个元素
```

常量表达式是放在一对中括号[]中,而不能是大括号{ }或小括号(),常量表达式用来表示数组中拥有的元素个数。常量表达式中必须是由常量或符号常量组成的表达式,而不能有变量。在定义数组变量的时候,一旦数组中元素(也称数组的大小)确定好以后,就绝对不允许改变数组的大小。例如:

```
#define LEN 5
main()
{
    int a[1+2],b[4+LEN];      //由常量或符号常量组成常量表达式
    …
}
```

是合法的。但是下述定义方式是非法的。

```
main()
{
    int n;
    int a[n];                 //由变量组成常量表达式,非法
    …
}
```

一维数组中的各个元素在内存中是按照下标规定的顺序存放的。我们知道,在内存中是以字节为基本单位来表示存储空间的,并且只能按照顺序的方式存放数据。假设定义了一个整型的一维数组 int a[5],那么这个数组中的每个元素都将占用两个字节。图 4-1 显示了数组存放方式,其中数组名就是数组的首地址。

a

a[0]	a[1]	a[2]	a[3]	a[4]

图 4-1 顺序程序设计步骤

2. 一维数组的引用

在已经定义了一个数组以后,怎么来使用数组中的元素呢?C 语言规定只能一个一个地引用数组元素而不能一次引用数组中的全部元素。

数组的引用格式:

数组名[下标]

关于数组的引用要注意以下几点。

(1) 下标用中括号[]括起来,它表示要引用数组中的第几个元素。

(2) 下标可以是变量表达式也可以是常量表达式。

(3) 假设定义了一个含有 N 个元素(N 为一个常量)的数组,那么下标的取值范围为 $[0,N-1]$。

例如,使用循环语句逐个输出含有 10 个元素的数组:

```
for(i=0; i<10; i++)
    printf("%d",a[i]);
```

3. 一维数组的初始化

数组的初始化操作是在定义数组的同时对其中的全部或部分元素指定初始值。

初始化的语法格式为:

类型　数组名[N]={值1,值2,…,值N};

例如:

对数组 a 进行初始化。

```
int a[5]={1,2,3,4,5};
```

当对数组全部元素进行初始化时数组长度可以省略不写,上面的初始化也可以写成以下语句。

```
int a[ ]={1,2,3,4,5};
```

在对数组初始化时,也可以只对数组中的部分元素指定初始值。当初始化值的个数少于数组元素个数时,数组前面的元素按顺序初始化成相应的值,后面部分由系统自动初始化为零(对数值数组)或空字符'\0'(对字符数组)。例如:

```
int a[5]={1,2};
```

定义整型数组 a 有 5 个元素,但只初始化前两个元素,即 a[0]=1、a[1]=2。对于后面的 3 个元素没有定义初始值,此时由系统自动给它们赋 0,即 a[2]=0,a[3]=0,a[4]=0。

当数组长度与初始化元素的个数不相等时,数组长度不能省去不写,如上例不能写为以下形式。

```
int a[ ]={1,2};                          //数组长度不能省略
```

否则系统会认为数组 a 的长度为 2 而不是 5。

任务实施

1. 任务功能

编写程序,将 10 个数按大小排序。

2. 编程思路分析

10 个数按大小排序有 10! 种情况,我们考虑用一个长度为 10 的数组 a[10]来存放

这 10 个数，在这个数组中进行排序。具体排序过程如下。

第 1 次：从 10 个数据中找出最大的，跟 a[0]的值互换。

第 2 次：从剩下的 9 个数据中找出最大的，跟 a[1]的值互换。

……

第 9 次：从剩下的两个数据中找出最大的，跟 a[8]的值互换。

执行流程如图 4-2 所示。

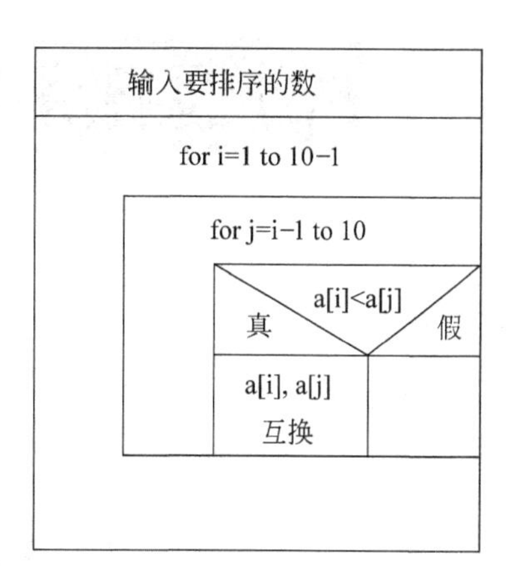

图 4-2　10 个数排序执行流程

3. 源程序 EX4-1-1.c

```
#include<stdio.h>
void main()
{
    int a[10];
    int b;
    int i,j;
    printf("input 10 number:\n");
    for(i=0;i<10;i++)
    {
        scanf("%d",&a[i]);
    }
    for(i=0;i<10;i++)
    {
        for(j=i+1;j<10;j++)
        {
            if(a[i]<a[j])
            {
                b=a[i];
                a[i]=a[j];
                a[j]=b;
            }
        }
    }
    for(i=0;i<10;i++)
    {
        printf("%d",&a[i]);
    }
}
```

运行结果如图 4-3 所示。

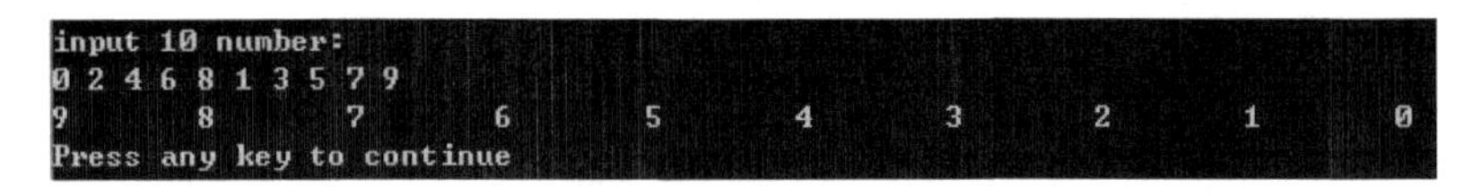
```
input 10 number:
0 2 4 6 8 1 3 5 7 9
9         8         7         6         5         4         3         2         1         0
Press any key to continue
```

图 4-3　运行结果

任务拓展

结合上面的例子，找出拥有10个元素的数组中最小的一个元素，并输出该元素的下标。

任务4.2　二维数组

任务说明

前面介绍的数组只有一个下标，称为一维数组，但在实际问题中有很多量是二维的，如排列成行、列的表格数据及矩阵等。因此C语言允许构造二维数组。在本次任务中，将学习二维数组的定义、引用和初始化。

相关知识

1. 二维数组的定义

二维数组也称为矩阵，需要两个下标才能标识某个元素的位置，通常称第一个下标为行下标，称第二个下标为列下标。

二维数组的一般形式为：

类型　数组名[常量表达式1][常量表达式2];

其中类型说明符规定了这个数组所有元素的类型。常量表达式1表示第一维下标的长度，定义了这个数组有几行；常量表达式2表示第二维下标的长度，定义了每行有几个元素，也叫定义了几列。例如：

```
int a[3][3]
```

定义了一个二维数组a，它在逻辑上的空间形式为3行3列，每一个数组元素都是整型数据。二维数组恰似一张表格(或矩阵)。数组元素中的第一个下标值表示该元素在表格中的行号，第二个下标为列号。a[3][3]具有以下逻辑结构：

```
a[0][0]  a[0][1]  a[0][2]
a[1][0]  a[1][1]  a[1][2]
a[2][0]  a[2][1]  a[2][2]
```

二维数组在内存中按一维数组存放，占据一片连续的存储单元，在内存中的排列顺序是"先行后列"，即在内存中先存第一行的元素，然后再存第二行的元素。a数组在内存中排列如图4-4所示。

a[0][0]	a[0][1]	a[0][2]	a[1][0]	a[1][1]	a[0][2]	a[2][0]	a[2][1]	a[2][2]

图 4-4　二维数组在内存中的排列

2. 二维数组的引用

二维数组的引用格式：

数组名[下标][下标]

二维数组的引用与一维数组的引用是基本一样的，只不过二维数组的引用要使用两个下标。

3. 二维数组的初始化

和一维数组一样，二维数组也能在定义时被初始化，只是要注意必须按照前面所讲的存储顺序列出数组元素的值。常见有以下一些初始化方式。

(1) 分行初始化。分别对各元素赋值，每一行的初始值用一对花括号括起来。

例如：

```
int a[3][3]={{1,2,3},{4,5,6},{7,8,9}};
```

程序编译时会将第一对花括号内的 3 个初始值分别赋给 a 数组第一行 3 个元素，第二对花括号内的 3 个初始值赋给第二行元素，第三对花括号内的 3 个初始值赋给第三行元素。初始化完成后数组中各元素如表 4-1 所示。

表 4-1　分行初始化完成后数组中的各元素

a[0][0]	a[0][1]	a[0][2]	a[1][0]	a[1][1]	a[1][2]	a[2][0]	a[2][1]	a[2][2]
1	2	3	4	5	6	7	8	9

(2) 线性初始化。将各初始值连续地写在一个花括号内，在程序编译时会按内存中排列的顺序将各初始值分别赋给数组元素。

例如：

```
int a[3][3]={1,2,3,4,5,6,7,8,9};
```

初始化完成后数组中各元素如表 4-2 所示。

表 4-2　线性初始化完成后数组中的各元素

a[0][0]	a[0][1]	a[0][2]	a[1][0]	a[1][1]	a[1][2]	a[2][0]	a[2][1]	a[2][2]
1	2	3	4	5	6	7	8	9

(3) 只对数组的部分元素赋值。

例如：

```
int a[3][3]={1,2,3,4};
```

数组 a 共有 9 个元素，但初始化时只对前面 4 个元素赋了初值，后面 5 个未赋初值，编译过程中会将其值置为 0。初始化完成后数组中各元素如表 4-3 所示。

表4-3 只对数组部分元素初始化完成后数组中的各元素

a[0][0]	a[0][1]	a[0][2]	a[1][0]	a[1][1]	a[1][2]	a[2][0]	a[2][1]	a[2][2]
1	2	3	4	0	0	0	0	0

(4) 省略第一维的大小。若在定义数组时给出了全部数组元素的初值,则数组的第一维下标可以省略,但第二维下标不能省略。

例如:下面两种定义方式等价:

```
int a[3][3]={1,2,3,4,5,6,7,8,9};
int a[ ][3]={ 1,2,3,4,5,6,7,8,9};
```

编译过程中会根据元素的总个数分配空间,每行3列,共9个元素,故该数组行数为9/3=3行。

任务实施

1. 任务功能

编写程序将一个3×3的二维数组行和列元素互换。

2. 编程思路分析

按任务要求需要将

$$a=\begin{bmatrix}1&2&3\\4&5&6\\7&8&9\end{bmatrix}$$

转换为

$$b=\begin{bmatrix}1&4&7\\2&5&8\\3&6&9\end{bmatrix}$$

分析可知,将二维数组的行列元素互换后使得b[j][i]=a[i][j],实际上就是将a[i][j]的值赋给b[j][i]。

3. 源程序EX4-1-2.c

```
#include<stdio.h>
void main()
{
    int a[3][3]={{1, 2, 3}, {4, 5, 6}, {7, 8, 9}};
    int b[3][3];
    int i, j;
    printf("array a:\n\n");
    for(i=0; i<=2; i++)
    {
        for(j=0; j<=2; j++)
        {
```

```
            printf("%5d", a[i][j]);
            b[j][i]=a[i][j];                     //行列元素互换
        }
        printf("\n");
    }
    printf("\narray:b\n\n");
    for(i=0; i<=2; i++)
    {
        for(j=0; j<=2; j++)
        {
            printf("%5d", b[i][j]);
        }
        printf("\n");
    }
}
```

运行结果如图 4-5 所示。

图 4-5　运行结果

任务拓展

对程序 EX4-1-2.c 进行修改，实现对将一个 3×3 的二维数组中的行列元素互换时只将上三角中的元素与下三角的元素互换，而不是将所有行列对应的元素全部互换。

任务 4.3　字符数组

任务说明

除了整型数组外，还会对按序排列的字符类型数据元素进行处理，此时就需要使用到字符数组。在本次任务中，将学习字符数组的定义、引用和初始化以及字符数组的输入/输出。

相关知识

1. 字符数组的定义

字符数组本身是一个数组，具有数组的全部特性，只不过是数组元素的类型是字符型的。

字符数组的一般格式为：

char 数组名[常量表达式][...]...;

字符数组也可以是二维数组或多维数组。

2. 字符数组的引用

字符数组的引用和一维、二维数组的引用没有区别，只是注意数据元素的类型是字符型。

3. 字符数组的初始化

字符数组也允许在定义时作初始化赋值。

字符数组可以这样初始化：

```
char c[9]={'H','e','l','l','o'};
```

在这个初始化语句时，共写了5个字符，还有4个元素没有赋初值。对于字符数组，对于没有给出初值的数组元素，系统自动对它们赋值\0。所以当a数组初始化完毕后，数组中所存数据如下。

H	e	l	l	o	\0	\0	\0	\0

这里的\0是ASCII码为0的Null字符，作为结束符，系统在对一个字符串进行操作时，需要清楚地知道这个字符串有多长，有了这个字符串结束标志后，就可以判断字符串是否结束。

对于字符型数组的初始化，除了将数组中的元素一个一个赋值为字符的方式外，还可以将一个字符串一次性赋值给整个字符型数组，此时花括号可以省略。

例如：

```
char c[6]={"hello"};
```

或者

```
char c[6]="hello";
```

当把一个字符串存入一个数组时，也把结束符\0存入数组，并以此作为该字符串是否结束的标志。初始化完成后数组c在内存中的实际存放情况如下。

H	e	l	l	o	\0

有了\0标志后，就不必再用字符数组的长度来判断字符串的长度了。这时再初始化一个字符数组就可以不指定数组的长度，让编译器自己计算。

```
char c[]="Hello, world ";
```

字符串的长度包括结束字符在内一共12个字符，编译器会确定数组c的长度为12。

如果用于初始化的字符串字面值比数组还长，比如：

```
char c[6]="hello,world"
```

则数组c只包含字符串的前6个字符，不包含Null字符，这种情况编译器会给出警告。

4. 字符数组的输入/输出

输出一个字符数组中的字符串，有以下两种方法。

(1) 按%c的格式，采用循环的方式用printf()函数将数组元素一个一个输出到屏幕。例如：

```
#include<stdio.h>
void main()
{
    int i;
    char c[]="hello,world";
    for(i=0;i<12;i++)
    printf("%c",c[i]);
}
```

(2) 按%s 的格式，用 printf()函数将数组中的内容按字符串的方式输出到屏幕。例如：

```
#include<stdio.h>
void main()
{
    char c[]="hello,world";
    printf("%s",c);
}
```

printf 函数中使用的格式字符串为%s，表示输出的是一个字符串，输出时遇结束符\0 就停止输出，而在输出表列中给出数组名即可。

同样，从屏幕中输入一个字符数组中的字符串，也有以下两种方法。

(1) 按%c 的格式，采用循环的方式用 scanf()函数将数组元素一个一个输入。例如：

```
#include<stdio.h>
void main()
{
    int i;
    char c[10];                  //如果不作初始化赋值，必须说明数组长度
    for(i=0;i<10;i++)
    {
        scanf("%c",&c[i]);
    }
    for(i=0;i<10;i++)
    {
        printf("%c", c[i]);
    }
}
```

(2) 按%s 的格式，用 scanf()函数将数组中的内容按字符串的方式输入。例如：

```
#include<stdio.h>
void main()
{
    char c[10];                  //如果不作初始化赋值，必须说明数组长度
    scanf("%s",c);
    printf("%s",c);
}
```

printf函数中使用的格式字符串为%s,表示输出的是一个字符串,而在输出表列中给出数组名即可。本例中由于定义数组长度为10,因此输入的字符串长度必须小于10,留出一个空间用于存放字符串结束标志\0。还应该特别注意的是,当用scanf函数输入字符串时,字符串中不能含有空格,否则将以空格作为串的结束符,空格以后的字符无法输入。

任务实施

1. 任务功能

要求输入并保存一个学生的姓名,然后输出。

2. 编程思路分析

可以使用字符数组来保存学生的姓名。将一个学生的姓名输入到一个字符数组中,可以采用循环的方法逐个字符输入/输出,这种字符的处理方法把学生的姓名看成是由一个一个字母结合而成。考虑到学生的姓名也可以看作是一个整体,也就是一个字符串,可以采用字符串的方法输入/输出学生姓名。

3. 源程序 EX4-1-3.c

```
#include<stdio.h>
void main()
{
    char name[20];
    printf("请输入学生姓名:");
    scanf("%s",name);
    printf("学生姓名为:%s\n",name);
}
```

运行结果如图4-6所示。

```
请输入学生姓名: Lilei
学生姓名为: Lilei
Press any key to continue
```

图4-6 运行结果

任务拓展

输入多个学生的姓名,并把姓名保存在一个地方,再逐个输出。

提示: 二维字符数组与二维整型数组一样,只不过二维字符数组存放的是字符元素。

思考与提高

1. 填空题

(1) 若数组 int a[][3]={1,2,3,4,5,6,7};则a数组第一维的大小是________。

(2) 若二维数组a有m列,则在a[i][j]前的元素个数为________。

(3) 定义以下变量和数组:

```
int k;
int a[3][3]={1,2,3,4,5,6,7,8,9};
```

则下面语句的输出结果是________。

```
for(k=0;k<3;k++)
printf("%d",a[k][2-k]);
```

(4) 以下程序的输出结果是________。

```
main()
{
    int I,k,a[10],p[3];
    k=5;
    for(I=0;I<10;I++)
        a[I]=I;
    for(I=0;I<3;I++)
        p[I]=a[I*(I+1)];
    for(I=0;I<3;I++)
        k+=p[I]*2;
    printf("%d\n",k);
}
```

(5) 以下程序的输出结果是________。

```
#include<stdio.h>
void main()
{
    char a[10]={'1','2','3','0','5','6','7','8','9','\0'};
    printf("%s\n",a);
}
```

2. 选择题

(1) int a[4]={5,3,8,9};其中 a[3]的值为(　　)。

A. 5　　B. 3　　C. 8　　D. 9

(2) 数组定义为 int a[3][2]={1,2,3,4,5,6},值为 6 的元素是(　　)。

A. a[3][2]　　B. a[2][1]　　C. a[1][2]　　D. a[2][3]

(3) 合法的数组定义是(　　)。

A. int a[3][ ]={0,1,2,3,4,5}　　B. int a[ ][3]={0,1,2,3,4}

C. int a[2][3]={0,1,2,3,4,5,6}　　D. int a[2][3]={0,1,2,3,4,5,}

(4) 以下定义语句中,错误的是(　　)。

A. int a[]={1,2}　　B. char a[]={"test"}

C. char s[10]={"test"}　　D. int n=5,a[n]

(5) 对字符数组进行初始化,(　　)形式是错误。

A. char c1[ ]={'1','2','3'};　　B. char c2[ ]=123;

C. char c3[ ]={'1','2','3','\0'};　　D. char c4[ ]="123";

3. 编程题

(1) 将 a 数组中第一个元素移到最后数组末尾,其余数据依次往前平移一个位置。

(2) 编程输入10个正整数,然后自动按从小到大的顺序输出。

(3) 输入 N 个整数,找出最大数所在位置,并将它与第一个数对调位置。

(4) 插入一个整数在一个有序数组中(从小到大,整型数据),要求插入后仍有序。

(5) 删除数组中的某元素,且右边的元素都向左平移一格。

(6) 输入10个字符,将其打印出来。

(7) 编写程序将一个 2×3 的二维数组行和列元素互换。

(8) 在一个二维数组中求最大值所在的行、列值。

(9) 将一个 3×3 的二维数组右上部分元素置零。

项目 5

用函数实现模块化程序设计

结构化程序设计是以模块化设计为中心，并将待开发的软件系统划分为若干个相互独立的模块，由这些独立的模块完成不同的功能，然后将这些模块通过一定的方法组织起来，成为一个整体，这就是结构化程序设计的思想。这种设计思想很像搭积木，单个的积木就像是一个个模块，它们的功能单一、使用方便，多个不同的积木按照不同的组合可以形成不同的图案。模块化是结构化程序设计的核心。

C 语言是由函数来实现模块化设计的。函数是模块化程序设计的最小单位，它是程序功能的载体。函数在一般情况下要求完成的功能单一，这样做的好处是便于函数设计与重用，一般由主函数来完成模块的整体组织。所以设计 C 程序，实际上就是设计函数。

用函数实现模块化程序设计主要内容如下：

(1) 函数的定义与调用。

(2) 函数间的参数传递。

(3) 函数间的嵌套调用与递归调用。

(4) 变量的作用域与存储类别。

(5) 内部函数和外部函数。

(6) 库函数。

重点与难点：

(1) 有参函数和无参函数的定义和调用方法。

(2) 形参、实参的定义和函数间传递参数的方法。

任务 5.1 函数的定义与调用

任务说明

C 语言规定，函数要“先定义，后使用”。函数只有被调用，其功能才能实现。本任务主要学习函数的定义和调用方法。

相关知识

5.1.1 函数的分类

C 函数从不同的角度可以将其分为不同类型的函数。搞清楚函数的分类，有利于使用别人设计的函数和设计出自己需要的程序。

(1) 从定义的角度分为库函数与用户自定义函数。

库函数由系统定义,用户只能使用(调用)。如前面所学过的输出函数 printf( )和输入函数 scanf( )等都是库函数。系统为我们提供了大量的库函数,为程序设计带来极大的方便,但是需要最多的还是用户自己定义的函数。对于该类函数,要先定义,然后才能使用,即"先定义、后使用",实际上前面讲的变量和字符常量都遵循这个原则,后面学习的构造类型也要遵循这个原则。

(2) 按函数调用关系分为主调函数和被调函数。

结构化程序设计的思想要求模块内部的内聚力越强越好,模块之间的联系越少越好。由于模块是由一个或多个函数组成的,那么函数之间是怎样联系的呢? 函数之间是通过函数调用来实现函数之间的联系的,因此,函数之间是可以互相调用的,调用方叫主调函数,被调用方叫被调函数。主函数可以调用函数,任何函数都不能调用主函数,主函数由系统调用。

(3) 按函数有无形式参数分为有参函数与无参函数。

有参函数:调用函数时,在主调函数与被调函数之间有数据传递。

无参函数:调用函数时,主调函数与被调函数之间没有数据传递。

5.1.2 函数的定义

任何函数(包括主函数 main( ))都是由函数说明和函数体两部分组成。根据函数是否需要参数,可将函数分为无参函数和有参函数两种。

1. 无参函数的定义格式

```
函数类型  函数名(void)
{
    定义变量部分
    功能语句部分
}
```

说明:上述定义格式中,函数名后小括号( )内的 void 也可以省略不写。

```
***********************
     How do you do!
***********************
```

图 5-1 例 5-1 用图

【例 5-1】 打印如图 5-1 所示的图形。

程序代码如下。

```
#include<stdio.h>                                   //包含头文件
/* 下面定义一个无参函数 starout,其功能是输出一行**/
void starout( )
{
    printf(***********************\n");              //输出一行 *
}
/* 下面是主函数部分 */
void main( )
{
    starout( );                                     //调用 starout( )函数
```

```
    printf("    How do you do!\n");
    starout( );                                         //调用 starout()函数
}
```

程序运行结果如图 5-2 所示。

```
************************
    How do you do!
************************
```

图 5-2　程序运行结果

2. 有参函数的定义格式

函数类型　函数名(数据类型　参数 1,数据类型　参数 2,…)
{
　　定义变量部分
　　功能语句部分
}

说明：有参函数定义时，函数名后小括号( )中的"参数 1,参数 2,…"等称为"形式参数"，简称"形参"。形参只能在函数体内使用，即在定义函数时的大括号{}之间有效。

【例 5-2】　从键盘输入两个整数，求较大的整数。

程序代码如下。

```
#include<stdio.h>                                  //包含头文件
/* 下面定义一个有参函数 max,其功能是求两个数中较大者 */
int max(int x, int y)                              //定义变量 x、y,其中 x 和 y 为形参
{  int z;                                          //定义变量 z
   if(x>y)  z=x;
   else     z=y;
   return(z);
}
/* 下面是主函数部分 */
void main( )
{  int a, b, c;                                    //定义变量 a、b、c
   Printf("Input two numbers:\n");
   scanf("%d, %d", &a, &b);                        //接收从键盘输入的两个整数
   c=max(a,b);                                     //调用函数,变量 a 和 b 为实参
   printf("Max=%d\n", c);                          //输出结果
}
```

程序运行结果如下。

```
Input two numbers:
5,6
max=6
```

关于函数定义的几点说明如下。

(1) 函数类型是指所定义函数执行完后返回值的数据类型，它可以是基本数据类型 int、char、float、double 等，也可以是指针型的。若一个函数在执行后不返回任何结果值，那么其函数类型应指定为 void。若定义函数时，如果缺省函数类型，则系统默认的函数类型为 int。

(2) 函数的名称，它可以是任何合法的标识符。在一个程序中，函数名必须是唯一的，别的函数都通过函数名来调用函数。

(3) 有参函数比无参函数多一个参数表。为了与调用函数提供的实际参数区别开，将函数定义中的参数表称为形式参数表，简称形参表。调用有参函数时，调用函数将赋予这些参数实际的值。被调函数通过这些形参，接收从调用函数传递过来的数据。无论所定义的函数有无参数，函数名后的圆括号都不能省略。

(4) 函数不允许嵌套定义。在C语言中，所有函数（包括主函数 main( )）都是平行的。一个函数的定义可以放在程序中的任意位置，即放在主函数 main( )之前或之后都可以。但在一个函数的函数体内，不能再定义另一个函数，即不能嵌套定义。

5.1.3 函数的返回值

C语言的函数从有无返回值这个角度考虑，可把函数分为有返回值函数和无返回值函数两种。有返回值的函数，是通过函数中的 return 语句来获得的。

return 语句的一般格式为：

```
return(表达式)；
```

return 语句的功能是，函数执行结束，返回到调用函数，并将“表达式”的值带给调用函数。使用 return 语句时，应注意以下几点。

(1) 当不需返回函数值时，可省去 return 语句。被调用函数中无 return 语句，并不是不返回一个值，而是返回一个不确定的值。为了明确表示不返回值，可以将函数类型定义为 void，表示为“无(空)类型”。

(2) return 语句返回值的类型应与该函数的类型一致；否则以函数类型为准。

(3) return 语句后面可以是变量，也可以是表达式，如 return (x>y? x : y);。

(4) return 语句的后面可以有括号，也可以没有，如 return z; 或 return(z);。

5.1.4 函数的调用

在程序中，是通过对函数的调用来执行函数体的，其过程与其他语言的子程序调用相似。

1. 函数调用的一般形式

函数调用的一般格式为：

```
函数名(实际参数表)；
```

注意：

(1) 实际参数的个数、类型和顺序，应该与被调用函数里形参的个数、类型和顺序一致，才能正确地进行数据传递。

(2) 如果调用无参函数，则“实际参数表”可以没有，但小括号( )不能省略。

(3) 函数调用时，函数名后的小括号( )内的“实际参数”简称“实参”。

2. 函数调用方式

可以用以下几种方式调用函数。

(1) 函数表达式。函数作为表达式的一项，出现在表达式中，以函数返回值参与表达式的运算。这种方式要求函数有返回值。例如：

```
result=sqare(5.0);
result=sqare(5.0)+sqare(6.0);
```

(2) 函数语句。C 语言中的函数可以只进行某些操作而不返回函数值，这时的函数调用可作为一条独立的语句。在这种情况下，被调用函数可以没有返回值，如果有也舍弃不用。

```
hello();
```

(3) 函数参数。函数作为另一个函数调用的实际参数出现。这种情况是把该函数的返回值作为实参进行传送，因此要求该函数必须是有返回值的。函数作实参调用实质上是一种表达式调用。例如：

```
printf("%d\n",sqare(5.0));                    //输出 5.0 的平方值
printf("max=%d\n", max(num1,num2));          //输出 num1 和 num2 中较大的数
```

关于函数调用的几点说明如下。

(1) 调用函数时，函数名称必须与具有该功能的自定义函数名称完全一致。

(2) 实参在类型上按顺序与形参必须一一对应和匹配。如果类型不匹配，C 编译程序将按赋值兼容的规则进行转换。如果实参和形参的类型不相互兼容，通常并不给出错信息，且程序仍然继续执行，只是得不到正确的结果。

(3) 如果实参表中包括多个参数，对实参的求值顺序随系统而异。有的系统按自左向右顺序求实参的值，有的系统则相反。Turbo C 和 VC 是按自右向左的顺序进行的。

5.1.5 函数原型的声明

按照前面所讲的方法完成函数的定义后，仅仅说明该函数是存在的，要调用该函数，还必须声明该函数的原型。对一个函数进行定义且声明后才可以调用该函数。

函数原型声明的作用是通知编译系统被调函数的类型、名称、形参类型及数量，以便编译系统能够正确识别被调用函数，并根据函数原型检查函数调用是否合法，调用与函数原型不匹配的函数会导致编译错误。

1. 函数原型

函数原型的一般格式如下：

函数类型　函数名(数据类型　参数名 1,数据类型　参数名 2,…);

函数原型的格式就是在函数定义格式的基础上去掉了函数体，再加上分号构成的。也可以去掉参数表中的参数名，即：

函数类型　函数名(数据类型,数据类型,…);

2. 函数声明

函数原型必须位于对该函数的第一次调用处之前，一般将函数原型放在程序的开始

位置。C语言同时又规定,在以下两种情况下,可以省去对被调用函数的声明。

(1) 当被调用函数的函数定义出现在调用函数之前时。因为在调用之前,编译系统已经知道了被调用函数的函数类型、参数个数、类型和顺序。

(2) 如果在所有函数定义之前,在函数外部(如文件开始处)预先对各个函数进行了声明,则在调用函数中可缺省对被调用函数的声明。

任务实施

1. 任务功能

在主函数中输入球体半径的值,编写函数求解球体的体积和表面积,要求在主函数中输出。

2. 编程思路

本程序需要自定义计算球体表面积和体积的函数。在主函数中要解决3个方面的问题,即输入球体半径的值、分别调用计算球体表面积和体积的函数、输出结果。执行流程如图5-3～图5-5所示。

图5-3 主函数流程图　　图5-4 计算表面积的函数流程图　　图5-5 计算体积的函数流程图

3. 源程序 EX5-1-1.c

```
#include  <stdio.h>                    //包含头文件
#define PI 3.14159                     //宏定义
float  sup_area(float r);              //函数原型的声明
float  volume(float r);                //函数原型的声明
/* 下面是主函数部分 */
void main()
{
    float b,c,d;
    printf("Input radius: ");
    scanf("%f",&b);                    //从键盘输入球体的半径值
    c=sup_area(b);                     //函数调用,求球体的表面积
    d=volume(b);                       //函数调用,求球体的体积
```

```
    printf("c=%.4f, d=%.4f\n",c,d);                  //输出球体的表面积和体积
}
/* 下面是 sup_area 函数的定义部分,其功能是计算球体的表面积 */
float sup_area(float r)
{
    float s;
    s=4*PI*r*r;                                      //计算球体的表面积
    return(s);                                       //返回值
}
/* 下面是 volume 函数的定义部分,其功能是计算球体的体积 */
float volume(float t)
{
    float v;
    v=4.0/3.0*PI*t*t*t;                              //计算球体的体积
    return(v);                                       //返回值
}
```

4. 运行、调试

在 VC++ 6.0 开发环境下,编辑、编译和调试源程序 EX5-1-1.c。程序运行结果如下。

```
Input radius: 5<回车>
c=314.1590, d=523.5983
```

任务拓展

源程序 EX5-1-1.c 中:

(1) 系统分配给实参 b、形参 r 及 t 的内存空间是多少字节? 何时分配的?

(2) 形参 r 及 t 的值是如何赋给的? 何时赋给?

任务 5.2　函数间的参数传递

任务说明

函数的参数分为形参和实参两种,作用是实现数据在函数之间传送。形参出现在函数定义中,只能在该函数体内使用,实参出现在调用函数中,实参需要有确定的值。发生函数调用时,调用函数把实参的值复制一份,传送给被调用函数的形参。被调用函数用相同类型的形参接收传递过来的数据,并对其进行加工处理。被调函数可以通过 return 语句向调用函数返回数据。本任务主要介绍几种函数之间参数传递的形式。

相关知识

1. 参数是普通变量时的数据传递过程

当调用函数与被调用函数之间是以普通变量作为参数进行数据传递时,调用函数把实参的值赋给被调用函数的形参。

【例 5-3】 计算两个数的和,要求从键盘输入两个数。

```
#include<stdio.h>                                    //包含头文件
int add(int x ,int y);                               //函数原型声明
/* 下面是主函数部分 */
void main( )
{
    int a,b,c;
    printf("Please enter two integers: ");           //提示输入两个数
    scanf("%d, %d" , &a, &b);                         //从键盘输入两个数
    c=add(a ,b);                                      //调用求和函数(a 和 b 为实参)
    printf("c=%d \n",c);                              //输出结果
}
/* 下面是对两个数求和的函数 */
int add(int x ,int y)                                 //定义变量 x、y(x 和 y 为形参)
{
    int z;
    z=x+y;
    return( z);                                       //返回值
}
```

程序运行结果如下。

```
7,9<回车>
c=16
```

在调用函数 main()中,通过语句"c = add(a, b);"调用函数 add( )。函数 add( )由形参 x、y 分别接收实参 a、b 传递过来的数据。

有关函数调用的注意事项如下。

(1) 实参可以是常量、变量、表达式、函数等。无论实参是何种类型的量,在进行函数调用时,它们都必须具有确定的值,以便把这些值传递给形参。因此,应预先用赋值、输入等办法,使实参获得确定的值。

(2) 形参变量只有在被调函数执行时才分配内存单元,调用结束后,即刻释放所分配的内存单元。形参只有在该函数内有效,调用结束后,则不能再使用该形参变量。

(3) 实参对形参的数据传送是单向的,即只能把实参的值传送给形参,而不能把形参的值反向地传送给实参。被调用函数如果要返回一个值给调用函数,只能通过 return 语句,不能借助于形参或实参。数据传递示意如图 5-6 所示。

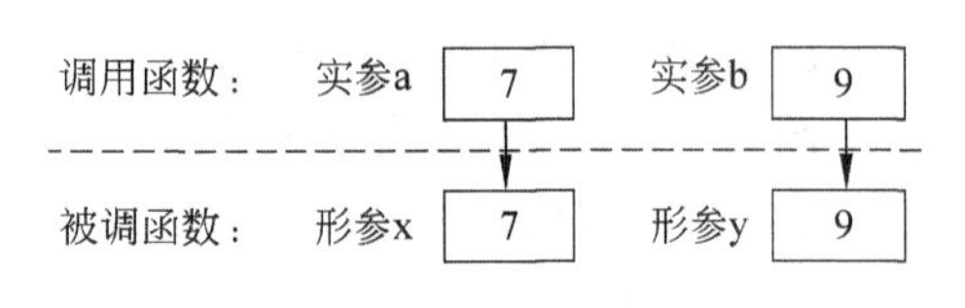

图 5-6 实参对形参的传递

(4) 实参和形参占用各自不同的内存单元,即使同名也互不影响。

(5) 实参与形参的类型应当相同或赋值兼容。

2. 参数是指针变量时的数据传递过程

当主调用函数和被调用函数之间通过指针变量(地址)来传递数据时,主调用函数的实参是一个指针(或地址),被调用函数的形参也是一个指针,并且这两个指针的类型相同。

【例 5-4】 从键盘输入两个整数分别给变量 a 和 b,调用函数交换 a 和 b 中的值。

```
#include<stdio.h>                              //包含头文件
void swap(int *p,int *q);                      //函数原型声明
/* 下面是主函数部分 */
void main()
{
    int a=10,b=20;
    swap(&a,&b);
    printf("a=%d,b=%d\n",a,b);
}
/* 下面是完成两个数据交换的函数 */
void swap(int *p,int *q)
{
    int t;
    t=*p; *p=*q; *q=t;
}
```

程序运行结果如下。

```
7,9<回车>
9,7
```

归纳分析如下。

(1) 当需要在被调用函数中改变主调用函数中的变量值时,将该变量的地址作为实参,这样可以通过指向该变量的指针变量(形参)间接访问该变量。本程序将 a 和 b 的地址作为实参,这时对应的形参为指针变量。当指针变量 p 和 q 分别指向主调用函数中的变量 a 和 b 后,变量 a 和 b 分别有新的别名 *p 和 *q,所以在被调用函数中交换 *p 和 *q 的值,就相当于交换主调用函数中的 a 和 b 的值。指针变量作参数的传递如图 5-7 所示。

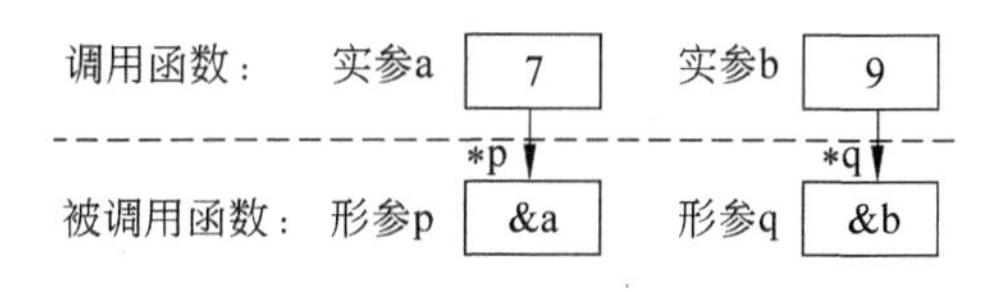

图 5-7　指针变量作参数的传递

(2) 本程序的被调用函数无返回值,所以在被调用函数中没有使用 return 语句。为了明确表示没有返回值,应将函数类型定义为 void(空类型)。当被调用函数没有 return 语句时,程序执行到该函数最后的},自然就结束调用。

3. 参数是数组时的数据传递过程

数组可以作为函数的参数使用。数组用作函数参数有两种形式:一种是把数组元素作为实参使用;另一种是把数组名作为函数的形参和实参使用。

1) 数组元素作函数实参

在数组一章中知道了数组元素也是变量,与普通变量没有区别。因此它作为函数实参使用与普通变量作为实参时是完全相同的,在发生函数调用时,把作为实参的数组元素的值传送给形参,实现单向的值传送。

2）数组名作为函数参数

数组名也可以作为函数的实参，数组名代表数组在内存中的首地址，函数调用时实参和形参的个数应相同，类型一致，因此当数组名作实参时，对应的形参类型只能是数组或指针。同时把数组名作参数的数据传递方式称为地址传递。

数组名作参数是把实参地址的首地址传递给形参，使形参和实参指向相同的内存空间，从而使主调用函数和被调用函数对同一地址上的数据进行操作。下面以一维数组名作为实参为例进行讲解。

当一维数组名作为实参时，对应的函数调用语句的格式为：

```
函数名(数组名1,数组名2,…);
```

被调用函数的定义格式为：

```
函数名(类型名  数组名1[ ],类型名 数组名2[ ],…);
```

或

```
函数名(类型名  数组名1[数组长度],类型名 数组名2[数组长度],…);
```

例如：

```
void main( )                                    //主函数,即主调函数
{  float score[10], aver;
   …
   aver=average(score);                         //函数调用
   …
}
float average(float array[10])                  //被调函数
{  float result
   …
   return(result);                              //返回值
}
```

分析归纳如下。

(1) 用数组名作函数参数，必须在主调用函数和被调用函数中分别定义数组。例如，array是形参数组名，score是实参数组名，分别在其所在函数中定义。

(2) 形参数组与实参数组类型应一致(如都为float类型)；否则，结果会出错。

(3) 在被调用函数中声明了形参数组的大小为10，但实际上指定的大小是不起作用的，因为C编译系统对形参数组的大小并不做检查，只是将实参数组的首地址传给形参数组。因此，score[n]和array[n]指的是同一单元。

(4) 形参数组也可以不指定大小，定义数组时在数组名的后面跟一个空的中括号[ ]，有时为了在被调用函数中处理数组元素的需要，可以设一个参数，传递需要处理的数组元素的个数。

任务实施

1. 任务功能

输入某学生10门课程的成绩给一维数组score，编写函数求其平均值。要求采用数

组名作为函数参数传递的形式，在主函数中输入 10 个成绩、输出结果，在自定义函数中计算平均成绩。

2. 编程思路

本程序需要在自定义函数中计算 10 个成绩的平均值。在主函数中要解决 3 个方面的问题，即输入 10 门课程的成绩、调用计算平均成绩的函数、输出结果，且主函数与自定义函数之间用数组名作为参数进行传递。执行流程如图 5-8 和图 5-9 所示。

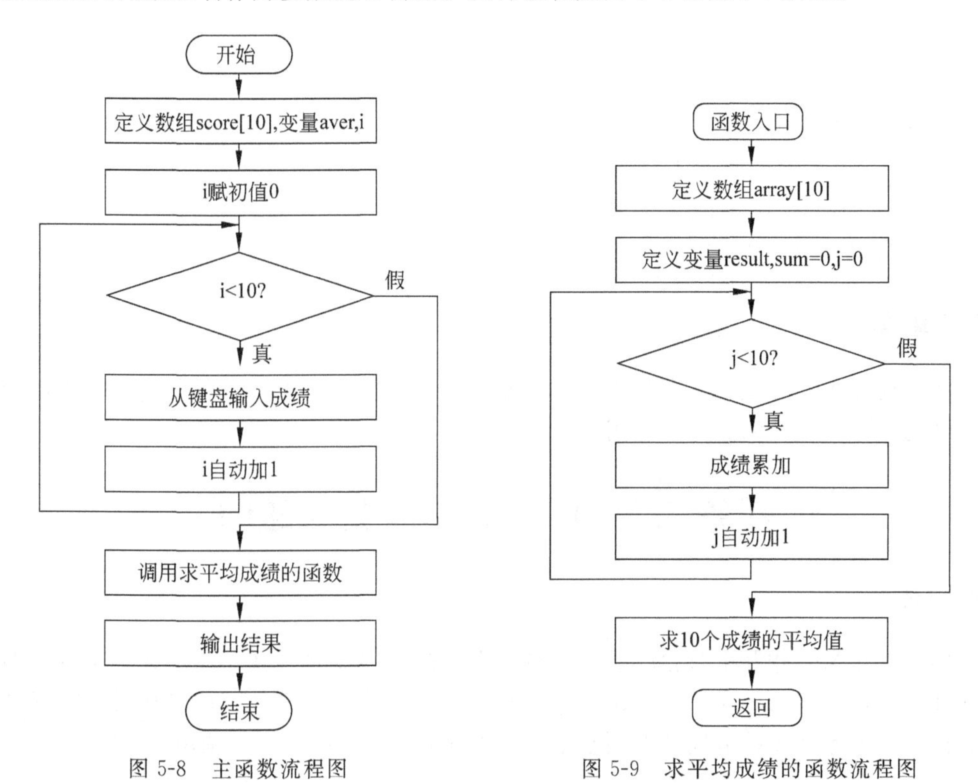

图 5-8　主函数流程图　　图 5-9　求平均成绩的函数流程图

3. 源程序 EX5-2-1. c

```
#include<stdio.h>                                 //包含头文件
float average(float array[10]);                   //函数声明
/* 下面是主函数部分 */
void main()
{
    float score[10], aver;
    int i;
    printf("input 10 scores:\n");
    for(i=0;i<10;i++)
        scanf("%f ",& score [i]);                  //输入 10 个成绩
    printf("\n");
    aver=average(score);                           //调用求平均值的函数
    printf("average score is%5.2f\n",aver);        //输出结果
}
```

```
/* 下面是average函数的定义部分,其功能是计算平均成绩 */
float average(float array[10])
{
    int j;
    float result, sum=0;
    for(j=0;j<10;j++)
        sum=sum+array[j];                      //对10个成绩求和
    result=sum/10;                             //计算平均成绩
    return(result);                            //返回值
}
```

4. 运行、调试

在VC++ 6.0开发环境下,编辑、编译和调试源程序EX5-2-1.c。程序运行结果如下。

```
92 85 68 75 54 88 98 45 61 79<回车>
average score is 74.50
```

任务拓展

将本任务中的源程序EX5-2-1.c与任务4.1中的源程序EX4-1-1.c进行对比,深刻理解结构化程序设计的思想及应用方法。

任务5.3 函数间的嵌套与递归

任务说明

函数的定义是相互平行、独立的,C语言不支持函数嵌套定义。在定义一个函数时,不能在该函数体内再定义另一个函数。但C语言支持在一个函数体内调用另一个函数,也允许一个函数在直接或间接调用它本身。本任务学习函数的嵌套调用和递归调用。

相关知识

1. 函数的嵌套调用

函数的嵌套调用是指在执行被调用函数时,被调用函数又调用了其他函数。函数嵌套调用的执行过程如图5-10所示。

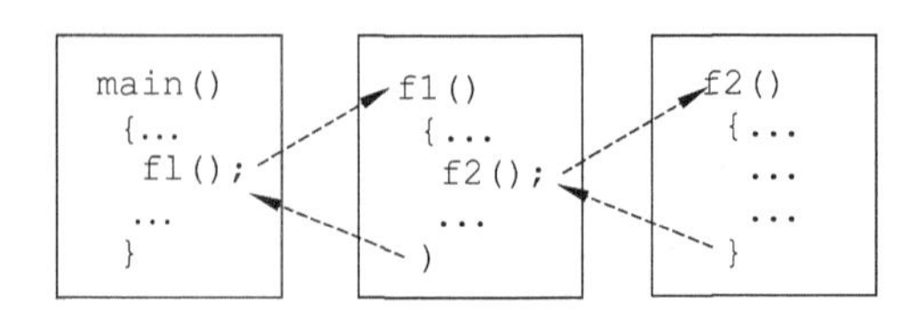

图5-10 函数的嵌套调用格式

【例5-5】 编写程序计算1!+3!+5!+…+9!的值。

程序代码如下。

```
#include<stdio.h>                                      //包含头文件
float fac(int n);                                      //函数原型声明
float sum(int n);                                      //函数原型声明
/* 下面是主函数部分 */
void main()
{
    int y=0;
    y=sum(9);                                          //调用函数
    printf("y=%d\n",y);                                //输出结果
}
/* 下面是 sum 函数的定义部分,函数功能是求和 */
int sum(int n)
{
    int i=0;
    int f=0;
    for(i=1;i<=n;i=i+2)                                //通过 for 循环实现累加
        f=f+fac(i);
    return(f);                                         //返回值
}
/* 下面是 fac 函数的定义部分,函数功能是完成 n 的阶乘 */
int fac(int n)
{
    int i;
    int t=1;
    for(i=1;i<=n;i++)                                  //通过 for 循环实现阶乘
        t=t*i;
    return(t);                                         //返回值
}
```

程序运行结果如下。

```
y=368047
```

归纳分析如下。

(1) 本程序中使用了嵌套调用:在主函数 main 中调用了 sum 函数,而 sum 函数又调用了 fac 函数。

(2) 在解决实际问题时,所编写的程序一般都较长,为了方便阅读和开发,将功能分解为小任务后,编写相应的函数实现其功能。这些函数可以被其他函数调用,也可以调用其他函数(嵌套调用),有些函数还可以调用其本身(递归调用)。

2. 函数的递归调用

函数的递归调用是指一个函数在它的函数体内,直接或间接地调用它自身。在调用函数 f1 的过程中,又要调用 f1 函数,这是直接调用本函数,如图 5-11 所示。在调用函数 f1 的过程中,又要调用 f2 函数,在调用函数 f2 的过程中,又要调用 f1 函数,这是间接调用本函数,如图 5-12 所示。

C 语言允许函数的递归调用。在递归调用中,调用函数又是被调用函数,执行递归,函数将反复调用其自身,每调用一次就进入新的一层。

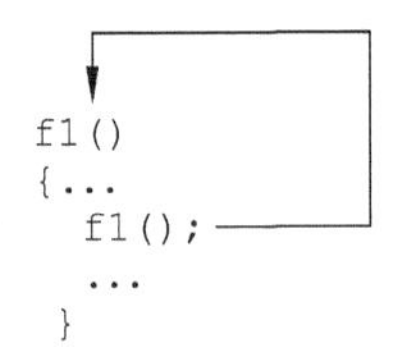

图5-11　直接递归工作示意图

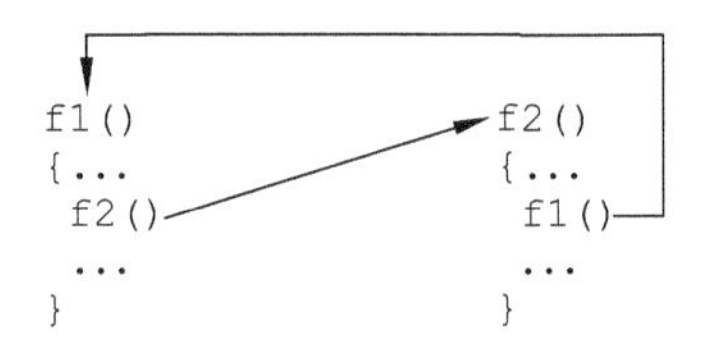

图5-12　间接递归工作示意图

为了防止递归调用无终止地进行，必须在函数内有终止递归调用的手段。常用的办法是加条件判断，满足某种条件后就不再作递归调用，然后逐层返回。

在实际使用时，除非特殊需要一般尽量不采用递归调用。

任务实施

1. 任务功能

用递归调用编写计算阶乘 $n!$ 的函数 fact( )。求 $n!$ 阶乘计算公式：$n!=n(n-1)!$

2. 编程思路

递归调用和返回过程如下(以 $n=4$ 为例)。

调用：main() → fact(4) → fact(3) → fact(2)→ fact(1)

执行：fact(4)　4 * fact(3)　3 * fact(2)　2 * fact(1)　1

返回：24 ←　4 * 6=24 ← 3 * 2=6 ← 2 * 1=2 ←　1

3. 源程序 EX5-3-1.c

```
#include<stdio.h>                          //包含头文件
int fact(int n);                           //函数原型声明
/* 下面是主函数部分 */
void main()
{
    int m;
    printf("Enter a number: ");
    scanf("%d", &m);
    printf("%d!=%d\n",m,fact(m));
}
/* 下面是fac函数的定义部分,通过递归调用fact函数本身完成n的阶乘 */
int fact(int n)
{
    int result;
    if(n>1)
        result=fact(n-1)*n;                //递归调用
    else
    result=1;
    return(result);
}
```

4. 运行、调试

在 VC++ 6.0 开发环境下，编辑、编译和调试源程序 EX5-3-1.c。程序运行结果如下。

```
Enter a number: 5<回车>
4!=24
```

任务拓展

将本任务的源程序 EX5-3-1.c 与任务 3.3 的源程序 EX3-3-1.c 中求 $n!$ 的方法进行对比，进一步理解函数递归调用的特点及其使用方法。

任务 5.4　变量的作用域和存储类别

任务说明

从变量的作用域(空间)角度来分，可以将变量分为全局变量和局部变量。从变量存在的时间(生存期)角度来分，可以将变量分为静态存储方式和动态存储方式。本任务主要学习变量的作用域和存储类别。

相关知识

1. 变量的作用域

C 语言中所有的变量都有自己的作用域。变量的作用域是指变量在 C 程序中的有效范围。定义变量的位置不同，其作用域也不同。C 语言中的变量按照作用域，可分为局部变量(或内部变量)和全局变量(或外部变量)。

1) 局部变量

在一个函数内部定义的变量称为内部变量，它只在本函数范围内有效，也就是说，只有在本函数内才能使用它们，在此函数以外是不能使用这些变量的。局部变量也称"内部变量"，如图 5-13 所示。

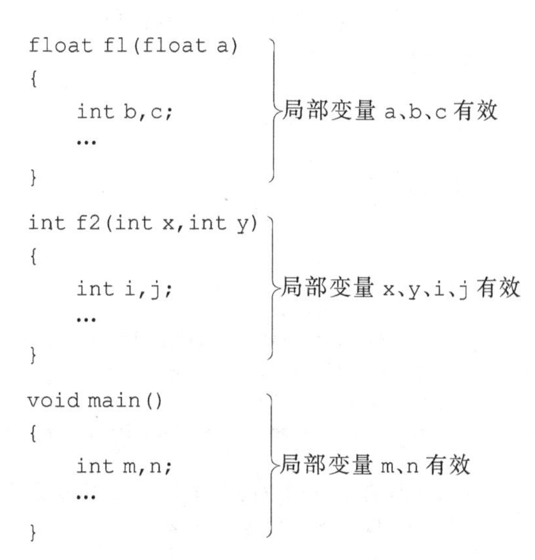

图 5-13　局部变量作用域示意图

说明如下。

(1) 主函数 main 定义的变量 m 和 n 只在主函数中有效，主函数不能使用其他函数中定义的变量。

(2) 不同函数可以使用相同名字的变量，它们互不干扰。因为这些同名的变量，分别属于不同的函数，它们的作用域不同，仅在定义它们的函数内部起作用。

(3) 形式参数也是局部变量，作用域为定义它的函数内部。因此函数内部不能定义与形参同名的局部变量。但是在函数调用时，实参可以和形参同名，因为它们分别在主调用函数和被调用函数内部起作用。

2）全局变量

C程序中可以在函数的外部定义变量。在函数外部定义的变量称为全局变量，也称为外部变量。全局变量不属于任何一个函数，其作用域是从定义变量的位置开始到本源文件末尾结束。全局变量可以被本文件中的多个函数共同使用，如图5-14所示。

```
int p=0,q=5;          //全局变量
int f1(int a)
{
    int b,c;
    …

}
char c1,c2;           //全局变量
char f2(int x,int y)
{
    int i,j;
    …

}
void main()
{
    int m,nj;
    …

}
```

全局变量c1、c2的作用范围

全局变量p、q的作用范围

图5-14　全部变量作用域示意图

【例5-6】 从键盘输入长方体的长、宽、高，求长方体体积及正、侧、顶3个侧面积。程序代码如下。

```
#include<stdio.h>                                  //包含头文件
int fun(int x,int y,int z);                        //函数原型声明
int s1,s2,s3;                                      //全局变量
/* 下面是主函数部分 */
void main( )
{
    int v,l,w,h;
    printf("input length,width and height£◦\n");
    scanf("%d%d%d",&l,&w,&h);                      //从键盘输入长、宽、高
    v=fun(l,w,h);                                  //函数调用
    printf("v=%d\ns1=%d\ns2=%d\ns3=%d\n",v,s1,s2,s3);
}
/* 下面是fun函数的定义部分,其功能是求长方体的体积和侧面积 */
int fun(int x,int y,int z)
{
    int t;
    t=x*y*z;                                       //计算体积
    s1=x*y;                                        //计算顶面面积
    s2=y*z;                                        //计算侧面面积
    s3=x*z;                                        //计算正面面积
    return(t);
}
```

程序运行结果如下。

```
input length,width and height:3 4 5<回车>
v=60
s1=12
s2=20
s3=15
```

分析与归纳如下。

(1) 与局部变量不同,全局变量贯穿整个程序,并且可被任何一个模块使用,它们在整个程序执行期间保持有效。

(2) 全局变量加强了函数模块之间的数据联系,但降低了函数的独立性。从模块化程序设计的观点来看这是不利的。因此,不是非用不可时,不要使用全局变量。

(3) 在同一源文件中,允许全局变量和局部变量同名。在局部变量的作用域内,全局变量将被屏蔽而不起作用。但在实际应用中,应该尽量少用同名变量。

(4) 全局变量的作用域是从定义全局变量的位置处到本文件结束。如果定义位置之前的函数(或同一个工程下的其他文件中)需要引用这些全局变量时,需要在函数内对被引用的全局变量进行声明(见下节内容所述)。

2. 变量的存储类别

变量的生存期取决于它的存储类型。"存储类型"是指系统为变量分配的具有某种特性的存储区域,存储区域一般分为两种:静态存储区和动态存储区。存放在静态存储区中的变量在程序运行期间分配固定的存储空间,直到整个程序执行完毕才释放。存放在动态存储区中的变量是在程序运行期间根据需要进行动态的分配存储空间,存储空间随时会被撤销。

系统将内存中供用户使用的存储空间分为三部分,如图5-15所示。

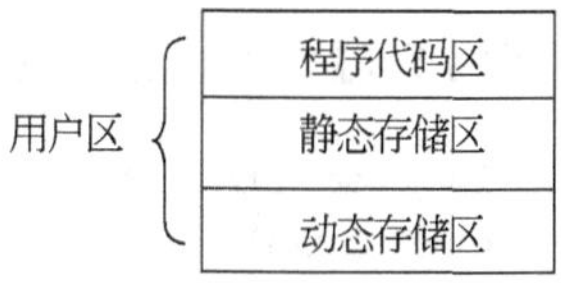

程序运行时,局部变量放在动态存储区中,全局变量放在静态存储区中。

用户区
程序代码区
静态存储区
动态存储区

图5-15　内存空间示意图

在C语言中,变量和函数具有两个属性,即类型和存储类别。数据类型大家已熟悉,如整型、字符型等,类型规定了变量的取值范围。存储类别则决定了变量在内存中的存储区域和生成期,即存在时间。它分为两大类:静态存储和动态存储。具体包括4种:自动变量(auto)、寄存器变量(register)、外部变量(extern)、静态变量(static)。自动变量和寄存器变量属于动态存储方式,外部变量和静态变量属于静态存储方式。

1) 自动变量(auto)

函数中的局部变量,如果不专门声明为static存储类型,都是动态地分配存储空间的,数据存储在动态存储区中。前面的例子中定义的全部局部变量实际上都是自动变量,只是省略了auto。

自动变量定义的格式为:

[auto] 数据类型 变量名表;

auto放在中括号内表示auto可以省略。省略auto,则系统默认为自动变量auto,它属于动态存储方式,变量存放在动态存储区。在函数中定义的自动变量,只在该函数内有效,函数被调用时分配存储空间,调用结束就释放。例如:

```
int fun(int a)                          //定义 fun 函数,a 为形参
{
    auto int a,b,c=3;                   //定义 b、c 为自动变量
    …
}
```

例中a是形参,b、c是自动变量,且对c赋初值3。函数执行完后,自动释放a、b、c所占的存储单元。

在实际应用中,程序中的大多数变量属于自动变量。前面介绍的函数中定义的变量都省略了auto,其实系统都默认为自动变量。例如,在函数中的定义"int a,b=3;",该语句等价于"auto int a,b=3"。

2) 静态变量(static)

静态存储变量无论是作全局变量还是局部变量,其定义和初始化都是在程序编译时进行的,在编译时分配存储空间,变量存放在静态存储区。

(1) 静态局部变量(内部静态变量)。

静态局部变量属于内部变量,其作用域仅限于定义它的函数内;虽然生存期为整个源程序,但其他函数是不能使用它的。

静态局部变量定义的格式为:

static 数据类型 变量名表;

【例5-7】 考查静态局部变量的值。

```
#include<stdio.h>                       //包含头文件
int f(int a);                           //函数原型声明
/* 下面是主函数部分 */
void main()
{
    int t=2, i;
    for(i=0;i<3;i++)printf("%d ",f(t));
    printf("\n");                       //换行
}
/* 下面是 f 函数的定义部分 */
  int f(int a)
  {
    auto int b=0;
    static int c=3;
    b=b+1;
    c=c+1;
    return(a+b+c);
  }
```

程序运行结果如下。

```
7 8 9
```

在第 1 次调用 f 函数时，b 的初值为 0，给 c 的初值为 3。第 1 次调用结束时，b=1，c=4，a+b+c=7。由于 c 是静态局部变量，在函数调用结束后，它并不释放，仍保留 c=4。在第 2 次调用 f 函数时，b 的初值为 0，而 c 的初值为 4(上次调用结束时的值)。程序执行过程中，先后 3 次调用 f 函数，b 和 c 的值如表 5-1 所示。

表 5-1　函数 f 3 次调用开始及结束时自动变量 b、静态变量 c 的值

第几次调用 f 函数	调用函数时的初值		函数调用结束时的初值		
	b	c	b	c	a+b+c
第 1 次	0	3	1	4	7
第 2 次	0	4	1	5	8
第 3 次	0	5	1	6	9

静态局部变量的几点说明如下。

① 静态局部变量属于静态存储类别，在静态存储区分配单元。在程序执行过程中，即使所在函数调用结束也不释放。换句话说，在程序执行期间，静态局部变量始终存在，但其他函数是不能引用它们的。自动变量属于动态存储类别，在动态存储区分配单元，函数调用结束后释放。

② 静态局部变量是在编译时赋初值的(且仅赋初值一次)，程序运行时它已有初值。以后每次调用函数时不再重新赋初值，而只是保留上次函数调用结束时的值。而对自动变量赋初值，不是在编译时进行的，而是在函数调用时进行的，每调用一次函数重新赋一次初值，相当于执行一次赋值语句。

(2) 静态全局变量(外部静态变量)。

外部静态变量在函数外定义，外部静态变量只允许被本源文件中的函数引用。

静态外部变量定义格式为：

```
static  数据类型  外部变量表;
```

静态局部变量的几点说明如下。

① 静态外部变量的作用域为定义它的源文件内；生存期为整个源程序，但其他源文件中的函数也是不能使用它的。

② 静态外部变量是在函数外定义的，不存在静态内部变量的“重复”初始化问题，其当前值由最近一次给它赋值的操作决定。

3) 外部变量(extern)

外部变量(即全局变量)是在函数的外部定义的，它的作用域为从变量的定义处开始到本程序文件的末尾。在此作用域内，全局变量可以为程序中各个函数所引用。编译时将外部变量分配在静态存储区。

有时需要用 extern 来声明外部变量，以扩展外部变量的作用域。

(1) 在一个文件内声明外部变量(全局变量)。

在文件内声明外部变量(全局变量)格式为:

extern [数据类型] 全局变量名1,全局变量名2,…;

作外部变量声明时,数据类型可省略。全局变量的定义和全局变量的声明是两回事。全局变量的定义必须在所有的函数外,且只能定义一次。而全局变量的声明出现在要使用该全局变量的函数内,而且可以出现多次。关键字“extern”用来扩展全局变量的作用域,使得以前不能访问它的函数也能访问到它,扩展全局变量的作用域。

【例5-8】 用extern声明外部变量,扩展程序文件中的作用域。

程序源代码如下。

```
/* 下面是max函数的定义部分,其功能是求两个数的最大值 */
int max(int x,int y)
{
    int z;
    z=x>y?x:y;
    return(z);
}
/* 下面是主函数部分 */
void main()
{
    extern int a,b;                          //扩展变量a、b的作用域
    printf("max=%d\n",max(a,b));
}
int a=7,b=9;
```

程序运行结果如下。

```
max=9
```

归纳与分析如下。

① 在本程序文件的最后一行定义了外部变量a和b,但由于外部变量的位置在函数main之后,因此原本在main函数中不能引用外部变量a和b的。但由于在main函数中的第3行对外部变量a和b进行了声明“extern int a,b;”,所以可以在main函数中引用外部变量a和b了。如果不对外部变量a和b作声明,编译时会出错。

② 一般的做法是将外部变量的定义放在引用它的所有函数之前,这样就可以避免在函数中多加一个extern声明。

③ 用extern作外部变量声明时,可以省略类型名。例中的“extern int a,b;”可以写成“extern a,b;”。

(2) 在多文件的程序中声明外部变量。

一个C程序可以由一个或多个源程序文件组成。如果程序仅由一个源程序文件组成,使用外部变量的方法前面已介绍过。如果一个程序由多个源程序文件组成,在一个文件中如何引用另一个文件中已定义的外部变量呢?

比如,一个程序包含两个源程序文件,在这两个文件中都要用到同一个外部变量x。

此时,不能在两个文件中各自定义一个外部变量 x,否则在进行程序的链接时会出现重复定义的错误。正确的做法是,在任一个文件中定义外部变量 x,而在另一个文件中用 extern 对 x 作"外部变量声明"。例如:

```
extern x;
```

在编译和链接时,系统会由此知道 x 是已在另一个文件中定义的外部变量,并将 x 的作用域扩展到本文件,在本文件中就可以合法地使用变量 x 了。

4) 寄存器变量(register)

C 语言允许将局部变量的值存放到寄存器中,这种变量就称为寄存器变量。

寄存器变量定义格式为:

register 数据类型 变量表;

寄存器变量应用时注意事项如下。

① 只有局部变量才能定义成寄存器变量,即全局变量不行。

② 对寄存器变量的实际处理,随系统而异,如微机上的 MSC 和 TC 将寄存器变量实际当作自动变量处理。

③ 允许使用的寄存器数目是有限的,不能定义任意多个寄存器变量。

任务实施

1. 任务功能

下面程序的功能是:给定 b 的值,输入 a 的值,求 $a\times b$ 和 a^n 的值,且用 extern 将外部变量 a 的作用域扩展到文件 file2.c 中。

请分析程序运行的结果。

2. 任务提示

可根据前面所述的关键字 extern 扩展外部变量的作用域的方法来分析。

3. 源程序

文件 file1.c 中的内容为如下。

```
int a;                                    //定义外部变量
extern int pow(int );                     //外部函数原型声明
void main( )
{
    int b=3,c,d,n;                        //定义内部变量
    printf("Enter the number a and n:\n");
    scanf("%d%d" ,&a,&n);                 //从键盘接收两个数
    c=a * b;                              //求 a×b
    printf("c=%d\n",c);                   //输出结果
    d=pow(n);                             //调用求 a^n 的函数
    printf("d=%d\n",d);                   //输出结果
}
```

文件 file2.c 中的内容如下。

```
extern int a;                              //声明外部变量
int pow(int k)
{
    int i,y=1;                             //定义内部变量
    for(i=1;i<=k;i++)   y*=a;              //计算 a^n 的值
    return(y);                             //返回值
}
```

4. 分析、调试

分析如下。

(1) file2.c 文件中的开头有一个 extern 声明,它声明在本文件中出现的变量 a 是一个已经在 file1.c 文件中定义过的外部变量,flie2.c 不必再次为它分配内存。

(2) 使用 a 这样的全局变量应十分谨慎。因为在执行一个文件中的函数时,可能会改变该全局变量的值,它会影响到另一个文件的执行结果。

(3) extern int pow(int);为外部函数原型声明的形式,见下一节内容所述。

在 VC++ 6.0 开发环境下,编辑、编译和调试上述源程序。程序运行结果如下。

```
Enter the number a and n:
5 2<回车>
c=15
d=25
```

任务拓展

将本任务中的文件 file1.c 和 file2.c 合成一个 C 文件,要求不改变源程序的功能,并在 VC++ 6.0 开发环境下编译、运行。试体会包含多个 C 文件的工程的特点。

任务 5.5　内部函数和外部函数

任务说明

函数本质上是全局的,因为一个函数要被另外的函数调用。但是,也可以指定函数不被其他文件调用。根据函数能否被其他源文件调用,可分为内部函数和外部函数。本次任务主要学习内部函数和外部函数,掌握内部函数和外部函数的定义及使用方法。

相关知识

1. 内部函数

如果一个函数只能被本文件中的其他函数调用,这种函数称为内部函数。定义内部函数时,在函数名和类型的前面加 static。

内部函数定义的一般格式为:

```
static  函数类型  函数名(形参表)
{
    定义变量部分
    功能语句部分
}
```

例如：

```
static int f(int a,int b)
{
    …
}
```

内部函数也称为静态函数。使用内部函数，可以使函数的使用局限于所在文件。如果在不同的文件中有同名的内部函数，则互不干扰。通常把只能由同一个文件使用的函数和外部变量放在同一个文件中，在它们前面都添加 static 使之局部化，而其他文件则不能使用这些函数或外部变量。

2. 外部函数

在定义函数时，如果在函数首部的最左端添加关键字 extern，则表示此函数是外部函数，可供其他文件调用。外部函数在整个源程序中都有效。

外部函数定义的一般格式为：

```
extern  函数类型  函数名(形参表)
{
    定义变量部分
    功能语句部分
}
```

例如：

```
extern int fun(int a,int b)
{
    …
}
```

这样，函数 fun 就可以被其他文件调用了。C 语言规定，如果在定义函数时省略了 extern 或 static，则隐含为外部函数。本书前面所用的函数都是外部函数。

调用外部函数时，需要对其进行声明，其格式为：

```
[extern]  函数类型  函数名(形参表);
```

extern 加中括号[ ]表示关键字 extern 可以省略。

【例 5-9】 外部函数应用举例。

(1) 文件 mainf.c。

```
extern float input(int x);                  //外部函数声明
extern void process(void);                  //外部函数声明
void main( )
```

```
{
    …
}
```

(2) 文件 subf1.c。

```
extern float input(int x)                      //定义外部函数
{
    …
}
```

(3) 文件 subf2.c。

```
extern void process( void)                     //定义外部函数
{
    …
}
```

分析与归纳如下。

① 整个程序由 mainf.c、subf1.c、subf2.c 3 个 C 文件组成。文件 mainf.c 中声明的函数 input、process 是在其他文件中定义的外部函数。

② 通过 extern 声明就可以在一个文件中调用其他文件中定义的函数，也即是把该函数的作用域扩展到本文件。

③ extern 声明的形式就是在函数原型的基础上添加关键字 extern。为方便编程，C 语言允许在声明函数时省略关键字 extern。例中声明语句可写为：

```
float input(int x);                            //外部函数声明
void process( void);                           //外部函数声明
```

这也是前面多次用过的函数原型声明。由此可知，用函数原型声明也能够把函数的作用域扩展到定义该函数的文件外(不需要使用 extern)。只要在使用该函数的每一个文件中包含该函数原型即可。函数原型通知编译系统，该函数在本文件或另一个文件中稍后定义。

函数原型扩展函数作用域最常见的例子是＃include 命令的应用。在＃include 命令所指定的"头文件"中包含有库函数的信息。例如，在程序中需要调用 sin 函数，但该函数并不是由用户在文件中定义，而是由系统提供且存放在库函数中。按以上介绍需要在文件中写出 sin 函数的原型，否则无法调用。sin 函数的原型如下。

```
double sin(double x);
```

这就要求程序设计者在调用库函数时，先要从手册中查出所用库函数的原型，并写在文件中，这显然比较麻烦。为减少程序设计者的困难，sin 函数所在的头文件 math.h 中已包括了所有数学函数的原型和其他相关信息，程序设计者只需要在使用 sin 函数的文件中编写以下命令即可。

```
#include<math.h>
```

这样，在用户文件中就可以合法地调用头文件 math.h 中所包含的各种库函数了。

任务实施

1. 任务功能

下面程序的功能是：给定 b 的值，输入 a 的值，求 $a\times b$ 和 a^n 的值，且在文件 file1.c 中用关键字 extern 对调用的外部函数 pow 进行声明。

2. 任务提示

可根据前面所述，关键字 extern 声明外部函数的方法来分析。

3. 源程序

见任务 5.4 中所述。

4. 分析、调试

见任务 5.4 中所述。

任务拓展

见任务 5.4 中所述。

任务 5.6　库　函　数

任务说明

前面的章节中所用到的函数 printf()是 C 语言的编译系统提供的一个标准库函数。实际上，我们并不知道函数 printf()是如何把指定的内容输出到计算机显示器上的，当然也不需要知道具体的细节，只要知道该函数的功能和参数要求就可以在程序中使用了。C 语言的编译系统提供了大量的库函数，编写程序时根据需要直接调用这些库函数就可以了，而自己不必重新定义。本任务主要学习常用的库函数及其调用方法。

相关知识

1. C 语言常用库函数

在调用每一类库函数时，都需要用户在源程序的文件中用 include 命令包含该类库函数所在的头文件名。

1）数学函数

调用数学库函数时，要求程序在调用数学库函数前应包含下面的头文件。

```
#include<math.h>
```

几个常用的数学函数如表 5-2 所示，其他函数见附录四。

表 5-2 常用的数学函数

函数名	函数原型	功能	返回值	说明	头文件
sin	double sin(double x)	求 sin(x)	计算结果	x的单位为弧度	math.h
cos	double cos(double x)	计算 cos(x)	计算结果	x的单位为弧度	
tan	double tan(double x)	计算 tan(x)	计算结果	x的单位为弧度	
asin	double asin(double x)	计算 arcsin(x)	计算结果	$-1\leqslant x\leqslant 1$	
acos	double acos(double x)	计算 arccos(x)	计算结果	$-1\leqslant x\leqslant 1$	
atan	double atan(double x)	计算 arctan(x)	计算结果		
fabs	double fabs(double x)	求 $\|x\|$	计算结果		
sqrt	double sqrt (double x)	计算 $\sqrt{x}$	计算结果	$x\geqslant 0$	

2）字符函数和字符串函数

(1) 调用字符函数时，要求程序在调用字符函数前应包含下面的头文件。

```
#include<ctype.h>
```

(2) 调用字符串函数时，要求在源文件中应包含下面的头文件。

```
#include<string.h>
```

3）输入、输出函数

调用输入、输出函数时，要求在源文件中应包含下面的头文件。

```
#include<stdio.h>
```

4）动态分配函数和随机函数

调用动态分配函数和随机函数时，要求在源文件中应包含下面的头文件。

```
#include "stdio.h"
```

使用库函数时应注意以下几个问题。

(1) 函数的功能。

(2) 函数参数的个数和顺序，以及每个参数的意义及类型。

(3) 函数返回值的类型及功能。

(4) 需要包含的头文件。

2. 标准库函数的调用

要调用某个库函数，要求程序在调用前用 # include 命令包含该函数所在的头文件名。

include 命令的格式为：

```
#include<头文件名>
```

或

```
#include "头文件名"
```

说明如下。

(1) include 命令必须以 # 号开头，系统提供的头文件名都以 .h 作为后缀，头文件名用一对双引号("")或一对尖括号(<>)括起来。

(2) 在 C 语言中，调用库函数时不能缺少库函数的头文件，include 命令不是语句，不能在最后加分号。

(3) 两种格式的区别。

使用尖括号时，系统到存放 C 库函数头文件所在的目录中寻找要包含的文件，即标准方式；使用双引号时，系统先在用户当前目录中寻找要包含的文件，若找不到，再按标准方式查找。

标准库函数的一般调用格式为：

```
函数名(参数表)
```

任务实施

1. 任务功能

源程序 EX5-6-1.c 是库函数的调用示例。请阅读程序并分析其运行结果。

2. 任务提示

注意函数调用的格式。

3. 源程序 EX5-6-1.c

```
#include<string.h>                        //调用 strlen 函数需要包含的头文件
#include<stdio.h>                         //调用 printf 函数需要包含的头文件
void main()
{
    char str[]="abcde";
    int i;
    i=strlen(str);                        //调用 strlen 函数
    printf("i=%d", i);                    //调用 printf 函数
}
```

4. 运行、调试

在 VC++ 6.0 开发环境下，编辑、编译和调试源程序 EX5-6-1.c。程序运行结果如下。

```
i=5
```

任务拓展

修改源程序 EX5-6-1.c，将子字符串 abcde 中的每一个字母按顺序单个依次输出。

思考与提高

1. 填空题

(1) 在函数外部定义的变量称为 ________ 变量，在函数内部定义的变量称

为________。

(2) 函数有3种不同方式的调用,作为________的函数调用、作为________的函数调用和作为________的函数调用。

(3) 对于有返回值的函数,要结束函数运行必须使用________语句。

(4) 函数按调用关系可分为________和________两种。

(5) 在C语言中,系统将内存中供用户使用的存储空间分为三部分,它们是________、________、________。

(6) 变量的作用域是指________,变量的生存期是指________。

(7) 函数的类型就是函数________的类型。

(8) 如果一个函数没有返回值,那么该函数的类型是________的。

(9) 在函数体内说明的一个具有static存储类型的变量,它的作用域是________。

(10) 一个函数的形式参数的作用域是________。

(11) 函数的递归调用指的是________。

(12) 下面定义的函数add()的功能是计算形参x、y的和,然后由形参z传递回该和值。请对①和②填空。

```
void add(int x, int y)
{
    ___①___ z;
    ___②___ =x+y;
    return(z);
}
```

2. 选择题

(1) 以下叙述不正确的是(　　)。

A. 一个C源程序文件必须包含一个main( )函数

B. 一个C源程序文件可由一个函数组成

C. 一个C源程序文件必须包含一个头文件

D. 一个C源程序文件可由多个函数组成

(2) 以下说法中正确的是(　　)。

A. C程序总是从第一个定义的函数开始执行

B. C程序总是从main函数开始执行

C. 在C程序中,要调用的函数必须在main函数中定义

D. C程序中的main函数必须放在程序的开始部分

(3) 以下叙述正确的是(　　)。

A. 函数的定义和函数的调用均不可以嵌套

B. 函数的定义和函数的调用均可以嵌套

C. 函数的定义可以嵌套,但函数的调用均不可以嵌套

D. 函数的定义不可以嵌套,但函数的调用均可以嵌套

(4) 若在一个C源程序文件中定义了一个允许其他源文件引用的实型外部变量x,

则在另一文件中可以使用的引用说明是(　　)。

A. extern float x;　　B. extern auto float x;

C. float x;　　D. extern static float x;

(5) 以下函数原型声明正确的是(　　)。

A. float add(int x, int y);　　B. int add(int x; int y);

C. char add(x,y);　　D. int add(char x[ ][ ]);

(6) 函数形参与实参之间的传递是"值传递",以下叙述正确的是(　　)。

A. 实参和与其对应的形参共用一个存储单元

B. 实参和与其对应的形参各占用独立的存储单元

C. 当实参和与其对应的形参同名时才共用一个存储单元

D. 形参是形式的,不占用存储单元

(7) C 语言规定,调用一个函数时,实参与形参变量之间的数据传递是(　　)。

A. 地址传递　　B. 值传递

C. 由实参传给形参,再由形参传给实参　　D. 由用户指定传递对象

(8) 在 fun((n1,n2),(n3,n4,n5),n6);函数调用中,含有(　　)个实参。

A. 3　　B. 4　　C. 5　　D. 6

(9) 以下错误的描述是(　　)。

A. 实参可以是常量、变量、表达式　　B. 形参可以是常量、变量、表达式

C. 实参可以是任意数据类型　　D. 形参应与其对应的实参类型一致

(10) 如果一个函数无返回值,则只能作为(　　)被调用。

A. 表达式　　B. 语句　　C. 有参函数　　D. 无参函数

(11) 关于全局变量,下列说法正确的是(　　)。

A. 全局变量必须定义在文件的首部,位于任何函数定义之前

B. 全局变量可以在函数中定义

C. 要访问定义于其他文件中的全局变量,必须进行 extern 说明

D. 要访问定义于其他文件中的全局变量,该变量定义时必须用 static 加以修饰

(12) 用(　　)在函数间传递数据时,C 语言不为形参分配新的存储区。

A. 普通变量　　B. 数组名　　C. 数组元素　　D. 指针变量

(13) 若函数的定义为:

```
fun(char ch)
{ … }
```

那么该函数的返回值是(　　)型。

A. void　　B. char　　C. float　　D. int

3. 判断题

(1) 没有返回值的函数一定没有参数。　　(　　)

(2) 在一个函数里,不能说明全局变量。　　(　　)

(3) 在任何情况下,C语言总要为形式参数重新分配存储区。 ( )

(4) 用普通变量或指针变量传递数据时,C语言总是把实参的值赋给形参。 ( )

(5) 在函数main()中说明的变量的作用域是整个程序。 ( )

4. 编程题

(1) 设计两个函数,一个用来计算圆的周长,另一个计算圆的面积,并在主函数中调用这两个函数。

(2) 设计一程序,实现任意输入一个正整数num,求1!+3!+5!+…+num! 之和。要求将阶乘计算与求和计算分别设计成函数,主函数中输入num值,调用两个计算函数并输出和。

(3) 求方程$ax^2+bx+c=0$的根,用3个函数分别求当b^2-4ac大于0、等于0和小于0时的根,并输出结果。a、b、c的值从主函数输入。

(4) 写一函数,连接两个字符串。

(5) 写一函数,使给定的一个二维数组(3×4)转置,即行列互换。

项目 6

指针的应用

在前面的学习中，对数据的存取基本上是通过变量名进行的(每种类型的变量名都与一个唯一的地址相对应)，没有直接与地址打交道。这是由于编译系统能够自动地根据变量名与地址的对应关系完成相应的地址操作，因而一般情况下不需要关心数据的具体存储地址。但是，有时在某些类型数据的应用中，需要先"算出"数据的存储地址，然后再通过该地址间接去访问数据。由于该地址指明了数据存储的位置，因此形象地将其称为指针，该地址存放的数据也形象地称为"指针所指向的数据"。

指针的应用主要内容如下：

(1) 指针与地址的基本概念。

(2) 指针与变量的关系。

(3) 指针与数组。

(4) 指针与字符串。

重点与难点：

(1) 指针与数组。

(2) 指针与字符串。

任务 6.1　一维数组与指针

任务说明

一维数组是相同数据类型变量的集合，各元素按下标的特定顺序占据一段连续的内存，各元素的地址是连续的，在引用数组元素时使用指针非常方便。本任务主要学习通过指针引用一维数组元素方法。

相关知识

1. 地址与指针

1) 变量的地址

(1) 内存地址。

计算机硬件系统的内部存储器中，拥有大量的存储单元，一个字节为一个存储单元，容量为1B。内存是按字节连续编号的，每一个存储单元的编号就是该存储单元的“地址”。每个存储单元都有一个唯一的地址，地址所标识的存储单元用来存放数据。存储单元的地址(内存地址)与存储单元中的数据是两个完全不同的概念。

(2) 变量的地址。

在程序中定义一个变量时，C编译系统就为其在内存中分配若干个地址连续的存储单元，以便存放这个变量的值。变量的类型不同，系统分配给它的存储单元的数量也不同。一个变量的地址就是该变量所对应的若干个存储单元的首地址(即最小的单元地址)。

设有以下一段程序。

```
void main()
{
    int a;
    a=5;
    printf("a=%d\n",a);
}
```

由前面章节的学习可知，编译系统为整型变量a分配4B的存储空间，即4个存储单元(设地址分别为2000、2001、2002和2003)，则最小地址值2000就称为变量a的地址，如图6-1所示。变量a的值5以二进制形式存放在4B的存储空间中。

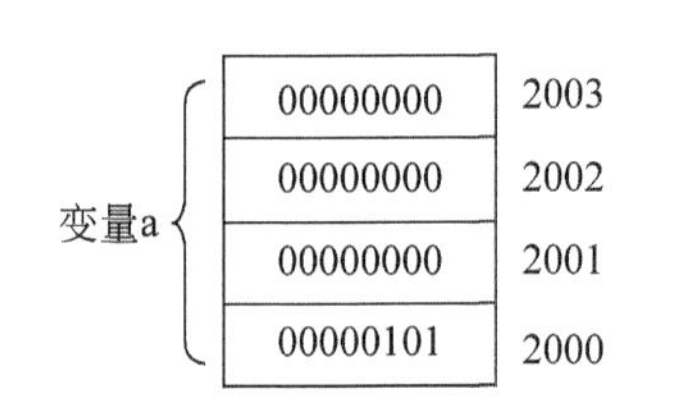

图6-1　变量a的内存单元示意图

2) 指针

一个变量的地址称为指针。专门存放变量地址的变量叫指针变量。对于指针，需要理解3个方面的内容，即指针的类型、指针变量、指针的值(或指针所指向的内存区)。

2. 指针变量

1) 指针变量的定义

用来存放变量的地址的变量叫指针变量，指针变量中存放的是地址值。在使用指针变量之前必须先定义。指针变量定义的格式为：

类型名 *指针变量名

其中，“类型名”为指针变量要指向的对象的类型，变量名前的“*”表示该变量为指针变量。“指针变量名”可以自定，但要遵循标识符的命名规则。

例如：

```
int *p;                          //定义一个指针变量p
```

2) 指针变量的引用

在引用指针变量时，常用到两个运算符，即*和&。

&是取地址运算符，即取变量的地址。

*是指针运算符(或间接访问运算符)，即取指针所指向的变量的内容。注意，定义指

针变量时用到的 * 不属于指针运算符。

例如：

```
int a, * p;
p=&a;                                   //&a 表示取变量 a 的地址,即 p 指向 a
 * p=8;                                 //指针变量 p 前面的 * 为指针运算符
```

上例中的 * p 代表指针变量 p 所指向的对象 a，即 * p 等价于 a(或 * p==a)。

定义指针变量的目的是通过指针引用内存对象，指针的引用应按以下步骤进行。

(1) 定义指针变量。

(2) 指针指向对象。

(3) 通过指针引用对象。

例如：

```
int a=5, * p;                           //定义一般变量 a 及指针变量 p
p=&a;                                   //给 p 赋值(地址),即指针指向对象
printf("a=%d", * p);                    //通过指针引用对象,输出结果:a=5
```

【例 6-1】 指针变量的简单应用。

```
#include<stdio.h>
void main()
{
    int a;
    int * pointer;
    a=100;
    pointer=&a;
    printf("%d,%d\n",a, * pointer);
}
```

程序运行的结果如下。

```
100,100
```

注意事项如下。

(1) 指针变量只能存放地址，不能将整型数据、字符型数据、实型数据等非地址类型的数据赋值给指针变量。

(2) 指针变量必须先赋值，后使用。

(3) 指针变量只能指向同一类型的变量。例如：

```
int a=8;                                //定义整型变量 a 并赋初值
char h='A';                             //定义字符型变量 h 并赋初值
int * p1;                               //定义整型指针变量 p1
char * p2;                              //定义整型指针变量 p2
p1=&a;                                  //给 p1 赋值(地址)
p2=&h;                                  //给 p2 赋值(地址)
```

p1 是指向整型变量的指针变量，p2 是指向字符型变量的指针变量，* p1 和 * p2 是

p1 和 p2 所指向的变量 a 和 h，如图 6-2 所示。

注意：p1 不能指向字符变量 h，即写成“p1=&h;”是错误的。同理，写成“p2=&a;”也是错误的。

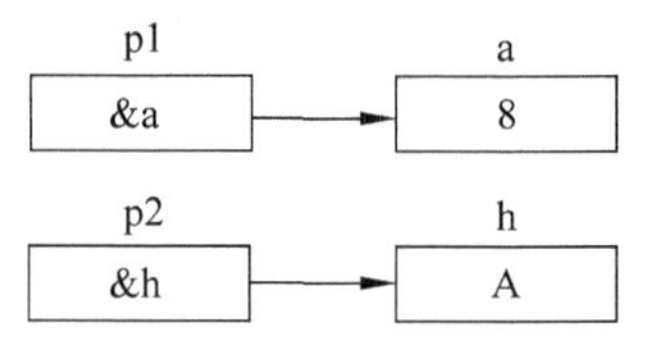

图 6-2　指针指向示意图

【例 6-2】 输入 a 和 b 两个整数，按先大后小的顺序输出 a 和 b。

```
#include<stdio.h>
void main()
{
    int *p1,*p2,t,a,b;
    printf("please enter two integer number:");
    scanf("%d,%d",&a,&b);                    //从键盘输入两个整数
    p1=&a;                                   //p1 指向变量 a
    p2=&b;                                   //p2 指向变量 b
    if(a<b)                                  //如果 a<b
    {
        t=p1; p1=p2; p2=t;                   //互换 p1 与 p2 的值(地址)
    }
    printf("a=%d,b=%d\n",a,b);               //输出 a、b
    printf("max=%d,min=%d\n",*p1,*p2);       //输出 p1 和 p2 指向的变量的值
}
```

程序运行的结果如下。

```
2,3<回车>
a=2,b=3
max=3,min=2
```

程序分析：输入 a=2，b=3，由于 a<b，所以 p1 和 p2 互换。交换前的情况如图 6-3(a)所示，交换后的情况如图 6-3(b)所示。在程序执行的过程中，a 和 b 的值并未交换，它们仍保持原值，但 p1 和 p2 的值(地址)改变了。p1 的值原为 &a，后来变成了 &b，p2 的值原为 &b，后来变成了 &a。这样在输出 *p1 和 *p2 时，实际上是输出变量 b 和 a 的值，所以先输出 3，然后输出 2。

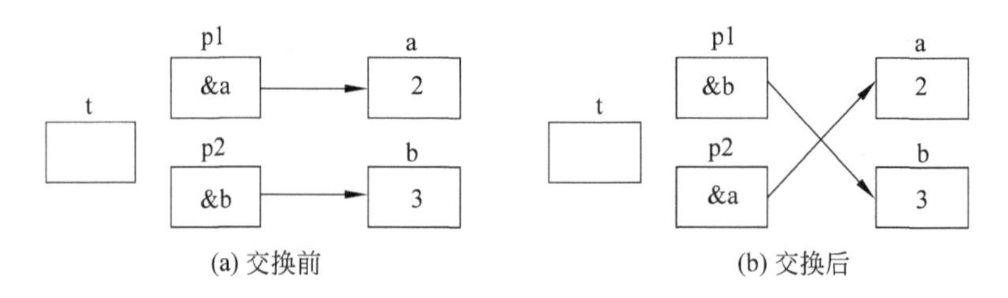

图 6-3　指针变量 p1 和 p2 交换的情况

3. 通过指针引用一维数组

1) 指向数组元素的指针变量

一个变量有地址，一个数组包含若干个元素，每个数组元素都在内存中占用存储单

元，它们都有相应的地址。指针变量既然可以指向变量，当然也可以指向数组元素。

例如：

```
int a[10]={3, 7, 9, 11, 0, 6, 7, 5, 4, 2};      //定义包含 10 个整型数据的一维数组 a
int *p;                                          //定义指向整型对象的指针变量 p
p=&a[0];                                         //把数组元素 a[0]的地址赋给指针变量 p
```

以上程序段使指针变量 p 指向数组 a 的第 0 号元素，如图 6-4 所示。

由前面章节的学习可知，数组名代表数组元素的首地址。因此，下面两个语句是等价的。

```
p=&a[0];   //p 的值是 a[0]的地址值
p=a;       //p 的值是数组 a 的首元素 a[0]的地址值
```

在定义指针变量时可以对它初始化。例如：

```
int *p=&a[0];
        //将数组首元素 a[0]的地址赋给指针变量 p
```

它等价于下面两行：

```
int *p;
p=&a[0];   //不能写成 *p=&a[0];
```

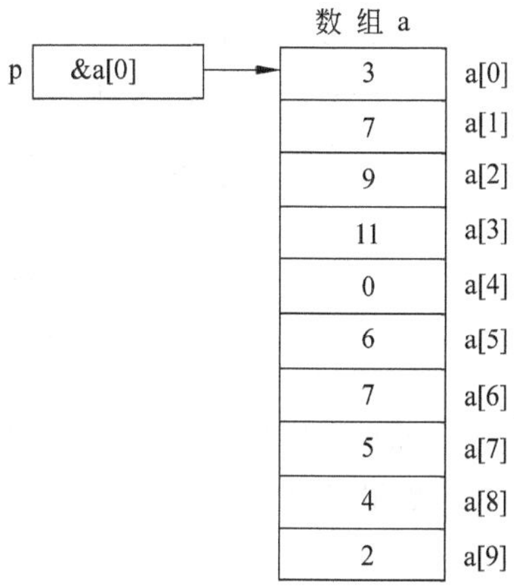

p	&a[0] →	数组 a	
		3	a[0]
		7	a[1]
		9	a[2]
		11	a[3]
		0	a[4]
		6	a[5]
		7	a[6]
		5	a[7]
		4	a[8]
		2	a[9]

图 6-4　指向数组元素的指针变量

当然对指针变量 p 的定义及初始化也可以写成：

```
int *p=a;                       //将数组首元素 a[0]的地址赋给指针变量 p
```

2）指针变量的算术运算

当指针指向数组元素时，可以对指针进行加、减算术运算。

加一个整数，如 p=p+1；

减一个整数，如 p=p−1；

自加运算，如 p++；++p；

自减运算，如 p−−；−−p；

说明如下。

（1）如果指针变量 p 已指向数组中的一个元素，则 p+1 指向同一数组中的下一个元素，p−1 指向同一数组中的上一个元素。执行 p+1 时并不是将 p 的值（地址值）简单加 1，而是加上一个数组元素所占的字节数。例如，数组元素是 float 型，每个元素占 4 个字节，则 p+1 意味着 p 的值加 4。若 p 的值是 2000，则 p+1 的值是 2004 而不是 2001。即 p+1 的计算公式为 p+1*d，d 是一个数组元素所占的字节数，它是由数组的类型决定的。

（2）如果 p 的初值为 &a[0]，则 p+i 和 a+i 就是数组元素 a[i]的地址，它们指向数组序号为 i 的元素，如图 6-5 所示。需要注意的是，a 代表数组首元素的地址，a+1 也是地址，它的计算方法同前面介绍的 p+1。a+1 的实际地址值为 a+1*d，d 是一个数组元素所占的字节数，它是由数组的类型决定的。同理，可计算 p+i、a+i、p+9 和 a+9 所对应的地址值。

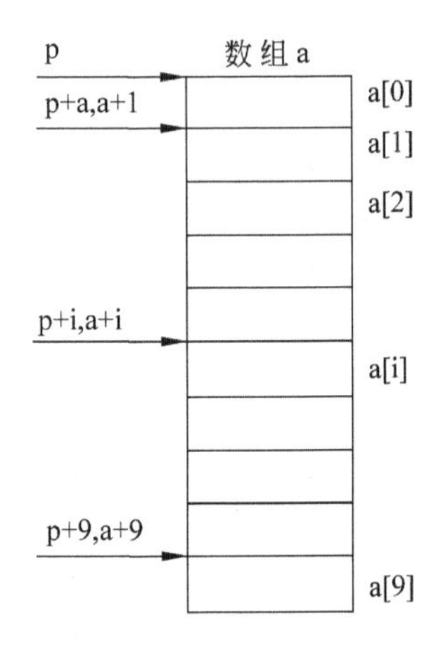

图 6-5　p+i 和 a+i 与数组元素 a[i]的关系

(3) *(p+i)或*(a+i)代表的是 p+i 或 a+i 所指向的数组元素,即 a[i]。例如,*(p+5) 或 *(a+5)代表的就是 a[5],三者是等价的。实际上,在编译时,对数组元素a[i]就是按*(a+i)处理的,即按数组首元素的地址加上相对位移量得到要找元素的地址,然后找出该地址所对应存储单元的内容。设数组 a 的首元素的地址为 2000,数组类型为 float,则 a[3]的地址是这样计算的:2000+3*4=2012。然后,从 2012 地址所指向的 float 型单元取出数组元素的值,即 a[3]的值。

3) 通过指针引用数组元素

引用数组元素有以下 3 种方法。

(1) 下标法。a[i]数组元素用数组名和下标表示。下标法引用数组元素时,必须先计算元素地址。

(2) 指针法。*(p+i)用指针变量指向数组元素。指针法能使目标程序质量高(占内存少,运行速度快),不必每次都重新计算地址。

(3) 数组名法。*(a+i)即通过数组名和元素序号计算出元素地址,然后再找到该元素。

任务实施

1. 任务功能

一个整型数组 a,有 10 个元素,要求输出数组中各元素的值。

2. 编程思路

用指针变量 p 指向数组元素,通过改变指针变量 p 的值,使其先后指向数组元素a[0]~a[9]。程序流程图如图 6-6 所示。

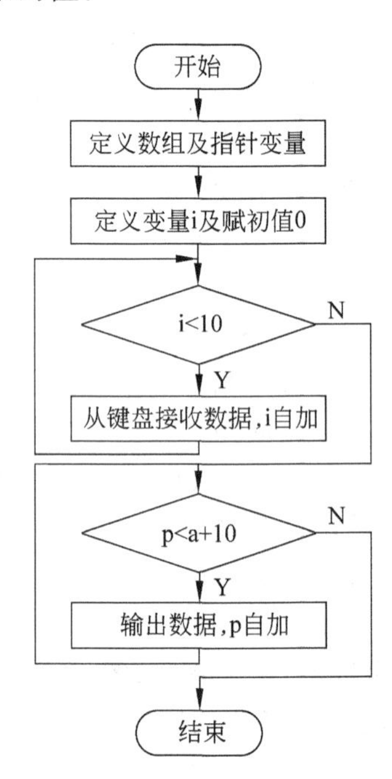

图 6-6　流程图

3. 源程序 EX6-1-1.c

```
#include<stdio.h>
void main()
{
    int a[10], i, *p;
    printf("please enter 10 integer numbers:");
    for(i=0; i<10; i++)
        scanf("%d",&a[i]);          //从键盘输入数据
    for(p=a;p<(a+10); p++)
        printf("%d ",*p); //用指针指向当前的数组元素
    printf("\n");
}
```

4. 运行、调试

在 VC++ 6.0 开发环境下,编辑、编译和调试源程序

EX6-1-1.c。程序运行结果如下。

```
3 7 9 11 0 6 7 5 4 2<回车>
3 7 9 11 0 6 7 5 4 2
```

任务拓展

源程序EX6-1-1.c中对数组元素的引用采用的是指针法，请分别再用下标法和数组名法编写程序，并进行比较分析。

任务6.2　二维数组与指针

任务说明

指针变量可以指向一维数组中的元素，也可以指向二维数组中的元素。但在概念和使用方法上，二维数组的指针比一维数组的指针要复杂一些。本任务主要学习通过指针引用二维数组元素方法。

相关知识

1. 多维数组的地址

设有一个二维数组a，它的定义为：int a[3][4]={{1,3,5,7},{9,11,13,15},{17,19,21,23}};a是一个数组名。a数组包含3行，即看成3个行元素：a[0]、a[1]、a[2]。而每一个行元素又是一个一维数组，它包含4个元素(即4个列元素)。例如，a[0]所代表的一维数组包含的4个元素是a[0][0]、a[0][1]、a[0][2]、a[0][3]。二维数组a[3][4]结构如图6-7所示。二维数组可以看做是“数组的数组”，即二维数组a是由3个一维数组组成。

a[0]	1	3	5	7
a[1]	9	11	13	15
a[2]	17	19	21	23

图6-7　二维数组a[3][4]的结构

从二维数组来看，a代表整个二维数组的首地址，也就是第0行的首地址，即a[0]地址。a+1代表第1行的首地址，即a[1]地址。a+2代表第2行的首地址，即a[2]地址。如果整个二维数组的首地址为2000，一个整型数据占4个字节，则a+1的值应该是2000+4*4=2016(第0行有4个整型数据)。则a+2的值应该是2000+8*4=2032。实际上a[0]、a[1]和a[2]分别表示的是二维的第0行、第1行和第2行。基于这种认识，把a[0]、a[1]和a[2]看成是一维数组名，C语言又规定数组名代表数组的首地址，因此a[0]代表第0行一维数组中第0列元素的地址，即&a[0][0]，依此类推，a[1]的值是&a[1][0]，a[2]的值是&a[2][0]。

第0行第1列元素地址的表示为：a[0]是一维数组名，该数组中序号为1的元素的地址，显然应该用a[0]+1来表示。a[0]+1中的1代表一个列元素的字节数，即4个字节。a[0]的值为2000，则a[0]+1的值为2004。a[0]+0、a[0]+1、a[0]+2、a[0]+3分别是a[0][0]、a[0][1]、a[0][2]、a[0][3]元素的地址，即&a[0][0]、&a[0][1]、&a[0]

[2]、&a[0][3]。

在一维数组中，a[0]和 * (a+0)等价，a[1]和 * (a+1)等价，a[i]和 * (a+i)等价。因此 a[0]+1 和 * (a+0)+1 都是 &a[0][1]，其值为 2004；……；a[1]+2 和 * (a+1)+2 都是 &a[1][2]，其值为 2024。

用地址法如何得到 a[0][1]的值呢？既然 a[0]+1 和 * (a+0)+1 都是 a[0][1]的地址，那么 * (a[0]+1)或 * (* (a+0)+1)就是 a[0][1]的值。同理，* (a[i]+j)或 * (* (a+i)+j)就是 a[i][j]的值。

注意：对二维数组来说，a[i]表示的是一维数组名，a[i]本身不占实际的内存单元，它只是一个地址，表示地址的一种计算方法，如同一维数组 x[10]的数组名 x。

2. 指向二维数组的指针变量

1) 指向数组元素的指针变量

指向二维数组指针变量的定义格式为：

```
类型名  * 指针变量;
```

其中，"类型名"为指针变量要指向的对象的类型，变量名前的 *，表示该变量为指针变量。"指针变量名"可以自定，但要遵循标识符的命名规则。

例如：

```
int a[3][4], * p;
p=a;                                    //或 p=a[0];或 p=&a[0][0];
```

【例 6-3】 按 3 行 4 列的形式输出二维数组的所有元素。

```
#include<stdio.h>
void main()
{
    int a[3][4]={{1,3,5,7},{9,11,13,15},{17,19,21,23}};
    int * p;
    for(p=a[0];p<a[0]+12;p++)
    {
        if((p-a[0])%4==0)  printf("\n");
        printf("%4d", * p);
    }
}
```

程序运行的结果如下。

```
 1   3   5   7
 9  11  13  15
17  19  21  23
```

2) 行指针变量

行指针变量指向由 n 个元素组成的一维数组指针变量。行指针变量的定义格式为：

```
数据类型 (* 指针变量)[n];
```

注意：“* 指针变量”外的括号不能缺。例如：

```
int a[3][4],(*p)[n];
p=a;                                //或 p=a[0];
```

*p[4]是指针数组，*p 有 4 个元素，每个元素都是整型。p 所指的对象是有 4 个整型元素的数组，即 p 是行指针。应该记住此时 p 只能指向一个包含 4 个元素的一维数组，p 的值就是该一维数组的首地址。p 不能指向一维数组中的第 j 个元素。

任务实施

1. 任务功能

输出二维数组任一行任一列元素的值。

2. 编程思路

可采用行指针变量。

3. 源程序 EX6-2-1.c

```
#include<stdio.h>
void main()
{
    int a[3][4]={{1,3,5,7},{9,11,13,15},{17,19,21,23}};
    int(*p)[4],i,j;
    p=a;
    scanf("i=%d,j=%d",&i,&j);
    printf("a[%d,%d]=%d\n",i,j,*(*(p+i)+j));
}
```

4. 运行、调试

在 VC++ 6.0 开发环境下，编辑、编译和调试源程序 EX6-2-1.c。程序运行结果如下。

```
i=1,j=3<回车>
a[1][3]=15
```

任务拓展

源程序 EX6-2-1.c 中对数组元素的引用采用的是指针法，请用下标法编写程序，并进行比较分析。

任务 6.3　字符数组与指针

任务说明

指针变量能够接受赋值，把一个地址值赋给它时，指针的指向也就随之改变。因此，可用字符型指针变量来处理字符串。本任务主要学习字符指针变量引用字符数组元素的方法。

相关知识

1. 指向字符串的指针变量

字符串的指针是指字符串在内存中的首地址。在C语言中，字符串的两种表示方式：①字符数组表示方式，字符串存放在一维数组中，引用时用数组名；②字符指针变量表示方式，字符指针变量存放字符串的首地址，引用时用指针变量名。引用时，既可以逐个字符引用，也可以整体引用。

1）指向字符串的指针变量

指向字符串的指针变量也称为字符指针变量，其定义的格式为：

```
char * 指针变量;
```

其中char为指针变量要指向的对象的类型，变量名前的*表示该变量为指针变量。"指针变量名"可以自定，但要遵循标识符的命名规则。

2）字符指针变量的初始化

(1) 在定义的同时初始化。例如：

```
char * stg="I love Beijing.";
```

(2) 先定义后初始化。例如：

```
char * stg;
stg="I love Beijing.";
```

以上两种初始化格式是等价的。但无论采用哪种方法，都只是把字符串常量在内存中的首地址赋给指针变量，而不是把这个字符串赋给了指针变量。

3）字符指针变量引用字符串

(1) 逐个引用字符串的字符。

【例6-4】 使用字符指针变量表示和引用字符串。

```
void main()
{
    char * stg="I love Beijing.";
    for( ;* stg!='\0';stg++)
    printf("%c", * stg);              //逐个引用字符串的字符
    printf("\n");
}
```

程序运行的结果如下。

```
I love Beijing.
```

注意： 字符指针变量stg，仅存储串常量的首地址，而串常量的内容(即字符串本身)，是存储在由系统自动开辟的内存块中，并在串尾添加一个结束标志\0。

(2) 字符串的整体引用。

【例6-5】 改写例6-4，采取整体引用字符串的办法。

```
void main( )
{
    char * stg="I love Beijing.";
        printf("%s\n", stg);
}
```

程序运行的结果如下。

```
I love Beijing.
```

注意：

(1) “printf("%s\n",stg);”语句执行时，系统首先输出 stg 指向的第 1 个字符，然后使 stg 自动加 1，使之指向下一个字符，输出 stg 指向的第 2 个字符；重复上述过程，直至遇到字符串结束标志。

(2) 其他类型的数组是不能用数组名来一次性输出它的全部元素的，只能逐个元素输出。例如：

```
int a[10]={...};
printf("%d\n",a);                    //错误用法
```

2. 字符指针变量与字符数组的比较

有关字符数组的基本知识在前面章节已学习过，请同学们查阅。

(1) 字符数组由若干个元素组成，每个元素可存放一个字符。字符指针变量存放的是字符串的首地址，绝不是将字符串存放到字符指针变量中。

(2) 对字符指针变量初始化有两种格式。例如：

```
char * stg="I love China!";
```

等价于：

```
char * stg;
stg="I love China!";
```

这里赋给字符指针变量 stg 的是字符串的首地址，而不是字符串。对数组初始化时，如：

```
char str[14]="I love China!";
```

不能作以下的数组初始化操作：

```
char str[14];
str[ ]="I love China!";
```

即字符数组可以在变量定义时整体赋初值，但不能在赋值语句中整体赋值。

(3) 数组在编译时被分配内存单元，有确定的地址。写成以下形式是可以的。例如：

```
char str[14];
scanf("%s",str);
```

指针变量必须赋给一个确定的地址值;否则,在程序运行时会发生意想不到的后果。指针变量没有确定的地址而指向程序区或其他数据区,从而会造成系统"冲突"。例如:

```
char * p;
scanf("%s",p);
```

以上写法是错误的。应当写成以下形式。

```
char * p,str[10];
p=str;
scanf("%s",p);
```

(4) 指针变量的地址值是可以改变的,而数组名的地址值是不能改变的。举例如下。

【例6-6】 改变字符指针变量的值。

```
void main( )
{
    char * stg="I love China! ";
    stg=stg+7;
    printf("%s",stg);
}
```

运行结果如下。

```
China!
```

下面的写法是错误的:

```
char str[ ]="I love China!";
str=str+7;
printf("%s",str);
```

(5) 若定义一个指针变量使它指向一个字符串后,可以用下标形式引用指针变量所指字符串中的字符。

【例6-7】 字符指针变量的使用。

```
void main( )
{
    char * p="I love China.";
    int i=5;
    printf("%c\n",p[i] );
    for(i=7; p[i]!='\0'; i++)
        printf("%c",p[i]);
    printf("\n" );
}
```

程序运行的结果如下。

```
e
China.
```

任务实施

1. 任务功能

用字符指针变量把字符串 str2 中的字符复制到字符串 str1 中，字符串 str2 从键盘输入。

2. 编程思路

为允许字符串中能出现空格，使用函数 gets()来接收从键盘输入的信息。字符串的复制要注意的是：若将串 2 复制到串 1，一定要保证串 1 的长度不小于串 2 的长度。程序流程如图 6-8 所示。

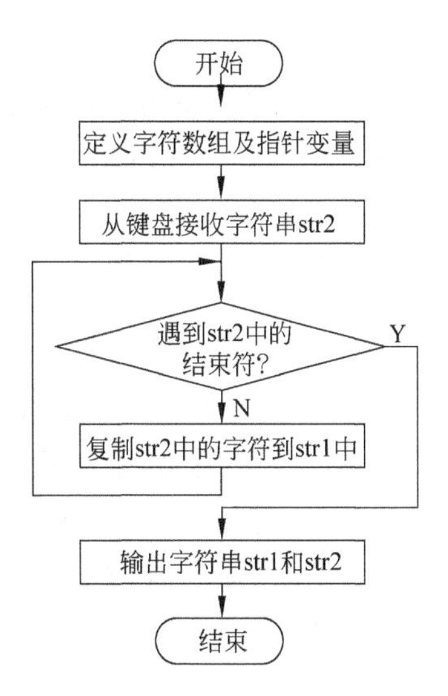

图 6-8　字符串复制流程图

3. 源程序 EX6-3-1. c

```
#include<stdio.h>
void main()
{
    char str1[30], str2[20];                    //定义字符数组
    char *ptr1=str1, *ptr2=str2;                //定义字符指针变量并赋初始值
    gets(str2);                                 //输入 str2
    while(*ptr2!='\0')                          //str2 的字符没复制完,则继续
        *ptr1++=*ptr2++;                        //字符串复制
    printf("%s.......%s\n", str1, str2);        //输出两字符串
}
```

4. 运行、调试

在 VC++ 6.0 开发环境下，编辑、编译和调试源程序 EX6-3-1. c。程序运行结果如下。

```
I love China.<回车>
I love China.
```

任务拓展

编写一个程序，从键盘接收一个字符串。利用字符指针变量统计出字符串的长度(包含空格符在内)，并打印输出。

思考与提高

1. 填空题

(1) C 语言的取地址符是________。

(2) 在 C 语言中，指针就是一个________。

(3) 内存地址是从________开始编号的，因此________是最小的指针值。

(4) 在 C 语言中，说 p 指向 x，意味着变量 p 的________是变量 x 的________。

(5) 定义指针变量时必须在变量名前加________，指针变量是存放变量________的变量。

(6) 若有以下说明：float num[10]={0.0，1.1，2.2，3.3，4.4，5.5，6.6，7.7，8.8，9.9}，*p=&num[5]；那么执行语句："p-=4;"后，指针p指向的元素是________。

(7) 设指针p定义为：

```
int array[ ]={5,10,15}; * p=array;
```

*p++的运算后，表达式的值是________，指针p指向________。

(*p)++运算后，表达式的值是________，指针p指向________。

*++p的运算后，表达式的值是________，指针p指向________。

++*p的运算后，表达式的值是________，指针p指向________。

(8) 如果指针变量p当前指向数组a的第i个元素a[i]。那么表达式*(p--)的操作过程是________。

(9) 如果指针变量p当前指向数组a的第i个元素a[i]。那么表达式*(--p)的操作过程是________。

2. 选择题

(1) 下列说法不正确的是(　　)。

A. 一个数组的地址就是该数组的第一个元素(0元素)的地址

B. 地址0专用于表示空指针

C. 地址值0可以用符号常量NULL表示

D. 两个指针相同是指它们的地址值相同

(2) 下面程序段中，打印出星号的数目是(　　)。

```
char * s="\ta\018bc";
for(; * s!='\0';s++)printf(" * ");
```

A. 9　　B. 7　　C. 6　　D. 5

(3) 若定义int a[3][4];，下列选项不能表示数组元素a[1][1]地址的是(　　)。

A. a[1]+1　　B. &a[1][1]　　C. *(a+1)[1]　　D. *(a+5)

(4) 若有说明语句int b[10]，*q;，那么对语句"q = b;"的不正确叙述是(　　)。

A. 使q指向数组b　　B. 把元素b[0]的地址赋给q

C. 使q指向元素b[0]　　D. 把数组b的各元素的地址赋给q

(5) 数组名与指向它的指针变量的关系是(　　)。

A. 可以通过数组名访问指针变量

B. 可以通过指针变量访问数组名

C. 可以通过指针变量访问数组中的元素

D. 可以通过数组元素访问指针变量

(6) 以下关于字符串与指针的描述，正确的是(　　)。

A. 字符串中的每个字符都是指针

B. 可以用一个 char * 型指针指向字符串

C. 字符串与指针等价

D. 只有以'\0'结尾的字符串,才能用一个 char * 型指针指向其开头

(7) 有说明如下: int k, a[5], * p;下列语句中,(　　)是不合法的。

A. p = &k;　　　　B. p = &++k;

C. p = a+3;　　　　D. p = &a;

(8) 有以下的说明: float * p;,那么指针变量 p 的存储类型是(　　)。

A. auto　　B. static　　C. register　　D. float

(9) 设有说明语句 char str[100]; int k = 5;,则错误引用数组元素的形式是(　　)。

A. str[10]　　　　B. * (str+k)

C. * (str+2)　　　　D. * ((str++) + k)

(10) 若有说明语句 char s[20] = "international", * ps = s;,则下面选项中不能代表第 1 个字符 t 的表达式是(　　)。

A. ps+2　　B. s[2]　　C. ps[2]　　D. ps += 2, * ps

3. 判断题

(1) 一个指针变量中,可以存放任意类型变量的地址。　(　　)

(2) 在 C 语言中,变量的内容和变量的地址是关于这个变量的两个不同的概念。

(　　)

(3) 在 C 语言中,指针变量有自己的地址。　(　　)

(4) 在 C 语言中,指针变量有自己的地址,它的内容也是一个地址。　(　　)

(5) 有以下变量定义:

```
int x, * p;
float y, * q;
```

由于 p 是指向 int 型变量的指针,q 是指向 float 型的指针,因此 p 和 q 占用的内存字节数是不相同的。　(　　)

(6) 有以下变量说明:

```
long b, * q;
```

由于变量 b 和指针变量 q 在同一个说明语句里出现,因此 q 就指向变量 b 了。

(　　)

(7) 有以下程序段:

```
int i, j=2, k, * p=&i;
k= * p+j;
```

这里出现的两个 * 号,含义是一样的,即表示变量 p 是一个指针。　(　　)

4. 编程题

(1) 用指针来实现求 3 个整数的最大值和最小值。

(2) 用指针来实现两个整数的交换。

(3) 已知一个整型数组 a[5]={52,18,37,48,26};。要求编写一个程序,分别用下标法和指针法输出一维数组的每一个元素取值。

(4) 已知有一个整型数组 a 如下:

```
int a[ ]={12, 5, 8, 19, 22, -4, 66, -17, 28, 13 };
```

编写一个程序,功能是找出该数组中的最小元素和最大元素,将最小元素与数组首元素交换,最大元素与数组尾元素交换。输出数组元素原先的取值和程序运行后的取值。

(5) 编写一个程序,它利用 char 型的指针变量指向一个字符串,并把字符串里的小写字母全部转换成大写字母。

项目 7

构造用户自己的数据类型

我们在前面学习了一些基本类型(也叫简单类型),如整型、实型、字符型等,这些类型都是系统定义好的,程序员可以直接拿来定义变量。但是,只有这些数据类型是不够的。有时需要将不同类型的数据组合成一个有机的整体,以便于引用。例如,一个学生的属性包括学号、姓名、性别、年龄、成绩、家庭地址等项,这些项都与某一学生相联系。如表 7-1 所示,可以看到性别(sex)、年龄(age)、成绩(score)、家庭地址(addr)是属于学号(num)为 1001、姓名(name)为 Li Ming 的学生的。如果将 num、name、sex、age、score、addr 分别定义为互相独立的基本类型的变量,难以反映它们之间的内在联系。为了与实际问题相符合,应当把它们组合到一起,构成一个组合项,在这个组合项中包含若干个不同类型(也可以相同)的数据项。即构造了一种数据类型,称它为结构体类型。结构体类型就是将不同类型的数据组合成一个有机的整体,以便于访问。

表 7-1 学生的属性

num	name	sex	age	score	addr
1001	Li Ming	M	18	87.5	Guangdong

构造用户自己的数据类型主要内容如下。

(1) 结构体与结构体数组。

(2) 结构体指针。

(3) 共用体。

(4) 枚举类型。

(5) 用 typedef 定义数据类型。

重点与难点:

(1) 结构体类型的定义。

(2) 结构体变量的定义、初始化及访问。

(3) 结构体数组的定义、初始化及访问。

(4) 结构体变量及指针在函数中的应用。

任务 7.1 结构体与结构体数组

任务说明

结构体类型是编程者根据实际需要自己使用基本数据类型构造的一种新的数据类型，该类型能够把多个不同类型的信息作为一个整体，而且还能保留其完整性。在构造(定义)好结构体类型后，编程者就可以用该类型去定义结构体类型的变量或结构体类型的数组(即结构体变量和结构体数组)。本任务主要学习结构体类型的构造(定义)方法、结构体变量和结构体数组的定义及应用方法。

相关知识

1. 结构体类型的定义

定义一个结构体类型的一般格式：

```
struct 结构体名
{
    成员列表
};
```

其中，struct 是定义结构体类型的关键字，结构体名由用户自己确定，但要遵循 C 语言标识符的命名原则，成员列表可以是简单类型变量、指针变量、数组和除自身类型之外的已定义的结构体类型变量。

以上述学生属性为例，来定义一个结构体类型。

```
struct student
{
    int     num;
    char    name[20];
    char    sex;
    int     age;
    float   score;
    char    addr[30];
};
```

上面定义了一个类型名为 struct student 的结构体类型，它包括 num、name、sex、age、score、addr 等不同类型的数据项。定义结构体类型时需要注意的问题如下。

(1) 结构体类型名是 struct student，而不是 student(student 是结构体名)。它和系统提供的基本类型(如 int、char、float、double 等)一样具有同样的地位和作用，都是可以用来定义变量的类型。

(2) 在大括号中定义的变量 num、name、sex、age、score、addr 称为成员，其定义方法和前面章节变量定义的方法一样；右大括号后面的分号不能忽略。

2. 结构体类型的应用

1) 结构体变量的定义

定义好结构体类型后，就可以定义结构体变量了。定义结构体变量有 3 种方法。

(1) 先定义结构体类型再定义结构体变量。

前面已定义了一个结构体类型 struct student，现在可以用它来定义结构体变量。例如：

```
struct student stu1,stu2;
```

上述定义了 stu1 和 stu2 为 struct student 类型的结构体变量。它们具有 struct student 类型的结构，即结构体变量 stu1 和 stu2 的成员列表与定义结构体类型时大括弧内的成员列表相同，都包含成员 num、name、sex、age、score、addr。

结构体类型只是一个模型，并无具体的数据，系统也不对它分配内存单元，系统只对结构体变量 stu1 和 stu2 分配内存空间。结构体变量所占存储空间的大小，是成员列表中所有成员所占内存空间之和。stu1 和 stu2 在内存中各占 63 个字节(即 4+20+1+4+4+30)。

应当注意，将一个变量定义为基本类型与定义为结构体类型的不同之处在于，后者不仅要求指定变量为结构体类型，而且要求指定为某一特定的结构体类型(如 struct student 类型)。因为可以定义出许多种具体的结构体类型。在定义一个变量为整型时，只需要指定其为 int 类型即可。

如果程序的规模比较大，往往把对结构体类型的定义集中存放到一个文件(以.h 为后缀的头文件)中，使得程序的结构清晰，便于修改、使用。

(2) 定义结构体类型的同时定义结构体变量。

格式如下：

```
struct 结构体名
{
    成员列表
}变量名列表;
```

例如：

```
struct student
{
    int     num;
    char    name[20];
    char    sex;
    int     age;
    float   score;
    char    addr[30];
}stu1,stu2;
```

它的作用与第一种方法相同，即定义了两个 struct student 类型的结构体变量 stu1、stu2。系统给结构体变量 stu1、stu2 分配的内存空间同第一种方法定义的结构体变量。

(3) 直接定义结构体变量(匿名定义)。

格式如下：

```
struct
```

```
{
    成员列表
}变量名列表;
```

其特点是在定义时不出现结构体名。例如：

```
struct
{
    int     num;
    char    name[20];
    char    sex;
    int     age;
    float   score;
    char    addr[30];
}stu1,stu2;
```

定义后结构体变量在内存中开辟的空间与第1种定义方法相同。

关于结构体类型的说明如下。

① 类型与变量是两个不同的概念，不能混淆。只能对变量赋值、存取或运算，而不能对一个类型赋值、存取或运算。在编译时，对结构体类型不分配内存空间，只对结构体变量分配内存空间。

② 结构体成员可以单独使用，相当于普通变量，访问方法后面具体讲述。

③ 在新定义一个结构体类型时，可以将其成员定义为已知的结构体类型(之前已定义的)。例如：

```
struct date                                //定义结构体类型 struct date
{
    int month;
    int day;
    int year;
};
struct stud                                //定义结构体类型 struct stud
{
    int     num;
    char    name[20];
    char    sex;
    struct date birthday;                  //成员 birthday 是 struct date 结构体类型
    float   score;
    char    addr[30];
}stu3;
```

首先定义了一个结构体类型 struct date，包含3个成员，即 month、day、year。然后，在定义另一个结构体类型 struct stud 时，将其成员 birthday 指定为 struct date 结构体类型。struct date 类型同其他类型(int、char、float 等)一样可以用来定义结构体成员。类型 struct stud 的结构示意图如图7-1所示。

系统为 struct stud 类型的变量 stu3 分配的空间分别为 4+20+1+(4+4+4)+4+30=71B，其中(4+4+4)是由 struct date 结构体类型决定的。

num	name	sex	age	birthday			addr
				month	day	year	

图 7-1　struct stud 结构体类型的成员示意图

④ 结构体类型的成员名可以和程序中的变量名相同，但二者的含义不同，不代表同一对象。

2）结构体变量的初始化

对应于定义结构体变量的 3 种方法，结构体变量的初始化也有 3 种格式。

格式 1：

```
struct 结构体名    变量名={成员 1 初值,成员 2 初值,…,成员 n 初值};
```

例如：

```
struct student stu1={1001," Li Ming ",'M',18,87.5,"Guangdong"};
struct student1 stu2={1002,"Zhang Li",'F',17, 90.5,"Beijing"};
```

对结构体变量 stu1 定义并初始化后，系统编译时为它分配的空间是成员列表中所有成员所占内存单元之和，即 4＋20＋1＋4＋4＋30＝63，如图 7-2 所示。同理，可分析结构体变量 stu2，其单元分配如图 7-3 所示。

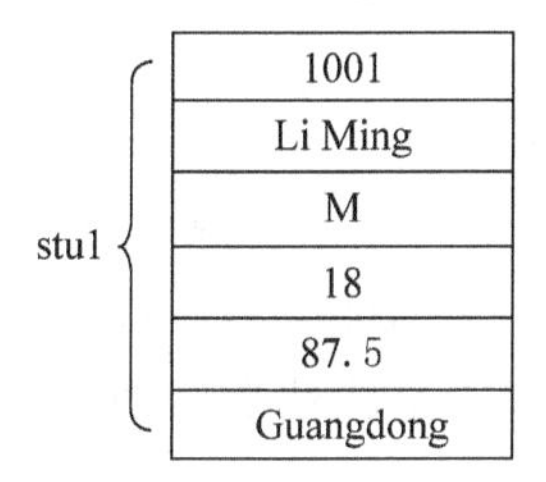

图 7-2　stu1 的单元分配示意图

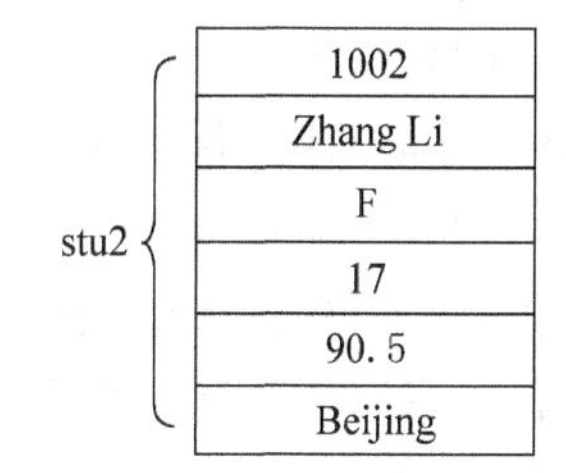

图 7-3　stu2 的单元分配示意图

格式 2：

```
struct 结构体类型名
{
    成员列表;
}变量名={成员 1 初值,成员 2 初值,…,成员 n 初值};
```

例如：

```
struct student
{
    int     num;
    char    name[20];
    char    sex;
    int     age;
    float   score;
    char    addr[30];
```

```
}stu1={1001,"Li Ming",'M',18,87.5,"Guangdong"},stu2={1002,"Zhang Li",'F',17,
90.5,"Beijing"};
```

格式3：

```
struct
{
    成员列表;
}变量名={成员1初值,成员2初值,…,成员n初值};
```

例如：

```
struct
{
    int     num;
    char    name[20];
    char    sex;
    int     age;
    float   score;
    char    addr[30];
}stu1={1001,"Li Ming",'M',18,87.5,"Guangdong"},stu2={1002,"Zhang Li",'F',17,
90.5,"Beijing"};
```

初始化结构体变量时，一定要注意成员初始值顺序应当与成员列表中定义的顺序一致，否则会出现错误。

3）结构体变量的引用

定义了结构体变量以后，就可以引用这个结构体变量了。C语言规定，不允许直接引用结构体变量，只允许引用结构体变量的各个成员。引用结构体变量中成员的方式有两种：一种是通过结构体变量引用其成员；另一种是通过指向结构体变量的指针引用其成员（在7.2节中介绍）。

通过结构体变量引用其成员的格式为：

```
结构体变量名.成员名
```

stu1.num表示结构体变量stu1中的成员num。结构变量的成员项与普通变量有相同的性质，可以对stu1的成员赋值。例如：

```
stu1.num=1001;
```

上面赋值语句的作用是把整数1001赋给结构体变量stu1中的成员num。“.”是成员（又称为分量）运算符，它在所有运算符中优先级最高，因此可以把stu1.num作为一个整体来看待。

【例7-1】 通过结构体变量引用其成员。

程序代码如下。

```
#include<stdio.h>                       //包含头文件
struct student                          //定义结构体类型 struct student
{
```

```
    int     num;
    char    name[20];
    char    sex;
    int     age;
    float   score;
    char    addr[30];
};
/* 下面是主函数部分 */
void main( )
{
    struct student  stu1={1001,"Li Ming",'M',18,87.5,"Guangdong"};
                                                          //定义结构体变量
    printf("NO:%d\nName:%s\nSex:%c\nAge:%d\nScore:%.2f\nAddr:%s\n",stu1.num,
    stu1.name,stu1.sex,stu1.age, stu1.score,stu1.addr);
}
```

程序运行的结果如下。

```
NO: 1001
Name: Li Ming
Sex: M
Age:18
Score:87.5
Addr: Guangdong
```

引用结构体变量时，应注意以下事项。

(1) 不能把一个结构体变量作为一个整体进行输入和输出。

例如：

```
printf("%d %s %c %d %f %d", stu1);
```

这种写法是错误的。只能对变量中的每个成员分别进行输入和输出。

(2) 如果成员项本身也是一个结构体类型，那么也不能直接将该成员变量作为一个整体输出，而应该采用若干个成员运算符“.”，逐级找低一级的成员，直到找到最低级，然后才能对最低级的成员进行赋值、存取或运算。例如，对上面定义的结构体变量 stu3，可以这样引用各成员：

```
stu3.num
stu3.birthday.month
```

注意：不能用 stu3. birthday 来引用 stu3 变量中的成员 birthday，因为 birthday 本身也是一个结构体变量。

(3) 对结构体变量的成员可以像普通变量一样进行各种运算。例如：

```
stu2.score=stu1.score;
stu1.age++;
sum=stu1.score+stu2.score;
```

由于“.”运算符的优先级最高，因此 stu1. age 是对 stu1. age 进行自加运算，而不是先对age进行自加运算。

(4) 可以引用结构体变量的成员的地址,也可以引用结构体变量的地址。

```
scanf("%d ",&stu1.num);          //从键盘给结构体变量的成员 stu1.num 输入数值
printf("%x ",&stu1);             //输出结构体变量 stu1 在内存中的首地址
```

结构体变量的地址主要用作函数参数,传递结构体的地址。

3. 结构体数组的应用

一个结构体变量可以存放一组数据(如某个学生的学号、姓名、年龄、性别和成绩等)。如果有10个学生的数据需要参加运算,就需要用结构体数组。结构体数组与前面章节中介绍过的数值型数组的不同之处在于,结构体数组的每个数组元素都是一个结构体变量,它们都分别包括结构体类型定义时成员列表中的各个成员。

1) 结构体数组的定义

定义结构体数组的方法和前面所讲的定义结构体变量的方法相仿,只需说明其为数组即可。定义结构体数组的3种方法如下。

(1) 先定义结构体类型再定义结构体数组。

前面已定义了一个结构体类型 struct student,现在可以用它来定义结构体数组。例如:

```
struct student stu[2];
```

以上定义了一个结构体数组 stu,其元素 stu[0]、stu[1]为 struct student 类型的数据。

(2) 定义结构体类型的同时定义结构体数组。

```
struct  student
{
    int      num;
    char     name[20];
    char     sex;
    int      age;
    float    score;
    char     addr[30];
}stu[2];
```

(3) 直接定义结构体数组(匿名定义)。

```
struct
{
    int     num;
    char    name[20];
    char    sex;
    int     age;
    float   score;
    char    addr[30];
}stu[2];
```

2）结构体数组的初始化

与其他类型的数组一样，对结构体数组也可以初始化，初始化数组也有 3 种不同的格式。

格式 1：

struct 结构体名　数组名[N]={{元素 1 初值},{元素 2 初值},…,{元素 n 初值}};

例如：

```
struct student stu[2]={{1001,"Li Ming",'M',18,87.5,"Guangdong"},
                       {1002,"Zhang Li",'F',17, 90.5,"Beijing"}};
```

格式 2：

```
struct 结构体名
{
    成员列表;
}数组名[N]={{元素 1 初值},{元素 2 初值},…,{元素 n 初值}};
```

例如：

```
struct  student
{
    int     num;
    char    name[20];
    char    sex;
    int     age;
    float   score;
    char    addr[30];
}stu[2]={{1001,"Li Ming",'M',18,87.5,"Guangdong"},
         {1002,"Zhang Li",'F',17, 90.5,"Beijing"}};
```

格式 3：

```
struct
{
    成员列表;
}数组名[N]={{元素 1 初值},{元素 2 初值},…,{元素 n 初值}};
```

例如：

```
struct
{
    int     num;
    char    name[20];
    char    sex;
    int     age;
    float   score;
    char    addr[30];
}stu[2]={{1001,"Li Ming",'M',18,87.5,"Guangdong"},
         {1002,"Zhang Li",'F',17, 90.5,"Beijing"}};
```

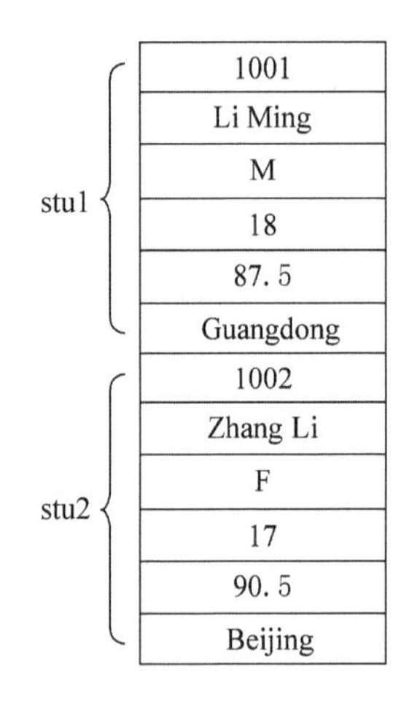

图 7-4　结构体数组的单元分配示意图

上述初始化结构体数组后，系统在内存中为该数组分配了 63×2=126B 的空间，如图 7-4 所示。

3）结构体数组的访问

结构体数组和简单类型数组一样，访问方法也有下标访问法和指针访问法。只是要特别注意，结构体数组元素也相当于结构体变量，对它不能进行整体输入/输出，输入/输出的是结构体数组元素中的成员变量。

结构体数组的下标访问法与简单类型数组的下标访问法相似，也是用循环来实现对数组元素的访问的。

任务实施

1. 任务功能

如表 7-2 所示的 3 个学生的信息。编写程序，定义一个结构体数组，用下标访问法分别输出 3 个学生的信息，并显示成绩最高学生的信息。

表 7-2　3 个学生的信息一览表

num	name	sex	age	score	addr
1001	Li Ming	M	18	87.5	Guangdong
1002	Zhang Li	F	17	90.5	Beijing
1003	Wang Tong	M	19	88	Shanghai

2. 编程思路

首先，定义一个包含 num、name、sex、age、score、addr 等不同信息的结构体类型。其次，用该结构体类型定义一个长度为 3 的一维数组。基于模块化编程的思想，分别定义函数输出 3 个学生的信息和显示成绩最高学生的信息。在主函数中调用上述两个函数，函数之间采用地址传递。执行流程如图 7-5 至图 7-7 所示。

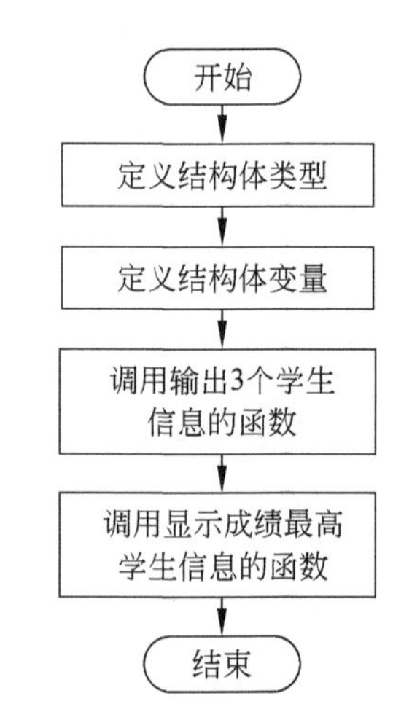

图 7-5　主函数流程图

3. 源程序 EX7-1-1.c

```
#include<stdio.h>                 //包含头文件
struct student                    //声明一个结构体类型
{
    int     num;
    char    name[20];
    char    sex;
    int     age;
    float   score;
    char    addr[30];
};
```

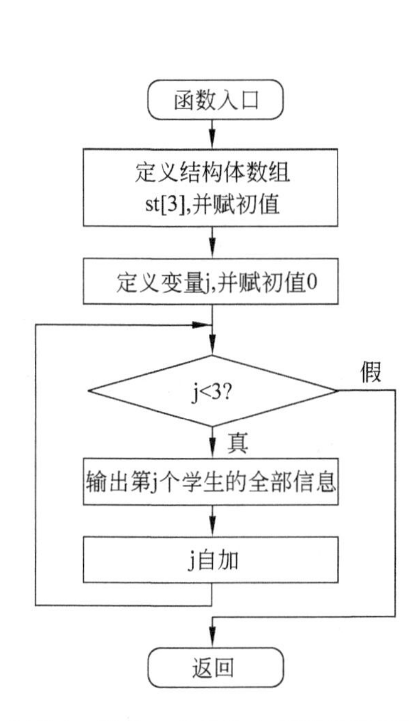

图 7-6　输出 3 个学生全部信息流程图

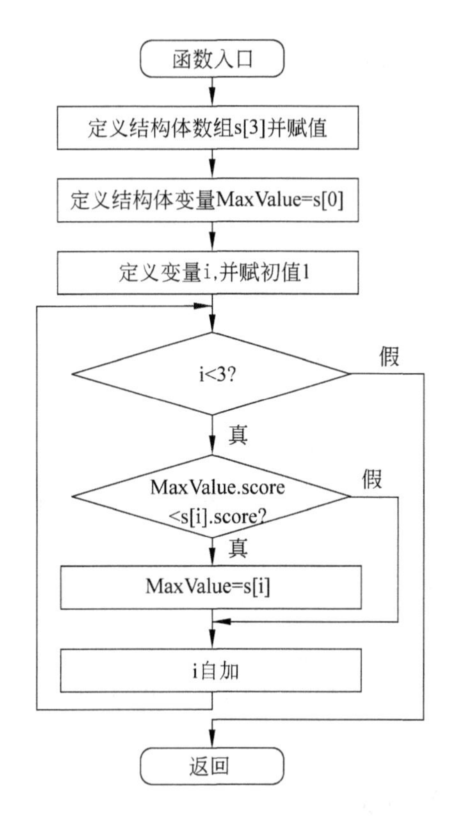

图 7-7　输出最高成绩学生信息流程图

```
void MaxFun(struct student s[3]);                    //函数原型声明
void OutputFun(struct student st[3]);                //函数原型声明
/* 主函数部分 */
void main(void)
{
    struct student stu[3]={{1001,"Li Ming",'M',18,87.5,"Guangdong"}, {1002,"
    Zhang Li",'F',17, 90.5,"Beijing"},{1003,"Wang Tong",'M',19,88,"Shanghai"}};
                                                     //定义结构体数组,并赋初值
    OutputFun(stu);                                  //调用函数(地址传递)
    MaxFun(stu);                                     //调用函数(地址传递)
}
/* OutputFun 函数的定义部分,其功能是输出 3 个学生的信息 */
void OutputFun(struct student st[3])
{
    int j;
    printf(" No.     Name     Sex   Age    Score      Addr\n");
    for(j=0;j<3;j++)
        printf("%5d%10s%5c%6d%9.1f%15s\n",st[j].num,st[j].name,st[j].sex,st
        [j].age,st[j].score,st[j].addr);
}
/* MaxFun 函数的定义部分,其功能是找出并输出成绩最高的学生的信息 */
void MaxFun(struct student s[3])
```

```
{
    int i;
    struct student MaxValue=s[0];                    //定义一个结构体变量并赋初值
    for(i=1; i<3; i++)
    {
        if(MaxValue.score<s[i].score)
            MaxValue=s[i];
    }
    printf("The student with the highest score:\n");
    printf("%5d%10s%5c%6d%9.1f%15s\n",MaxValue.num,MaxValue.name,MaxValue.
    sex,MaxValue.age,MaxValue.score,MaxValue.addr);
}
```

4. 运行、调试

在VC++ 6.0开发环境下，编辑、编译和调试源程序EX7-1-1.c。程序运行结果如下。

```
No.       Name       Sex     Age     Score      Addr
10001     Li Ming    M       18      87.5       Guangdong
10002     Zhang Li   F       17      90.5       Beijing
10003     Wang Tong  M       19      88.0       Shangahai
The student with the highest score:
10002     Zhang Li   F       17      90.5       Beijing
```

任务拓展

把源程序EX7-1-1.c中“对结构体类型struct student定义”的程序部分放到一个以.h为后缀的头文件中，并包含该头文件。修改程序，并重新编译和调试。

任务7.2　结构体指针

任务说明

指针也可以指向结构体变量，指向结构体变量的指针叫作结构体指针。可以定义一个结构体类型的指针变量，用来指向一个结构体变量，此时该指针变量的值就是结构体变量的起始地址。指针变量也可以用来指向结构体数组中的元素。本任务主要学习结构体指针变量的定义及应用方法。

相关知识

定义结构体指针变量的方法与定义其他指针变量的方法一样。

例如：

```
struct stuent stu1, * sp;
sp=&stu1;                        //stu1是结构体变量,&stu1是stu1的首地址
```

结构体指针的使用方法如下：

(1) 先定义结构体指针变量。

(2) 指针指向同类型的结构体变量或数组。

(3) 通过指针引用指针指向结构体变量或数组的成员。引用方式有以下两种：

```
结构体指针变量名->成员名
(*结构体指针变量名).成员名
```

“->”是指向运算符，它的优先级与“.”运算符的优先级相同。“sp->num=1001;”和“(*sp).num=1001;”与“stu1.num=1001;”等价。使用指针变量访问结构体成员比使用结构体变量名更方便。结构体成员运算符“.”的优先级比间接运算符“*”高，所以引用方式“(*结构体指针变量名).成员名”中的圆括号( )不能省略。

1. 指向结构体变量的指针

当一个指针指向结构体变量时，该指针的值就是结构体变量的起始地址。若指针加1，则地址加一个结构变量所占的字节数。

【例 7-2】 结构体指针变量访问结构体变量的成员。

程序代码如下。

```
#include<stdio.h>                                    //包含头文件
struct student                                        //声明一个结构体类型
{
    int     num;
    char    name[20];
    char    sex;
    int     age;
    float   score;
    char    addr[30];
};
/* 主函数部分 */
void main(void)
{
    struct student stu1={1001,"Li Ming",'M',18,87.5,"Guangdong"};
                                                      //定义结构体变量并赋值
    struct student *sp;                               //定义结构体指针变量 sp
    sp=&stu1;                                         //指针 sp 指向结构体变量 stu1
    printf(""结构体指针变量名->成员名"的方式访问:\n");
    printf("No:%d\nName:%s\nSex:%c\nAge:%d\nAddr:%s\n",sp->num,sp->name,sp->
   sex,sp->age,sp->addr);
    printf(""(*结构体指针变量名).成员名"的方式访问:\n");
    printf("No:%d\nName:%s\nSex:%c\nAge:%d\nAddr:%s\n",(*sp).num,(*sp).name,
    (*sp).sex,(*sp).age,(*sp).addr);
}
```

运行结果如下。

```
"结构体指针变量名->成员名"的方式访问:
No:1001
Name:Li Ming
```

```
Sex:M
Age:18
Addr:Guangdong
"(*结构体指针变量名).成员名"的方式访问:
No:1001
Name:Li Ming
Sex:M
Age:18
Addr:Guangdong
```

2. 指向结构体数组的指针

当一个结构体指针指向结构体数组时,该指针的值就是结构体数组的起始地址。若结构体指针加1,则地址增加结构体数组的一个元素所占的字节数。

【例7-3】 如7.1节任务中表7-2所示3个学生的信息。编写程序,定义一个结构体数组和指向该数组的指针变量,通过指针引用结构体成员,分别输出3个学生的信息。

程序代码如下。

```
#include<stdio.h>                                   //包含头文件
struct student                                      //声明一个结构体类型
{
    int     num;
    char    name[20];
    char    sex;
    int     age;
    float   score;
    char    addr[30];
};
/* 主函数部分 */
void main(void)
{
    struct student stu[3]={{1001,"Li Ming",'M',18,87.5,"Guangdong"},{1002,"
    ZhangLi",'F',17, 90.5,"Beijing"},{1003,"Wang Tong",'M',19,88,"Shanghai"}};
    struct student *sp;                             //定义结构体类型的指针变量
    printf("  No.     Name      Sex   Age     Score       Addr\n");
    for(sp=stu;sp<stu+3;sp++)
        printf("%5d%10s%5c%6d%9.1f%15s\n",sp->num,sp->name,sp->sex,sp->age,
        sp->score,sp->addr);
}
```

运行结果如下。

```
No.       Name        Sex      Age      Score        Addr
10001     Li Ming     M        18       87.5         Guangdong
10002     Zhang Li    F        17       90.5         Beijing
10003     Wang Tong   M        19       88.0         Shangahai
```

3. 结构体变量和结构体指针在函数中的应用

结构体变量和结构体指针变量在函数中有非常重要的应用,它们既可以作函数的形参,也可以作函数的实参,还可以作函数类型,返回结构体。

和简单变量一样,结构体变量、结构体变量的成员、结构体指针变量都可以做函数的参数。

1）结构体变量的成员作实参

与前面介绍的简单变量作实参一样,结构体变量的成员作实参属于“值传递”方式,只是要注意形参与实参在数据类型上要保持一致,如图 7-8 所示。

实参 stu.num	1001
形参 int fnum	1001

图 7-8　结构体变量的成员作实参传递示意图

2）结构体变量作参数

结构体变量作实参,要求形参也是相同类型的结构体变量,参数传递采用的是“值传递”的方式,形参在函数调用期间也要占用内存单元,因此这种传递方式在空间与时间上开销较大,传递过程如图 7-9 所示。

实参stu	1001	Li Ming	M	18	87.5	Guagndong
形参struct student fstu	1001	Li Ming	M	18	87.5	Guagndong

图 7-9　结构体变量作实参和形参数据传递示意图

3）结构体指针变量作参数

结构体指针变量作参数,参数传递的是结构体变量的首地址,要求形参也是一个能接受地址的相同结构体类型的指针变量。结构体指针变量作参数有以下几种情况。

(1) 实参为结构体数组名,形参为结构体指针变量。

(2) 实参为结构体指针变量,形参也是结构体指针变量。

(3) 实参为结构体指针变量,形参为结构体数组。当然,参数采用“地址传递”时,也可以是“实参为结构体数组名,形参为结构体数组”。

“实参为结构体指针变量,形参也是结构体指针变量”的地址传递过程如图 7-10 所示。

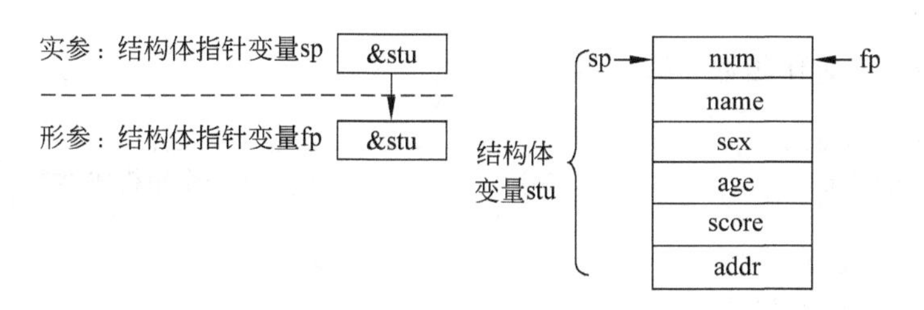

图 7-10　结构体指针变量作函数参数地址传递示意图

任务实施

1. 任务功能

有一个结构体变量 stu,内含学生学号、姓名和成绩,要求在 main 函数中赋值,在另一个函数 OutputFun 中将它们打印输出。分别采用以下 3 种方法实现：①结构体变量的成员作函数参数；②结构体变量作函数参数；③结构体指针变量作函数参数。

2. 编程思路

结构体变量的成员作实参，参数传递采用的是"值传递"方式，形参与实参在数据类型上要保持一致。结构体变量作实参，参数传递采用的也是"值传递"的方式，要求形参也是相同类型的结构体变量。结构体指针变量作实参，参数传递的是结构体变量的首地址，要求形参也是一个能接受地址的相同结构体类型的指针变量。

3. 源程序 EX7-2-1.c

(1) 结构体变量的成员作函数参数。

程序代码如下。

```
#include<stdio.h>                                   //包含头文件
struct student                                      //声明一个结构体类型
{
    int     num;
    char    name[20];
    float   score;
};
void OutputFun(int fnum,char * pname,float fscore);
/* 主函数部分 */
void main(void)
{
    struct student stu={1001,"Li Ming",87.5};
    OutputFun(stu.num, stu.name, stu.score);
}
/* OutputFun 函数的定义部分,其功能是输出全部学生的信息 */
void OutputFun(int fnum,char * pname,float fscore)
{
    printf(" No.      Name       Score \n");
    printf("%5d%10s%9.1f%\n",fnum,pname,fscore);
}
```

(2) 结构体变量作函数参数。

```
#include<stdio.h>                                   //包含头文件
struct student                                      //声明一个结构体类型
{
    int     num;
    char    name[20];
    float   score;
};
void OutputFun(struct student fstu);                //函数原型声明
/* 主函数部分 */
void main(void)
{
    struct student stu={1001,"Li Ming",87.5};
```

```
    OutputFun(stu);
}
/* OutputFun 函数的定义部分,其功能是找出并输出成绩最高的学生信息   */
void OutputFun(struct student fstu)
{
    printf(" No.       Name        Score \n");
    printf("%5d%10s%9.1f%\n",fstu.num,fstu.name,fstu.score);
}
```

(3) 结构体指针变量作函数参数。

```
#include<stdio.h>                                  //包含头文件
struct student                                     //声明一个结构体类型
{
    int     num;
    char    name[20];
    float   score;
};
void OutputFun(struct student * fp);               //函数原型声明
/* 主函数部分 */
void main(void)
{
    struct student stu={1001,"Li Ming",87.5};      //定义结构体变量并赋值
    struct student * sp=&stu;                      //定义结构体指针变量并赋值
    OutputFun(sp);                                 //调用函数
}
/* OutputFun 函数的定义部分,其功能是找出并输出成绩最高学生的信息   */
void OutputFun(struct student * fp)
{
    printf(" No.       Name        Score \n");
    printf("%5d%10s%9.1f%\n", fp->num, fp->name, fp->score);
}
```

4. 运行、调试

在 VC++ 6.0 开发环境下,编辑、编译和调试源程序 EX7-2-1.c。程序运行结果如下。

```
No.       Name       Score
10001     Li Ming    87.5
```

任务拓展

在任务 7.1 的源程序 EX7-1-1.c 中,对被调用函数 void OutputFun(struct student st[3]) 和 void MaxFun(struct student s[3])定义时,形参为结构体类型的数组。请将上述两个函数的形参重新定义为结构体类型的指针,修改程序并调试、运行。

任务 7.3 共 用 体

任务说明

有时需要把几种不同类型的变量存放到同一段内存单元中,某一时刻只能对其中一

个"活的"成员操作。例如,可以把一个整型变量、一个字符型变量、一个实型变量放在同一个地址开始的内存单元中。这3个变量在内存中所占的字节数不同,但都是从同一地址开始。每次只能访问其中一个变量,也就是使用覆盖技术,使几个变量互相覆盖。这种使几个不同类型的变量共占同一段内存的结构,称为"共用体"类型。共用体类型是用户自定义类型,它也要遵循先定义类型,再定义变量的原则。本任务主要学习共用体的定义及应用方法。

相关知识

1. 共用体类型定义

共用体类型定义的格式为:

```
union 共用体名
{
    成员列表
};
```

其中,union为定义共用体类型的关键字。例如:

```
union data
{
    int i;
    char ch;
    float f;
};
```

2. 共用体变量定义

定义了共用体类型后,就可以用共用体类型定义共用体变量了。定义共用体变量的方法与定义结构体变量的方法相似,也有3种方法。

1) 先定义类型后定义变量

例如:

```
union data
{
    int i;
    char ch;
    float f;
};
union data a,b,c;
```

2) 定义类型的同时定义变量

例如:

```
union data
{
    int i;
    char ch;
```

```
    float f;
}a,b,c;
```

3）直接定义共用体变量(匿名定义)

例如：

```
union
{
    int i;
    char ch;
    float f;
}a,b,c;
```

3. 共用体变量的引用

只有先定义了共用体变量才能引用它。同结构体变量的访问方法一样，即不能整体引用共用体变量，只能引用共用体变量的成员。另外，访问共用体变量成员的方法也有两种，即通过共用体变量访问和通过共用体指针变量访问。

通过共用体变量访问的格式为：

```
共用体变量名.成员名
```

通过共用体指针变量访问的格式为：

```
共用体指针变量名->成员名
```

引用共用体变量时，应注意以下事项。

(1) 不能整体引用共用体变量。如"printf("%d",a);"是错误的。根据以上共同体变量a的定义可知，a的存储区中有3种类型，系统难以确定输出哪一个成员的值。正确的写法为"printf("%d",a.i);"、"printf("%d",a.ch);"或"printf("%d",a.f);"。

(2) 共用体类型的数据是在同一个内存段存放几种不同类型的成员，但在某一时刻只有一个成员起作用，其他成员不起作用，即不是同时存在和起作用的。

(3) C语言以共用体变量中各成员所需存储量的最大数来为该变量分配存储空间，共享变量的各成员都使用这个存储空间，只是不同时使用罢了。

(4) 共用体变量中起作用的成员是最后一次存放的成员，在存入一个新的成员后原有的成员就失去作用。如以下语句：

```
a.i=1;
a.ch='A';
a.f=1.5;
```

在顺序完成以上3个赋值运算后，只有a.f是有效的，a.i和a.ch已经无意义了。此时用"printf("%d",a.i);"或"printf("%d",a.ch);"是不行的，而用"printf("%d",a.f);"是可以的。因此，引用共用体变量时应十分注意当前存放在共用体变量中的究竟是哪个成员。

(5) 共用体变量的地址和它的各成员的地址是相同的，如&a、&a.i、&a.ch、7a.f都是同一地址值。

(6) 由于共用体变量的成员是大家共享一个存储区，所以不能在定义共用体变量时对其成员进行初始化。不能对共用体变量名赋值，也不能企图引用共用体变量名得到一个值。

错误一：

```
union data
{
    int i;
    char ch;
    float f;
}a={1, 'A',1.5};                          //不能初始化
```

错误二：

```
a=1;                                      //不能对共用体变量赋值
```

错误三：

```
m=a;                                      //不能引用共用体变量名得到一个值
```

(7) 不能把共用体变量作为函数参数，也不能使函数带回共用体变量，但可以使用指向共用体变量的指针(与结构体变量的这种用法相同)。

任务实施

1. 任务功能

以下程序完成的功能是：用共用体变量和共用体指针变量访问共用体成员变量。请阅读程序，分析程序运行的结果

2. 编程思路

共用体变量的访问同结构体变量的访问方法一样，即不能整体访问共用体变量，只能引用共用体成员变量。访问方法也有根据变量名访问和根据指针变量名访问法两种。

3. 源程序 EX7-3-1.c

```
#include<stdio.h>                         //包含头文件
union data                                //定义一个共用体类型
{
    int i;
    char ch;
    float f;
};
/* 主函数部分 */
void main(void)
{
    union data a,b,c, * pa, * pb, * pc;
    a.ch='A';
    b.f=98.0;
```

```
    c.i=34;
    pa=&a;
    pb=&b;
    pc=&c;
    printf("a.ch=%c,b.f=%.1f,c.i=%d\n",a.ch,b.f,c.i);
    printf("pa->ch=%c,pb->f=%.1f,pc->i=%d\n",pa->ch,pb->f,pc->i);
}
```

4. 运行、调试

在 VC++ 6.0 开发环境下，编辑、编译和调试源程序 EX7-3-1.c。程序运行结果如下。

```
a.ch=A,b.f=98.0,c.i=34
pa->ch=A,pb->f=98.0,pc->i=34
```

任务拓展

在本任务的源程序 EX7-3-1.c 中，a、* pa 共用体类型的变量。试分析编译系统为变量 a 和 * pa 分配的内存空间情况。

任务 7.4　枚举数据类型

任务说明

如果一个变量只有几种可能的值，可以定义为枚举类型。所以“枚举”是指将变量的值一一列举出来，变量的值只限于列举出来的值的范围之内。枚举也需要先定义类型再定义变量。本任务主要学习枚举数据类型的定义及应用方法。

相关知识

1. 枚举类型的定义

枚举类型定义的格式为：

```
enum 枚举类型名
{
    枚举元素表
};
```

其中，enum 为枚举类型关键字。“枚举元素表”列出由逗号隔开的 n 个标识符，是用这种数据类型定义变量后变量可取整型值的相应的符号名。右花括号后跟分号“;”，表示定义结束。

例如，定义一周 7 天的枚举类型。

```
enum weekday
{
    Sunday, Monday, Tuesday, Wednesday, Thursday, Friday, Saturday
};
```

这样,程序中就有了名为“enum weekday”的一种新的数据类型可以使用了。

枚举类型中的取值列表称为枚举元素或枚举常量,它们是用户定义的标识符,为了与变量区别,可以用大写字母。同时,定义的枚举常量不会自动地代表什么含义。例如,定义 Sunday 不会自动代表“星期天”,用什么标识符、代表什么含义完全由程序员在程序中作相应的处理。

如果一个变量被定义为 enum weekday 枚举类型,那么它只能取“枚举元素表”中所列的 7 个可能值“Sunday,Monday,Tuesday,Wednesday, Thursday, Friday, Saturday”,这 7 个可能值对应的整型数值分别是“0,1,2,3,4,5,6”。C 语言默认把“枚举元素表”所列的 n 个标识符中的第 1 个与数值 0 等同,第 2 个与数值 1 等同,……,第 n 个与数值 $n-1$ 等同。如有定义:

```
enum color
{
    Red, Blue, Green, Yellow, Brown, Pink
};
```

那么就表示 Red 对应于 0,Blue 对应于 1,Green 对应于 2,Yellow 对应于 3,Brown 对应于 4,Pink 对应于 5。

在定义时,可以更改<枚举元素表>中所列标识符对应的整型数值。若把定义改成:

```
enum color
{
    Red, Blue=4, Green, Yellow, Brown, Pink
};
```

那么就表示 Red 对应于 0,Blue 对应于 4,以后的顺序加 1,即 Green 对应于 5,Yellow 对应于 6,Brown 对应于 7,Pink 对应于 8。

2. 枚举变量的定义

定义枚举类型的变量和前面定义结构体及共用体的变量相似,也可以采用 3 种方法。

1) 先定义枚举类型再定义枚举变量

```
enum weekday today, tomorrow;
```

2) 定义枚举类型的同时定义枚举变量

```
enum weekday
{
    Sunday, Monday, Tuesday, Wednesday, Thursday, Friday, Saturday
}today, tomorrow;
```

3) 直接定义(匿名定义)

```
enum
{
    Sunday, Monday, Tuesday, Wednesday, Thursday, Friday, Saturday
}today, tomorrow;
```

以上定义表明，today和tomorrow都是enum weekday类型的变量，两个变量都只可能取7种值："Sunday，Monday，Tuesday，Wednesday，Thursday，Friday，Saturday"，即"0,1,2,3,4,5,6"。

由于C语言是把枚举类型作为整型数处理的，所以可以使用枚举变量来控制循环，也可对枚举变量进行++或--的运算。利用枚举变量控制循环时，其定义中枚举元素对应的数值应该是连续的；否则会出现错误。

任务实施

1. 任务功能

源程序EX7-4-1.c的功能是：输出枚举型变量的值和该值对应的名字。阅读程序，并分析程序运行的结果。

2. 编程思路

枚举类型变量的值只限于枚举元素表中的值的范围之内。枚举也需要先定义类型再定义变量。

3. 源程序EX7-4-1.c

```
#include "stdio.h"                          //包含头文件
enum color                                  //声明一个枚举类型
{
    Red, Blue , Green, Yellow, Brown, Pink
};
/* 主函数部分 */
void main(void )
{
char * name[ ]={"Red", "Blue", "Green", "Yellow", "Brown", "Pink"};
    enum color k;                           //定义一个枚举类型的变量
    for(k=Red; k<=Pink; k++)
        printf("%d-%s\n", k, name[k]);
}
```

4. 运行、调试

在VC++ 6.0开发环境下，编辑、编译和调试源程序EX7-4-1.c。程序运行结果如下。

```
0-Red
1-Blue
2-Green
3-Yellow
4-Brown
5-Pink
```

任务拓展

设计一枚举类型的月份，编写一个显示下一个月名称的函数next_month( )，在主函数中实现输入一个月份,输出下一个月份。

任务7.5 用typedef定义类型

任务说明

除可直接使用C提供的标准类型和自定义的类型(结构体、共用体、枚举类型)外,也可使用typedef定义已有类型的别名。该别名与标准类型名一样,可用来定义相应的变量。本任务主要学习如何用typedef为已有的类型定义别名。

相关知识

1. 为系统已有数据类型起别名

为系统已有数据类型起别名的一般格式为:

```
typedef  原类型名  新类型名;
```

比如有语句:

```
typedef  char  CHARACTER;
```

经过上面的定义后CHARACTER就与数据类型char等价,同样也可以用CHARACTER来定义字符型变量。例如:

```
typedef  char CHARACTER;                //定义 CHARACTER 为 char 的别名
char a;
CHARACTER b;                            //等价于 char b;
```

变量a、b都是字符型。

2. 为数组类型起别名

为数组类型起别名的一般格式为:

```
typedef  数组类型名  新数组类型名[数组长度];
```

比如有语句:

```
typedef int ARR[10];
ARR a,b,c;                              //用 ARR 定义数组变量
```

ARR为整型数组,它包含10个元素。因此a、b、c都被定义为一维数组,包含10个元素。

3. 为结构体、共用体类型起别名

1) 定义时起别名

在定义时起别名的一般格式为:

```
typedef struct
{
```

```
    成员列表
}新结构体类型名;
```

例如：

```
typedef struct
{
    int     num;
    char    name[20];
    char    sex;
    int     age;
    float   score;
    char    addr[30];
} STUDENT;                          //定义 STUDENT 为结构体类型的别名
STUDENT stu1,stu2;                  //用 STUDENT 定义两个结构体变量 stu1、stu2
```

上面定义了两个结构体类型的 stu1 和 stu2，等价于直接用构造的结构体类型定义 stu1、stu2 变量：

```
struct
{
    int     num;
    char    name[20];
    char    sex;
    int     age;
    float   score;
    char    addr[30];
} stu1,stu2;
```

2）定义后起别名

在定义后起别名的一般格式为：

```
struct 结构体名
{
    成员列表
};
typedef struct 结构体名 新结构类型名;
```

4. 为指针型起别名

为指针型起别名的一般格式为：

```
typedef 原指针类型名 * 新类型名
```

例如，有为指针型起别名的语句为：

```
typedef int * POINT;                //POINT 为整型指针的别名
POINT ptr;                          //等价于 int * ptr;
```

若有变量说明语句：

```
POINT st[10];
```

则该语句说明了一个有10个元素的整型指针数组，它等同于：

```
int * st[10];
```

关于typedef类型定义的说明如下。

(1) 为了和C的保留字及变量名相区别，用typedef定义的类型名通常总是用大写英文字母来命名。typedef并不是“创建”了一种新的数据类型，它只是为现有的数据类型增加了一个别名。

(2) typedef与#define有相似之处，但它们二者是不同的。#define是在预处理阶段处理的，它只能做简单的字符串替换，而typedef是在编译阶段处理的。实际上它并不是做简单的字符串替换。例如：

```
typedef int INTEGER;
```

并不是用INTEGER去代替int，而是采用如同定义变量的方法那样来定义一个类型。

任务实施

1. 任务功能

修改例7-1，用typedef为结构体类型struct student起一个别名，并用别名去定义一个结构体类型的变量。

2. 编程思路

可参考用typedef为结构体类型起别名的两种格式。

3. 源程序EX7-5-1.c

```
#include<stdio.h>                                     //包含头文件
typedef struct                                        //定义结构体类型时起别名
{
    int     num;
    char    name[20];
    char    sex;
    int     age;
    float   score;
    char    addr[30];
} STUDENT;
/* 下面是主函数部分 */
void main()
{
    STUDENT stu1={1001,"LiMing",'M',18,87.5,"Guangdong"};        //定义结构体变量
    printf("No:%d\nName:%s\nSex:%c\nAge:%d\nScore:%.2f\nAddr:%s\n",stu1.num,
    stu1.name,stu1.sex,stu1.age, stu1.score,stu1.addr);
}
```

4. 运行、调试

在VC++ 6.0开发环境下，编辑、编译和调试源程序EX7-5-1.c。程序运行结果如下。

```
No: 1001
Name: Li Ming
Sex: M
Age:18
Score:87.5
Addr: Guangdong
```

任务拓展

把源程序 EX7-5-1.c 中“用 typedef 对结构体类型定义时起别名”的程序部分放到一个以.h 为后缀的头文件中，并包含该头文件。修改程序，并重新编译和调试。

思考与提高

1. 填空题

(1) 构造类型先定义________再定义________。

(2) 定义结构体类型的关键字是________，定义枚举类型的关键字是________。

(3) “.”称为________运算符，“->”称为________运算符。

(4) 有结构定义如下：

```
struct person
{  int no;
   char name[20];
}stu, * ptr=&stu;
```

用指针 ptr 和指向成员运算符“->”给变量 stu 成员 no 赋值 101 的语句是：________。

(5) 下面程序的正确输出结果为________。

```
#include<stdio.h>
void main( )
{  struct
   {  int num;
      float score;
   }person;
   int num;
   float score;
   num=1;
   score=2;
   person.num=3;
   person.score=5;
   printf("%d,%f",num,score);
}
```

(6) 下面程序的正确输出结果为________。

```
#include<stdio.h>
```

```
struct person
{   int num;
    float score;
};
void main( )
{   struct person per, * p;
    per.num=1;
    per.score=2.5;
    p=&per;
    printf("%d,%f",p->num,p->score);
}
```

2. 选择题

(1) 当说明一个结构体变量时系统分配给它的内存是(　　)。

A. 各成员所需内存量的总和　　B. 结构中第一个成员所需内存量

C. 成员中占内存量最大者所需的容量　　D. 结构中最后一个成员所需内存量

(2) 有关结构体的正确描述是(　　)。

A. 结构体成员必须是同一数据类型

B. 结构体成员只能是不同数据类型

C. 成员运算符“.”和“->”作用是等价的

D. 成员就是数组元素

(3) 在下面对结构变量的叙述中，错误的是(　　)。

A. 相同类型的结构变量间可以相互赋值

B. 通过结构变量，可以任意引用它的成员

C. 结构变量中某个成员与这个成员类型相同的简单变量间可以相互赋值

D. 结构变量与简单变量间可以赋值

(4) 在下面对枚举变量的叙述中，正确的是(　　)。

A. 枚举变量的值在C语言内部被表示为字符串

B. 枚举变量的值在C语言内部被表示为浮点数

C. 枚举变量的值在C语言内部被表示为整型数

D. 在C语言内部使用特殊标记表示枚举变量的值

(5) 有一段程序：

```
struct student
{   int a;
    float b;
}stutype;
```

则下面的叙述，不正确的是(　　)。

A. struct student 是用户定义的结构体类型

B. struct 是结构体类型的关键字

C. stutype 是用户定义的结构体类型名

D. a 和 b 都是结构体成员名

(6) 若有结构类型定义如下：

```
struct sk
{  int x;
   float y;
}rst, *p=&rst;
```

那么，对rst中的成员x的正确引用是(　　)。

A. (*p).rst.x　　B. (*p).x　　C. p->rst.x　　D. p.rst.x

(7) 以下程序的运行结果是(　　)。

```
#include<stdio.h>
void main()
{
    struct date
    {
        int year,month,day;
    }today;
    printf("%d\n",sizeof(struct date));
}
```

A. 2　　B. 5　　C. 6　　D. 12

(8) 有枚举型定义如下：

```
enum bt {a1, a2=6, a3, a4=10} x;
```

则枚举变量x可取的枚举元素a2、a3所对应的整数常量值是(　　)。

A. 1,2　　B. 6,7　　C. 6,2　　D. 2,3

3. 判断题

(1) 在C语言里，可以使用保留字typedef定义一种新的数据类型。(　　)

(2) 一个共用型变量里，不能同时存放其所有成员。(　　)

(3) 有以下的结构定义：

```
struct person
{  char name[20];
   int age;
};
```

那么，语句：

```
person d;
```

说明d是具有person型的一个变量。(　　)

(4) 有程序如下：

```
void main()
{  enum team
   {
       my, your=4, his, her=his+5
```

```
    };
    printf("%d, %d, %d, %d\n", my, your, his, her);
}
```

运行后，输出的结果是：0,4,2,7。 ( )

4. 编程题

(1) 编写一个程序，利用结构数组，输入10个学生档案信息：学号(num)、姓名(name)、数学(math)、物理(physics)、英语(english)、计算机(computer)。计算每个学生的平均成绩及总成绩，并输出。

(2) 某单元用户用电交费表如表7-3所示，每度电的单价为0.64元。编写程序，计算每户应交费用(提示：定义结构体类型数组，用成员字符数组number[4]存放单元号，成员num1存放上月表数，成员num2存放本月表数，成员charge存放应交费用)。

表7-3 用电交费表

单元号	101	102	201	202	301	302	401	402
上月表数	53	64	45	78	57	48	72	66
本月表数	82	78	66	98	88	75	100	97
应交费用								

(3) 某商场2012年各部门各季度销售额如表7-4所示。编写程序，定义合适的结构体类型，计算该商场的季度销售总额和部门年销售总额，并输出结果。

表7-4 2012年各季度销售额 单位：万元

季度	百货部	家电部	服装部	季度销售总额
一季度	612	1100	822	
二季度	510	1089	780	
三季度	509	987	872	
四季度	623	881	912	
部门年销售总额				

项目 8

编译预处理

编译预处理是指在对源程序进行编译之前，先对源程序中以“#”开头的命令行进行处理；然后再将处理的结果和源程序一起进行编译，以得到目标代码。

预处理命令是以#号开头的代码行，每一条预处理命令必须单独占用一行，由于不是C的语句，因此在结尾不能有分号“;”。C语言提供的预处理命令主要有3种，即宏定义、文件包含和条件编译。

编译预处理主要内容如下。

(1) 宏定义。

(2) 文件包含。

(3) 条件编译。

重点与难点：

(1) 带参数和不带参数的宏定义。

(2) 文件包含命令的使用方法。

(3) 条件编译命令的几种格式及使用方法。

任务8.1 宏 定 义

任务说明

宏定义就是利用#define命令，用一个指定的标识符(宏名)代表一个字符串，而已经定义的宏还可以用命令#undef撤销。本任务主要学习宏定义的格式及其使用方法。

相关知识

C语言的宏定义分为不带参数的宏定义和带参数的宏定义两种。

1. 不带参数的宏定义

用一个指定的标识符(即名字)来代表一个字符串。

不带参数的宏定义的格式为：

```
#define 标识符  字符串
```

如前面介绍过的符号常量的定义方法：

```
#define  PI 3.1415926
```

其作用是“PI”来代替“3.1415926”这个字符串，在编译预处理时，即在编译之前将程序中在该命令以后出现的所有的“PI”都用“3.1415926”代替。这种方法使用户能以一个简单的名字来代替一个长的字符串(又叫宏体)，方便了用户编程，避免了书写可能出现的错误。因此把这个标识符(名字)称为“宏名”，在预编译时将宏名替换成字符串的过程称为“宏展开”。说明如下。

(1) #define，标识符和字符串之间一定要有空格，而且习惯上将宏名定义成大写，以区别于变量名，但这并非规定。

(2) 宏被定义后，其作用域一般为定义它的文件，通常将#define命令写在文件的开头，但这也并非规定，实际上宏定义可以出现在程序的任何地方，但必须位于引用之前。

(3) 宏被定义后，一般不能再重新定义，而可以用#undef命令提前终止宏定义的作用域。

(4) 一个定义过的宏名可以用来定义其他新的宏，但应当注意其中的括号。例如：

```
#define  WIDTH   50
#define  LENGTH  (WIDTH+20)
```

宏LENGTH等价于：

```
#define  LENGTH  (50+20)
```

有没有括号意义截然不同，例如：

```
variable=LENGTH*20;
```

若宏体中有括号，则宏展开后变成：

```
variable=(50+20)*20;
```

若宏体中没有括号，则宏展开后变成：

```
variable=50+20*20;
```

显然，二者的结果是不一样的。

(5) 宏定义是专门用于定义宏名的，它与定义变量的含义是不一样的，宏定义只作字符替换，不分配内存空间。

(6) 宏定义不是C语句，不必在行末加分号。由于是简单置换，如果加了分号则会连分号一起进行置换。例如：

```
#define  PI   3.1415926;
s=PI*r*r;
```

经过宏展开后，该语句为：

```
s=3.1415926;*r*r;
```

显然，会出现语法错误。

由上述可以看出，宏定义是用宏名来代替宏体的，它只做简单的替换，而不做正确性检查，使用宏定义时要特别注意这一点。另外，使用宏名来代替字符串，可以减少程序中重复书写字符串的工作量，减少书写错误的发生，同时也便于修改，真正达到一处修改处处修改的目的。

【例 8-1】 编写一个程序，利用宏命令行，规定数组元素的个数。

```
#include<stdio.h>                          //包含头文件
#define SIZE 5                             //宏定义:用 SIZE 替代 5
/*   主函数   */
void main( )
{
    int k, s[SIZE];
    for(k=0; k<SIZE; k++)
        scanf("%d", &s[k]);
    for(k=0; k<SIZE; k++)
        printf("s[%d]=%d\n",k, s[k]);
}
```

程序运行结果如下。

```
85 89 75 90 67<回车>
s[0]=85
s[1]=89
s[2]=75
s[3]=90
s[4]=67
```

由于有了宏命令行“#define SIZE 5”，使程序中不再出现具体的数组长度数值，而是代之以宏名“SIZE”。其优点是若需要修改数组元素的个数，则只需修改宏命令行中的数字 5；否则，就要修改程序中每一个 SIZE 出现的地方。

2. 带参数的宏定义

带参数的宏定义不仅进行简单的字符串替换，还要进行参数替换。

带参数的宏定义的格式为：

```
#define 宏名(形参表)  宏体
```

宏名是一个标识符，形参表中可以有一个参数，也可以有多个参数，多个参数用逗号分隔。宏体是被替换的字符序列。其功能是将程序中凡出现宏名的地方均用宏体替换，并用实参代替宏体中的形参。例如：

```
#define MIN(a,b) ((a)<(b)?(a):(b))
```

其中(a,b)是宏 MIN 的参数表，如果有下面的语句：

```
min=MIN(3,9);
```

则在出现 MIN 处用宏体((a)<(b)？(a)：(b))替换，并且用实参 3 和 9 去代替形参

a和b。

```
min=(3<9?3:9);                              //结果为3
```

带参的宏展开与实参替换形参如下。

```
#define MIN(a,b)   ((a)<(b)?(a):(b))
min=MIN(3,9)   (3<9?3:9)
```

很显然,带参数的宏相当于一个函数的功能,但的确比函数简捷。说明如下。

(1) 在书写带参的宏定义时,宏名与左括号之间不能出现空格;否则右边都作为宏体。例如:

```
#define MIN□(a,b)((a)<(b)?(a):(b))              //错误
```

这时,将(a,b) ((a)<(b)? (a):(b))作为宏名MIN的宏体字符串了。

(2) 由于优先级的不同,定义带参数的宏时,宏体中与参数名相同的字符序列带圆括号与不带圆括号意义有可能不一样。例如:

```
#define  S(a,b)  a*b
Area=S(2,5);
```

宏展开后为:

```
Area=2*5;
```

如果

```
Area=S(w,w+5);
```

宏展开后为

```
Area=w*w+5;
```

由于乘法的优先级高于加法的优先级,显然得不到希望的值。

如果将宏定义改为:

```
#define  S(a,b)  (a)*(b)
```

无论是Area=S(2,5);还是Area=S(w,w+5);都将得到希望的值。由此可以看出宏体中适当加圆括号所起的作用。

(3) 带参的宏传递参数与函数调用实参与形参的传递也是有区别的,函数调用时,先求实参表达式的值,然后传递给形参。而使用带参的宏只是进行简单的字符替换,如上面的例子就是如此。

(4) 函数的形参与实参要求类型匹配,并进行类型检查。带参的宏不存在类型问题,宏名无类型,它的参数没有类型也不进行类型检查。

任务实施

1. 任务功能

源程序EX8-1-1.c为带参数的宏定义应用。阅读程序,并分析程序运行的结果。

2. 编程思路

带参数的宏定义不仅进行简单的字符串替换，还要进行参数替换。

3. 源程序 EX8-1-1.c

```
#include<stdio.h>                                        //包含头文件
#define MIN(a,b)   ((a)<(b)?(a):(b))                      //用 MIN(a,b)替代((a)<(b)?(a):(b))
/*   主函数   */
void main(void)
{
    int min;
    char  ch;
    min=MIN(5,3);
    ch=MIN('5','3');
    printf("min=%d\n",min);
    printf("ch=%c\n",ch);
    printf("ch=%s\n",MIN("5","3"));
}
```

4. 调试、分析

在 VC++ 6.0 开发环境下，编辑、编译和调试源程序 EX8-1-1.c。程序运行结果如下。

```
min=3
ch=3
ch=5
```

显然，第 11 行输出语句不能得到正确的结果，这是因为字符串的比较必须用专门的比较函数，但编译时没有报错，编程时要特别小心。如果善于利用宏定义，可以实现程序的简化。

任务拓展

编写程序，分别用函数和带参数的宏，从 3 个数中找出最大数。

任务 8.2　文件包含

任务说明

文件包含是指将一个源文件的内容全部合并到当前源文件中，即将一个源文件包含到本文件中。本任务主要学习文件包含的格式及其使用方法。

相关知识

C 语言提供了 # include 命令用来实现文件包含的操作，它有下列两种格式：

```
#include<头文件名>
#include "头文件名"
```

注意在include与<或"之间的空格不是必需的。图8-1直观地描述了预处理时对文件包含命令的处理。在文件file1.c开头有一条文件包含命令行：#include "file2.c"。文件file2可以是一个C语言的源程序，也可以是一个".h"的头文件。原先，file1.c和file2各自是一个文件。处理文件file1.c中的这条文件包含命令行时，就把文件file2的全部内容插入到文件file1.c中命令行#include "file2.c"所在的位置，从而使file2包含到文件file1.c中，形成了新的file1.c。

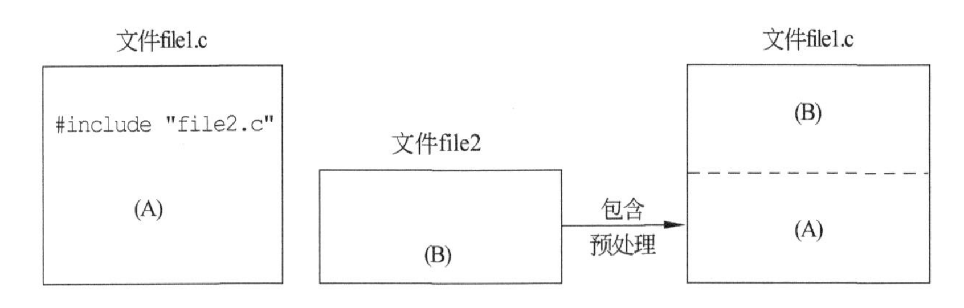

图8-1　包含预处理示意图

在C语言程序设计中经常会用到系统函数，有时程序员自己也要定义宏、结构体类型、全局变量等，它们的声明往往都分门别类地放在不同的"头文件"中(.h)。前面的例子都用到#include<stdio.h>命令，这是因为标准输入scanf()和输出printf()函数的原型都放在stdio.h头文件中。如果程序中要使用标准输入和输出函数，就必须用命令#include<stdio.h>，将stdio.h文件的所有内容插入到当前文件中，编译时就能检查到这些函数原型的存在；否则就会报错。stdio.h称为"标准输入输出函数头文件"。C语言中还有很多这样的头文件，如"math.h"(常用数学运算函数头文件)、"string.h"(字符串操作函数头文件)、"stdlib.h"(一些常用的子程序头文件)、"dir.h"(目录与路径操作函数头文件)等。

文件包含的两种格式在使用时还是有一定区别的，第一种格式用尖括号<>括起来的，用来包含的那些由系统提供的头文件存放在指定目录中(一般在include子目录中)。第二种用双引号括起来的格式，用来包含那些由程序员自己定义的放在当前目录下的头文件。通俗地说，就是如果用尖括号<>的格式，系统就在include目录下查找头文件。如果用双引号" "的格式，系统首先在当前目录下查找，如果找不到再到include目录下查找头文件。

"文件包含"命令是很有用的命令，它可以减少程序员的重复劳动。说明如下。

(1) #include命令只能包含一个头文件，如果想包含多个头文件，则必须用多条文件包含命令。例如：

```
#include<stdio.h>
#include<math.h>
```

(2) 使用文件包含后会使编译后的目标文件变长，为使目标文件不至于过长，在定义包含文件时，其内容不宜过多。因为过多后，常常会使被包含文件的内容利用率下降，而很多用不到的内容增加了目标文件的长度。

任务实施

1. 任务功能

源程序 EX8-2-1 说明用户如何定义自己的头文件并在程序中引用。请阅读、分析程序。

2. 编程思路

参考 C 语言提供的用＃include 命令包含文件的两种格式。

3. 源程序 EX8-2-1

首先创建一个用户定义的名为 usehead. h 的头文件，并存放在当前目录下。其内容为：

```
#define PRT printf
#define PI 3.14159
```

再编写一个名为 test. c 的源文件，程序代码如下：

```
#include "usehead.h"                    //包含用户自定义的头文件
#include<stdio.h>                       //包含库文件
void main()
{
    float area;
    int ridius;
    PRT("ridius=");
    scanf("%d",&ridius);
    area=PI * ridius * ridius;
    PRT("area=%5.2f\n",area);
}
```

4. 调试、分析

在 VC++ 6.0 开发环境下，编辑、编译和调试源程序 EX8-2-1。程序运行结果如下。

```
ridius=4<回车>
area=50.24
```

在上述程序中，包含一个用户自定义的头文件 usehead. h，该头文件存放在当前目录下，文件中包括了两个宏定义，编译时系统会查询 PRT 和 PI 的出处，结果在 usehead. h 中找到，因此编译不会报错。如果没有在源文件中使用＃inlcude 命令嵌入 usehead. h，则编译时一定会报错，因为系统不能确定 PRT 和 PI 的出处。

实际上，多文件操作就是利用文件包含命令来实现的。

任务拓展

请同学们用 typedef 为所需的各种已有的数据类型定义别名，把这些信息都放到文件 type. h 内。另编一个程序文件，在程序中写命令＃include "type. h"，以确保能使用这些别名去定义自己所需的变量。

任务 8.3 条件编译

任务说明

一般情况下,源程序中所有的行都参与编译。但有时需要对其中一部分程序段只有在满足一定条件时才进行编译,也即是对一部分内容指定编译条件,这就是条件编译。条件编译减少了内存的开销,提高了程序的效率。本任务主要学习条件编译的几种格式及其使用方法。

相关知识

条件编译命令有以下几种形式。

1. 第一种形式

```
#ifdef  标识符
        程序段 1
#else
        程序段 2
#endif
```

其作用是当标识符已经被定义过,则编译程序段1;否则编译程序段2。如果没有程序段2,格式中的#else可以没有,即可以写为:

```
#ifdef  标识符
        程序段
#endif
```

【例 8-2】 条件编译实例。

```
#include<stdio.h>
#define TED 10
void main(void)
{
    #ifdef  TED
    printf("Hi,Ted\n");
    #else  printf("Hi,Anyone\n");
    #endif
}
```

程序运行结果如下。

```
Hi,Ted
```

2. 第二种形式

```
#ifndef  标识符
         程序段 1
```

```
#else
        程序段 2]
#endif
```

其作用是当标识符没有被定义过，则编译程序段 1；否则编译程序段 2。这与第一种形式的功能正相反。如果没有程序段 2，格式中的 # else 可以没有，即可以写为：

```
#ifndef 标识符
        程序段 1
#endif
```

3. 第三种形式

```
#if 常量表达式
    程序段 1
#else
    程序段 2
#endif
```

它的功能是，如常量表达式的值为真（非 0），则对程序段 1 进行编译；否则对程序段 2 进行编译。可以使程序在不同条件下完成不同的功能。

任务实施

1. 任务功能

源程序 EX8-3-1 为条件编译的应用。请阅读、调试程序。

2. 编程思路

参考条件编译的几种格式。

3. 源程序 EX8-3-1.c

```
#include<stdio.h>
#define MAX 10
void main(void)
{
    #if  MAX>99
        printf("compile for array greater than 99 \n");
    #else
        printf("compile for small array \n");
    #endif
}
```

4. 调试、运行

在 VC++ 6.0 开发环境下，编辑、编译和调试源程序 EX8-3-1。程序运行结果如下。

```
compile for small array
```

任务拓展

用条件编译的方法实现以下功能。

输入一行电报文字,可以任选两种输出:一种为原文输出;另一种为将字母变成下一个字母输出(如'a'变成'b'、……、'z'变成'a',其他字符不变)。用#define命令来控制是否要译成密码。例如:

```
#define CHANGE 1
```

则输出密码。若

```
#define CHANGE 0
```

则不译成密码,按原码输出。

思考与提高

1. 填空题

(1) C语言规定,预处理命令必须以________开头。

(2) 用来定义符号常量的预处理命令是________。

(3) C语言规定,一行只能出现________预处理命令。

(4) 宏替换只占用________时间,不占用________时间。

2. 选择题

(1) C语言规定中,宏定义有效范围从定义处开始,到源程序结束处结束,但(　　)可以用来提前结束宏定义的作用。

A. #ifndef　　B. endif　　C. #undefined　　D. #undef

(2) 在宏定义#define PI 3.14159中,用宏名PI代替一个(　　)。

A. 常量　　B. 单精度数　　C. 双精度数　　D. 字符串

(3) 以下有关宏替换的叙述,错误的是(　　)。

A. 宏名必须用大写字母表示　　B. 宏替换不占用运行时间

C. 宏名不具有类型　　D. 宏替换只是字符替换

(4) 下列关于#include命令的叙述中,错误的是(　　)。

A. #include命令中,文件名可以用双引号或尖括号括起来

B. 一个被包含文件中又可以包含另一个被包含文件

C. 一个#include命令中可以指定多个被包含文件

D. 一个#include命令中只能指定一个被包含文件

(5) C语言的编译系统对宏命令的处理是(　　)。

A. 在程序连接时进行的

B. 在对源程序中的其他语句编译之前进行的

C. 在程序运行时进行的

D. 和C程序中的其他语句同时进行的

3. 编程题

（1）三角形的面积公式为 $\text{area}=\sqrt{s(s-a)(s-b)(s-c)}$，其中 $s=\frac{1}{2}(a+b+c)$，a、b、c 为三角形的 3 条边。定义两个带参数的宏，一个宏用来求 s，另一个宏用来求 area。编写程序，用带参数的宏名来求面积 area。

（2）编写一程序，输入两个整数，求它们相除的余数，并用带参的宏来实现。

（3）采用条件编译，使给定的字符按小写字母输出或按大写字母输出。

项目 9

文　　件

文件是具有符号名字的相关联的一组存储在外部介质上的信息集合。文件通常是驻留在外部介质(如磁盘等)上的,在使用时才调入内存中。操作系统通过文件名和数据发生联系,从而实现对数据的管理。文件可分为普通文件和设备文件两种。普通文件是指驻留在磁盘或其他外部介质上的一个有序数据集,可以是源文件、目标文件、可执行程序等。设备文件是指与主机相连的各种外部设备,如显示器、打印机、键盘等。从操作系统的角度看,每一个与主机相连的输入/输出设备都看作是一个文件来进行管理,把它们的输入、输出等同于对磁盘文件的读和写。文件的分类说明如表 9-1 所示。

表 9-1　文件的分类说明

文件分类	存储形式	说　　明
ASCII 码文件	ASCII 码	(1) 也称为文本文件;一个字节不对应一个字符 (2) 用于存放对应的 ASCII 码,便于对字符进行逐个处理 (3) 可直接输出字符形式
二进制文件	二进制	按二进制的编码方式来存放文件。一个字节不对应一个字符,不能直接输出字符形式

文件操作的主要内容如下。

(1) C 语言中文件的基本操作。

(2) 文件有关操作常用标准库函数的使用。

(3) 对文件的简单输入/输出操作。

(4) 顺序与随机读、写文件。

重点与难点:

对文件进行顺序读、写操作和随机读、写操作。

任务 9.1　文件的基本操作

任务说明

和其他高级语言一样,C 语言在对文件读、写之前应该先“打开”该文件,在使用结束之后应“关闭”该文件。在本任务中,将学习到文件的打开和关闭等基本操作。

相关知识

操作系统是以文件为单位对数据进行管理的，也就是说，如果想找存在外部介质上的数据，必须先按文件名找到所指定的文件，然后再从该文件中读取数据。而要向外部介质上存储数据也必须先建立一个文件(以文件名标识)，才能向它输出数据。

C语言对文件的读、写操作是用标准库函数实现的，规定了用于文件的标准输入、输出函数，利用它们可以完成对文件的读、写操作，所有这些函数的原型都包含在头文件stdio.h中，对文件的操作同时需要借助文件类型的指针来实现。

1. 文件的打开

打开文件实际上是建立一个文件指针，并使文件指针指向该文件，以便系统对其进行操作。需要调用标准库函数中的fopen函数用来打开一个文件，其调用的一般格式为：

```
FILE    *fp;
fp=fopen(文件名,文件使用方式);
```

文件打开操作的说明如下。

(1) FILE用来定义指向文件的指针变量，必须大写。

(2) “文件名”是被打开文件的文件名。

(3) “文件使用方式”是指对文件的操作要求，具体意义如表9-2所示。

表9-2　文件使用方式的意义

文件使用方式	说　明
rt	只读，打开一个文本文件，只允许读数据
wt	只写，打开或建立一个文本文件，只允许写数据
at	追加，打开一个文本文件，并在文件末尾写数据
rb	只读，打开一个二进制文件，只允许读数据
wb	只写，打开或建立一个二进制文件，只允许写数据
ab	追加，打开一个二进制文件，并在文件末尾写数据
rt+	读写，打开一个文本文件，允许读和写
wt+	读写，打开或建立一个文本文件，允许读写
at+	读写，打开一个文本文件，允许读，或在文件末尾追加数据
rb+	读写，打开一个二进制文件，允许读和写
wb+	读写，打开或建立一个二进制文件，允许读和写
ab+	读写，打开一个二进制文件，允许读，或在文件末尾追加数据

注：文件使用方式由r、w、a、t、b、+6个字符拼成，各字符的含义如下。

r(read)：读；对象文件必须已经存在。

w(write)：写；若打开的文件不存在，则以指定的文件名建立该文件，若打开的文件已经存在，则将该文件删去，重建一个新文件。

a(append)：追加；对象文件必须已经存在。

t(text)：文本文件，可省略不写。

b(banary)：二进制文件。

+：读和写。

(4) 如果文件打开失败，则返回空指针，即fp==NULL。

fopen将打开文件的地址赋给文件指针,使其与打开的文件建立关系。以后可以通过fp来完成对文件的操作。

【例9-1】 以只读的方式打开当前目录下的文件file_a。

```
FILE * fpa;
fp= ("file_a","r");
```

【例9-2】 以只读的方式打开C盘根目录下的二进制文件file_b。

```
FILE * fpb;
fp= ("c:\\file_b","rb");          //反斜线"\\"中的第一个表示转义字符,第二个表示根目录
```

2. 文件的关闭

关闭文件则断开指针与文件之间的联系,禁止再对该文件进行操作,同时释放空间,避免文件的数据丢失等错误。需要调用标准库函数中的fclose函数来关闭文件,其调用的一般格式为:

```
fclose(文件指针);
```

文件关闭操作的说明如下。

(1) 将文件缓冲区中剩余的字节写进磁盘文件,以免数据丢失。

(2) 使系统释放该文件的FILE结构以及所占用的文件缓冲区。

(3) 正常完成关闭文件操作时,fclose函数返回值为0。如返回EOF(-1),则表示有错误发生。

【例9-3】 以读写的方式打开一个指定的文本文件,经过有关的操作后,关闭被打开的文件。

```
#include<stdio.h>
void main()
{
    FILE * fp;
    char fname[50];
    printf("input the file's name:\n");
    scanf("%s",fname);                //输入文件名
    fp=fopen(fname,"r+");             //以读、写的方式打开文件
    …
    fclose(fp);                       //关闭文件
}
```

任务实施

1. 任务功能

以读、写的方式打开一个指定的文本文件,经过若干的操作后,关闭被打开的文件。

2. 编程思路分析

根据前面学习的内容,对一个文件操作首先需要打开文件,在打开的同时控制访问形

式，经过有关的操作后，关闭所打开的文件，释放空间。

3. 编写程序

文件基本操作应用实例源程序如下。

EX9-1-1.c：

```
#include<stdio.h>
main()
{
    FILE * fp;
    char fname[50];
    printf("input the file's name:\n");
    scanf("%s",fname);              //输入文件名
    fp=fopen(fname,"r+");           //以读、写的方式打开文件
    …
    fclose(fp);                     //关闭文件
}
```

任务拓展

打开文件时如何检测操作是否出错呢？通常在打开一个文件时，如果出错，fopen 将返回一个空指针值 NULL，因此常用以下程序段打开文件，并判别是否完成打开文件的工作：

```
if((fp=fopen(fname,"r+")==NULL)     //检测 fopen 函数返回结果是否为 NULL
{
    printf("Cannot open this file!");
    exit(0);                        //退出整个程序
}
```

结合上面的检测机制改写程序 EX9-1-1.c，使其具有检测文件打开是否成功的功能。

任务 9.2　顺序读写数据文件

任务说明

读和写是 C 语言中最常用的文件操作。很多情况下需要对文件的访问次序要按照数据在文件中的实际存放次序来进行，而不允许以跳跃的方式来读取数据或插入到任意位置写入数据。在本任务中，将要学习到顺序读写数据文件的相关操作。

相关知识

C 语言中提供了多种文件读写的函数，根据文件顺序读写的信息规模，可将顺序读、写文件的函数分为四类：字符读写函数、字符串读写函数、数据块读写函数和格式化读写函数。各函数都要求包含头文件 stdio.h。

1. 字符读写函数

字符读写函数是以字符为单位的读写函数,每次只能读写一个字符。

1) 读取文件中一个字符: fgetc()函数

fgetc()函数实现从一个指定的文件中读取一个字符数据的功能。函数的调用格式为:

```
c=fgetc(文件指针);
```

例如:

```
FILE * fp;
char c;
c=fgetc(fp);
```

其功能是从所打开的文件中读入一个字符并赋给字符变量c。文件打开时,在文件内部自动产生一个位置指针,并指向文件的第一个字节。每读写一次,该指针均向后移动一个字节。如果执行fgetc()函数时遇到文件结束或出错,则返回EOF。注意当前读取的文件必须是以读或读写方式打开的。

2) 写入一个字符到文件: fputc()函数

fputc()函数实现将一个字符数据写入指定的文件中去的功能。fputc()函数调用格式为:

```
FILE * fp;
```

例如:

```
char c;
fputc(c,fp);
```

其功能是把字符c写入fp所指向的文件中,每写入一个字符,文件内部位置指针向后移动一个字节。fputc()函数具有返回值,当向文件输出字符成功,则返回输出的字符,如果输出失败,则返回EOF。

2. 字符串读写函数

1) 读字符串函数: fgets()函数

函数的功能是从指定的文件中读一个字符串到字符数组中,函数调用的格式为:

```
fgets(字符数组名,n,文件指针);
```

fgets()函数的说明如下。

(1) 字符数组用了存放文件中读取出来的字符串。

(2) 参数 n 是用来指定要获取字符串的长度,实际上从文件中读出的字符串不超过 $n-1$ 个字符,在读入的最后一个字符后系统加上串结束标志\0。

(3) 如果函数在读取 $n-1$ 个字符之前碰到了换行符\n或文件结束符EOF,则系统会中止读入,并将遇到的换行符也作为有效的读入字符。

(4) fgets()函数在执行成功以后,会返回字符数组的首地址;如果读取数据失败或一开始读就遇到了文件结束符，则返回一个 NULL 值。

2）读字符串函数：fputs()函数

fputs()函数实现将一个字符串写入到指定的文件中去的功能，函数调用的格式为：

```
fputs(str,fp);
```

其功能为将字符数组 str 中的字符串输出到 fp 所指向的文件。

fputs()函数的说明如下。

(1) fputs()函数具有整型的返回值，当向文件输出字符串操作成功时，则返回 0 值，如果输出失败，则返回 EOF(－1)。

(2) fputs()函数并不将字符串尾部的结束符\0 写入文件。

(3) 字符串在文件中作为独立的一行，利用 fputs("\n",fp)可以将多字符串换行。

【例 9-4】 从键盘上输入字符串并写入文件 file1.txt 中，然后再从该文件中读出所有的字符串。

```
#include<stdio.h>
#include<string.h>
#include<stdlib.h>
void main()
{
    char string[50];
    FILE * fp;
    if((fp=fopen("file1.txt","w"))==NULL)     //以"写"的方式打开文件 file1
    {
        printf("cannot open this file\n");
        exit(0);
    }
    while(strlen(gets(string))>0)
    {
        fputs(string,fp);                     //调用 fputs 函数,将字符串写入文件
        fputs("\n",fp);                       //曾加换行符
    }
    fclose(fp);                               //关闭文件
    if((fp=fopen("file1.txt","r"))==NULL)     //以"读"的方式打开文件
    {
        printf("cannot open this file\n");
        exit(0);
    }
    while(fgets(string,50,fp)!=NULL)   //调用 fgets 函数,读出文件内容存放到 string
    {
        printf("%s",string);                  //打印字符串 string
    }
    fclose(fp);                               //最后关闭文件
}
```

3. 数据块读写函数

C 语言提供了一组以数据块为存放单位的文件访问函数，即 fread()函数和 fwrite()

函数。数据块读、写函数可以将结构体数据或数组数据写入文件，以提高数据读、写的效率，保持数据内容的完整性。

1）读取文件中一组数据的函数：fread()函数

fread()函数实现从文件指针指定的文件中读取指定长度数据块的功能。

函数调用的一般格式为：

```
fread(buffer, size, count, fp);
```

fread()函数的说明如下。

(1) 字参数 buffer 为指向为存放读入数据而设置的缓冲区的指针或作为缓冲区的字符数组。

(2) 参数 size 为读取的数据块中每个数据项的长度(单位为 B)。

(3) 参数 count 为要读取的数据项的个数;fp 是文件型指针。

(4) 如果执行 fread()函数时没有遇到文件结束符，则实际读取的数据长度应为 size×count(字节)。

(5) fread()函数在执行成功以后，会将实际读取到的数据项个数作为返回值;如果读取数据失败或一开始读就遇到了文件结束符，则返回一个 NULL 值。

2）写入一组数据到文件的函数：fwrite()函数

fwrite()函数实现将一个字符串写入到指定的文件中去的功能。函数调用的一般格式为：

```
fwrite( buffer, size, count, fp);
```

fwrite()函数的说明如下。

(1) 其中参数 buffer 是一个指针，它指向输出数据缓冲区的首地址。

(2) 参数 size 为待写入文件的数据块中每个数据项的长度(单位为 B);

(3) 参数 count 为待写入文件的数据项的个数;fp 是文件型指针。

(4) fwrite()函数具有整型的返回值，当向文件输出操作成功时，则返回写入的数据块的个数，如果输出失败，则返回 NULL。

【例 9-5】 从键盘输入两个学生的信息，写入一个文件中，再读出这两个学生的信息。

```
#include<stdio.h>
#include<stdlib.h>
struct stu
{
    char name[10];
    int num;
    int age;
}boya[2],boyb[2], * pp, * qq;                    //创建两个学生的结构体
void main()
{
    FILE * fp;
    int i;
```

```
    pp=boya;
    qq=boyb;
    if((fp=fopen("file.txt","wb+"))==NULL)   //打开待写入文件
    {
        printf("Cannot open file!");
        exit(0);
    }
    printf("\ninput data\n");
    for(i=0;i<2;i++,pp++)                    //输入两个学生的信息
    scanf("%s%d%d ",pp->name,&pp->num,&pp->age);
    pp=boya;
    fwrite(pp,sizeof(struct stu),2,fp);      //调用 fwrite 函数写入文件
    rewind(fp);                          //rewind 函数把文件内部位置指针移到文件首
    fread(qq,sizeof(struct stu),2,fp);       //调用 fread 函数读出文件
    printf("\n\nname\tnumber    age    addr\n");
    for(i=0;i<2;i++,qq++)                    //输出学生信息
    printf("%s\t%5d%7d \n",qq->name,qq->num,qq->age);
    fclose(fp);
}
```

4. 格式化读写函数

C语言为按一定格式对文件的操作提供与格式化输入/输出函数相类似的函数,那就是fscanf()函数和fprintf()函数。

1) 文件格式化输入函数: fscanf()函数

fscanf()函数具有从指定的文件中将一系列指定格式的数据读取出来的功能。

其一般调用格式为:

```
fscanf(fp,format,&arg1,&arg2,...);
```

其功能是从文件指针fp指向的文件中,按照format规定的格式,将数据读取出来,然后输入到args所指向的内存单元中去。

2) 文件格式化输出函数: fprintf ()函数

fprintf ()函数实现将一系列格式化的数据写入指定的文件中去的功能。其一般调用格式为:

```
fprintf(fp,format,args,...);
```

其功能是将arg所指向的存储单元中的值按照format指定的格式输出到fp所指向的文件中去。

【例9-6】 从键盘上输入的格式数据写入文件file3. txt中,然后再从该文件中读出所有格式数据。

```
#include<stdio.h>
#include<string.h>
#include<stdlib.h>
void main()
{
```

```
    char name[20];
    int num;
    float score;
    FILE * fp;
    if((fp=fopen("file3.txt","w"))==NULL)     //以写的方式打开文件 file3.txt
    {
        printf("cannot open this file\n");
        exit(0);
    }
    scanf("%s%d%f",name,&num,&score);         //从键盘输入数据
    while(strlen(name)>1)
    {
        fprintf(fp,"%s%d%f",name,num,score);  //调用 fprintf 函数写入指定的文件中
        scanf("%s%d%f",name,&num,&score);
    }
    fclose(fp);                               //关闭文件
    if((fp=fopen("file3.txt","r"))==NULL)     //再次打开原来的文件
    {
        printf("cannot open this file\n");
        exit(0);
    }
    while(fscanf(fp,"%s%d%f",name,&num,&score)!=EOF)  //读出文件中数据
    printf("%s%d%f",name,num,score);          //输入到屏幕
    fclose(fp);
}
```

任务实施

1. 任务功能

从键盘上输入一串字符送到文件 file.txt 中，然后再从该文件中读出所有的字符。

2. 编程思路分析

现在已经知道对文件的基本操作是“打开文件，相关操作，关闭文件”，同时需要注意打开一个文件的同时要判断是否错误。当打开一个文件后采用 fputc()函数将从屏幕捕获到的字符一个一个地写入文件，操作完毕后再关闭文件。对于任务的第二个功能，先打开文件，然后再调用 fgetc()函数将文件中的字符一个一个地取出来，输出到屏幕显示。

3. 编写程序

文件字符读写应用实例源程序 EX9-2-1.c 如下。

```
#include<stdio.h>
#include<stdlib.h>
void main()
{
    char ch;
    FILE * fp;
    if((fp=fopen("file.txt","w"))==NULL)      //以写的方式打开文件 file
    {
```

```
        printf("cannot open this file\n");
        exit(0);
    }
    while((ch=getchar())!='\n')             //捕获屏幕输入,直到遇到回车
    {
        fputc(ch,fp);                        //将捕获的字符写入文件 file
    }
    fclose(fp);                              //关闭文件
    if((fp=fopen("file.txt","r"))==NULL)     //再次打开文件,准备读出字符
    {
        printf("cannot open this file\n");
        exit(0);
    }
    while((ch=fgetc(fp))!=EOF)               //遇到文件结尾则结束
    putchar(ch);                             //将读出的字符输出到屏幕
    fclose(fp);                              //最后关闭文件
}
```

任务拓展

请同学们思考在程序 EX9-2-1.c 中,当将屏幕输入的字符全部写入文件 file1 后能否不关闭文件?

任务 9.3　随机读写数据文件

任务说明

上面介绍的对文件的操作都是从文件的开头逐个数据读或写,即顺序读写,但在实际问题中常要求只读写文件中某一指定的部分。通过移动位置指针到所需要的地方,就能实现这个功能。这种可以任意指定读写位置的操作称为文件的随机读写。在本任务中,将要学习到随机读写数据文件的相关操作。

相关知识

前面已经提到文件中有一个"读写位置指针",指向当前读或写的位置。在顺序读写时,每读或写一个数据后,位置指针就自动移到它后面一个位置。实现随机读写的关键是要按要求移动位置指针,这称为文件的定位。

1. 文件的定位

1) 指针移动函数:fseek()函数

fseek 函数用来移动文件内部位置指针。

其一般调用格式为:

```
fseek(文件指针,位移量,起始点);
```

fseek()函数的说明如下。

(1)"文件指针"指向被移动的文件。

(2)"位移量"表示移动的字节数,要求位移量是 long 型数据。当用常量表示位移量时,要求加后缀"L"。

(3)"起始点"表示从何处开始计算位移量,规定的起始点有 3 种,即文件首、当前位置和文件尾。

① SEEK_SET(也可用数字 0 表示):此时文件位置指针从文件的开始位置进行移动。

② SEEK_CUP(对应值为 1):此时文件位置指针从文件的当前位置进行移动。

③ SEEK_END(对应值为 2):此时文件位置指针从文件的结束位置进行移动。

(4)函数调用成功时返回值为 0;否则返回一个非 0 值。

例如:

```
fseek(fp,50L,1)
```

其功能是将 fp 指向的文件的位置指针向后移动到离当前位置 50 个字节处。

2)回指针函数:rewind()函数

rewind 函数的功能是使文件的位置指针移到文件的开头处,其一般调用格式为:

```
rewind(fp);
```

其中,参数 fp 是文件型指针,指向当前操作的文件。其作用在于:如果要对文件进行多次读写操作,可以在不关闭文件的情况下,将文件位置指针重新设置到文件开头,从而能够重新从文件头开始读写此文件。

3)指示指针函数:ftell()函数

ftell()函数的作用是告诉用户位置指针的当前位置,其一般调用格式为:

```
ftell(fp);
```

其中,参数 fp 是文件型指针,指向当前操作的文件。函数返回值是 fp 所指向的文件中位置指针的当前位置。如果出错,则返回-1。

2. 文件的随机读写

获取了文件内部指针的位置后,系统就可以不按数据在文件中的物理顺序进行读写,结合文件读写函数,可以读取文件任何有效位置上的数据,也可以将数据写入到任意有效的位置。

【例 9-7】 任意指定输出存储学生信息的 file.txt 文件中的一条记录。

```
#include<stdio.h>
#include<stdlib.h>
void main()
{
    struct                                          //定义学生信息结构体
    {
        char name[20];
        long num;
```

```
        float score;
    }stud;
    long offset;
    int ab;                                   //输入指定的位置
    FILE * fp;
    if((fp=fopen("file.txt","r"))==NULL)      //打开文件
    {
        printf("cannot open this file\n");
        exit(0);
    }
    printf("input the record number:");       //输入指定的位置
    scanf("%d",&ab);
    offset=(ab-1) * sizeof(stud);             //计算偏移量
    if(fseek(fp,offset,0)!=0)                 //调用 fseek 函数,移动内部指针
    {
        printf("cannot move the pointer there.\n");
        exit(0);
    }
    fread(&stud,sizeof(stud),1,fp);           //读取整个学生的数据
    printf("%s,%ld,%f\n",stud.name,stud.num,stud.score);
    fclose(fp);                               //关闭文件
}
```

任务实施

1. 任务功能

把6个学生数据记录保存到文件 student.dat 中，要求将其中第0、2、4个学生数据读入计算机，并在屏幕上输出。

2. 编程思路分析

首先调用相关文件读写操作，将定义好的6个学生的数据写入文件 student.dat 中，由于任务要求输出指定位置的数据，只能调用随机读写文件的函数进行相关的操作。

3. 编写程序

该任务源程序 EX9-3-1.c 如下。

```
#include<stdio.h>
#include<stdlib.h>
#include<string.h>
#define SIZE 6
struct student                                //定义学生信息结构体
{
    char name[10];
    char sex [3];
    int age;
    char address[20];
};
//初始化各学生信息
```

```
struct student stu[SIZE]={{"WangPin","男",20,"Guangzhou"},
                          {"LiXia","女",18,"Wuhan"},
                          {"GuoXin","女",19,"Beijing"},
                          {"ChengTao","男",22,"Shanghai"},
                          {"DongLi","女",20,"Nanjing"},
                          {"XiaoGang","男",23,"Shenyang"}};
//定义读写与输出函数
void Write(char * fileName);
void Read(char * fileName);
void Output(struct student * pStu);
void main()
{
    char * fileName="student.dat";
    Write(fileName);
    Read(fileName);
}
void Output(struct student * pStu)
{
    printf ("%s\t%s\t%d\t%s\n",pStu->name,pStu->sex,pStu->age,pStu->
address);
}
void Write(char * fileName)
{
    FILE * fp;
    int i;
    if((fp=fopen(fileName,"w"))==NULL)
    {
        printf("cannot open this file!\n");
        exit(0);
    }
    for( i=0;i<SIZE;i++)                          //写入文件
    {
        if(fwrite(&stu[i],sizeof(struct student),1,fp)!=1)
        {
            printf("Error in writing file!\n");
            break;
        }
    }
    fclose(fp);
}
void Read(char * fileName)
{
    FILE * fp;
    int i;
    if((fp=fopen(fileName,"r"))==NULL)
    {
        printf("cannot open this file!\n");
        exit(0);
    }
```

```
    struct student stud;
    for(i=0;i<SIZE;i+=2)                         //将 0、2、4 位置的数据读出
    {
        fseek(fp,i * sizeof(struct student),0);  //调用 fseek 函数移动内部位置指针
        fread(&stud,sizeof(struct student),1,fp);
        Output(&stud);
    }
    fclose(fp);
}
```

任务拓展

修改以上程序,使其根据用户的输入、输出任意位置的数据。

任务 9.4　文件读写的出错检测

任务说明

在对文件的访问过程中,经常会因各种原因,产生读写数据的错误,C 语言中大多数标准 I/O 函数并不具有明确的出错信息返回。例如,如果调用 fputc 函数返回 EOF,它可能表示文件结束,也可能是调用失败而出错。调用 fgets 时,如果返回 NULL,它可能是文件结束,也可能是出错。在本任务中,将要学习到文件读写的检测函数,可以明确地检查出文件操作是否出错。

相关知识

1. 文件结束检测函数:feof()

文件结束检测函数的一般调用格式为:

```
feof(文件指针);
```

函数的功能是:判断文件位置指针当前是否处于文件结束位置。当处于文件结束位置时,返回 1 值,否则返回 0。

2. 读写文件出错检测函数:ferror()

读写文件出错检测函数的一般调用格式为:

```
ferror(文件指针);
```

函数的功能是:检查文件在使用输入/输出函数对文件进行读写时是否产生错误。如果没有错误产生则返回 0,否则返回 1。特别要注意的是,函数 ferror 只对离它最近的上一次读写操作负责。对于同一个文件,每次执行对文件的读写语句,然后马上调用函数 ferror 均能得到一个相应的返回值,由该值可以判断出上一次读写数据是否正常。

3. 将文件出错标志和文件结束标志置 0 的函数:clearerr()

该函数的一般调用格式为:

clearerr(文件指针);

函数的功能是：用于清除出错标志和文件结束标志，将这些标志置为0。

假设在调用一个输入/输出函数时出现了错误，ferror函数会返回一个非零值，且ferror函数的状态将会一直保持不变，直到对同一文件调用clearerr函数，或者使用rewind函数，或者调用其他任意输入/输出函数。

任务实施

1. 任务功能

从键盘上输入一个长度小于20的字符串，将该字符串写入文件file.dat中，并测试是否有错。若有错，则输出错误信息，然后清除文件出错标记，关闭文件；否则，输出读入的字符串。

2. 编程思路分析

本任务与前面所做任务的不同之处在于在读写文件的过程中，主要的读写操作加入检测函数，判断操作是否正确。这样能够在程序运行期间检测到一些错误，以便进行必要的错误处理。

3. 编写程序

文件读写操作综合应用实例源程序EX9-4-1.c如下。

```
#include<stdio.h>
#include<stdlib.h>
#include<string.h>
#define LEN 20
void main()
{
    FILE * fp;
    char s1[LEN];
    if((fp=fopen("file.dat","w"))==NULL)      //以写方式打开文件
    {
        printf("Can't open file1.dat\n");
        exit(0);
    }
    printf("Enter a string:");
    gets(s1);                                 //接收从键盘输入的字符串
    fputs(s1, fp);                            //将输入的字符串写入文件
    if(ferror(fp))                            //若出错则进行出错处理
    {
        printf("file.dat error!\n");
        clearerr(fp);                         //调用 clearerr 清除出错标记
        fclose(fp);
    }
    fp=fopen("file.dat", "r");                //以读方式打开文件
    if( ferror(fp))
    {
```

```
        printf("Open file error!\n");
        fclose(fp);
    }
    else
    {
        fgets(s1, LEN, fp);                  //读入字符串
        if( feof(fp)&& strlen(s1)==0 )       //若文件结束且读入的串长为0
            printf("file.dat is NULL.\n");   //则文件为空,输出提示
        else
            printf("Output:%s\n", s1);       //输出读入的字符串
        fclose(fp);
    }
}
```

任务拓展

请同学们思考何时在程序中为文件处理加上一些必要的错误检测手段,以便进行必要的错误处理。此外,有时还需要对文件的一些特殊的状态进行检测,以便做出相应的处理,增强程序的灵活性。

思考与提高

1. 填空题

(1) 在高级语言中对文件操作的一般步骤是________。

(2) 使用 fopen("abc","r+")打开文件时,若 abc 文件不存在,则________。

(3) 使用 fopen("abc","w+")打开文件时,若 abc 文件已存在,则________。

(4) 若要 fopen 函数打开一个新的二进制文件,该文件要既能读也能写,则文件方式字符串应该是________。

(5) 若调用 fputc 函数输出字符成功,其返回值是________。

(6) 若 fp 是指向某文件的指针,且已读到该文件的末尾,则 C 语言函数 feof(fp) 的返回值是________。

2. 选择题

(1) C 语言可以处理的文件类型是(　　)。

A. 文本文件和数据文件　　B. 文本文件和二进制文件

C. 数据文件和二进制文件　　D. 以上答案都不对

(2) 在进行文件操作时,写文件的一般含义是(　　)。

A. 将计算机内存中的信息存入磁盘

B. 将磁盘中的信息存入计算机内存

C. 将计算机 CPU 中的信息存入磁盘

D. 将磁盘中的信息存入计算机 CPU

(3) 要打开一个已存在的非空文件“file”用于修改,正确的语句是(　　)。

A. fp=fopen("file","r");　　B. fp=fopen("file","a+");

C. fp=fopen("file","w");　　D. fp=fopen("file","r+");

(4) 若要打开A盘user子目录下名为abc.txt的文本文件进行读写操作,下面符合此要求的函数调用是(　　)。

A. fopen("A:\user\abc.txt","r")　　B. fopen("A:\\user\\abc.txt","r+")

C. fopen("A:\user\abc.txt","rb")　　D. fopen("A:\\user\\abc.txt","w")

(5) 使用fgetc函数,则打开文件的方式必须是(　　)。

A. 只读　　B. 追加

C. 读或读/写　　D. B和C选项正确

(6) fscanf函数的正确调用格式是(　　)。

A. fscanf(fp,格式字符串,输出表列)

B. fscanf(格式字符串,输出表列,fp);

C. fscanf(格式字符串,文件指针,输出表列);

D. fscanf(文件指针,格式字符串,输入表列);

(7) 利用fseek函数可以(　　)。

A. 改变文件的位置指针　　B. 实现文件的顺序读写

C. 实现文件的随机读写　　D. 以上答案均正确

(8) 如果将文件型指针fp指向的文件内部指针置于文件尾,正确的语句是(　　)。

A. feof(fp);　　B. rewind(fp);

C. fseek(fp,0L,0);　　D. fseek(fp,0L,2);

(9) 以下与函数fseek(fp,0L,SEEK_SET)有相同作用的是(　　)。

A. feof(fp)　　B. ftell(fp)　　C. fgetc(fp)　　D. rewind(fp)

(10) 如果文件型指针fp指向的文件刚刚执行了一次读操作,则关于表达式"ferror(fp)"的正确说法是(　　)。

A. 如果读操作发生错误,则返回1　　B. 如果读操作发生错误,则返回0

C. 如果读操作未发生错误,则返回1　　D. 如果读操作未发生错误,则返回0

3. 编程题

(1) 从屏幕输入的文本输出到一个名为file1.txt的文件,以回车键作为输入结束标志,读入文件,将文件的字符在屏幕上输出。

(2) 编写一个程序,建立一个str.txt文本文件,向其中写入"this is a string"字符串,然后再从该文件中读出所有的字符串。

(3) 在学生文件stu_list中读出第二个学生的数据,显示到屏幕上。

C51 应用篇

项目 10

Keil C 集成开发环境

Keil C 集成开发环境是专为 8051 单片机设计的 C 语言程序开发工具，Keil C 集成开发环境就是一个融汇编语言和 C 语言编辑、编译与调试于一体的开发工具，目前流行的 Keil C 集成开发环境版本主要有 Keil μVision2、Keil μVision3 和 Keil μVision4，在本项目中以 Keil μVision4 版本为例学习。一是让读者掌握 Keil C 集成开发环境的作用，进而理解 C 语言在单片机编程专业方面的应用；二是学会应用 Keil C 集成开发环境编辑、编译 C 语言程序，并生成机器代码；三是应用 Keil C 集成开发环境调试 C 语言程序。

Keil C 集成开发环境主要内容如下：

(1) 单片机与单片机应用系统的基本概念。

(2) 单片机应用系统的开发流程。

(3) 应用 Keil μVision4 输入、编辑与编译用户程序，生成用户机器代码。

重点与难点：

(1) 应用 Keil μVision4 输入、编辑与编译用户程序，生成用户机器代码。

(2) 应用 Keil μVision4 调试用户程序。

任务 10.1　应用 Keil μVision4 开发工具编辑、编译用户程序生成机器代码

任务说明

单片机应用系统由硬件和软件两部分组成，单片机应用系统的开发包括硬件设计与软件设计。作为单片机自身，只能识别机器代码，而为了人们便于记忆、识别和编写应用程序，一般采用汇编语言或 C 语言编程，为此，就需要一个工具能将汇编语言源程序或 C 语言源程序转换成机器代码程序。

在本任务中，选用 Keil μVision4 版本，以程序实例系统地学习与实践程序的编辑、编译 C 语言源程序，以及生成单片机运行所必需的机器代码程序。

相关知识

1. 单片机与单片机应用系统的基本概念

将微型计算机的基本组成部分(CPU、存储器、I/O 接口以及连接它们的总线)集成在

一块芯片中而构成的计算机，称为单片机。

单片机自身仅仅是一个只能处理数字信号的装置，必修配置好相应的外围接口器件或执行器件，才能是一个能完成具体任务的工作系统，称为单片机应用系统。

MCS-51系列单片机是美国Intel公司研发的，是市场上主流8位单片机，但Intel公司后期的重点并不在单片机上，因此市场上很难见到Intel公司生产的单片机。市场上的8051单片机，更多的是以MCS-51系列单片机为核心、为框架的兼容8051单片机。目前，应用最为广泛的8051单片机是STC增强型8051单片机。

2. 单片机应用程序的编辑、编译与调试流程

应用程序的编辑、编译一般都采用Keil C集成开发环境实现，但程序的调试有多种方法，如Keil C集成开发环境的软件仿真调试与硬件仿真调试、硬件的在线调试与专用仿真软件Proteus的仿真调试，如图10-1所示。

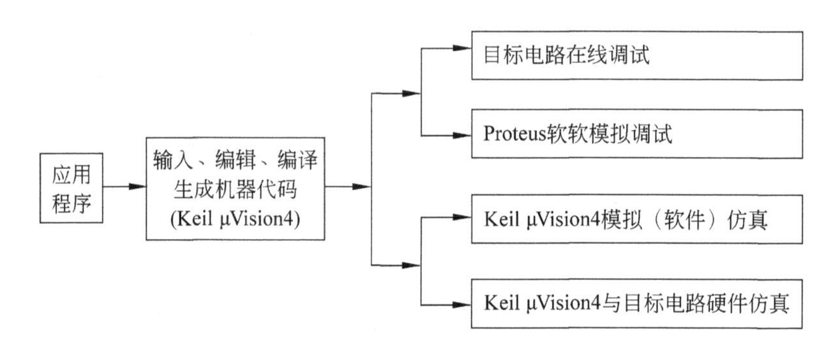

图10-1　应用程序的编辑、编译与调试流程

3. Keil C集成开发环境简介

Keil μVision4集成开发环境从工作特性来分，可分为编辑编译界面和调试界面，启动Keil μVision4后，进入编辑编译界面，如图10-2所示。在此用户环境下可创建、打开用户项目文件，以及进行汇编源程序或C51源程序的输入、编辑与编译。

1）菜单栏

Keil μVision4在编辑、编译界面和调试界面的菜单栏是不一样的，灰白显示的为当前界面的无效菜单项。

（1）File(文件)菜单。

“File(文件)”菜单命令主要用于对文件的常规(新建文件、打开文件、关闭文件与文件存盘等)操作，其功能、使用方法与一般的Word、Excel等应用程序一致。但文件菜单的Device Database命令是特有的，Device Database用于修改Keil μVision4支持的8051芯片型号及ARM芯片的设定。Device Database对话框如图10-3所示，用户可在对话框中添加或修改Keil μVision4支持的单片机型号及ARM芯片。

Device Database对话框各个选项功能如下。

Database列表框：浏览Keil μVision4支持的单片机型号及ARM芯片。

Vendor文本框：用于设定单片机的类别。

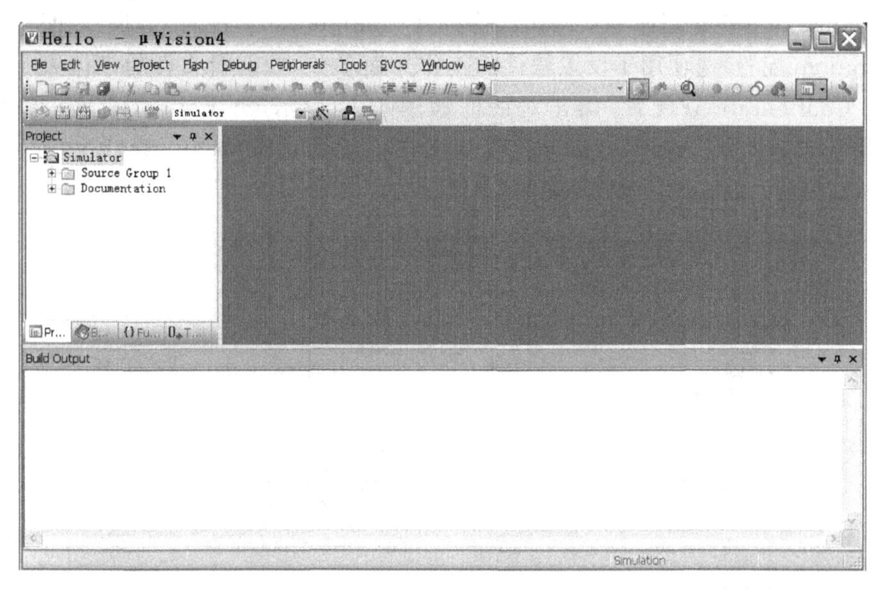

图 10-2 Keil μVision4 编辑、编译用户界面

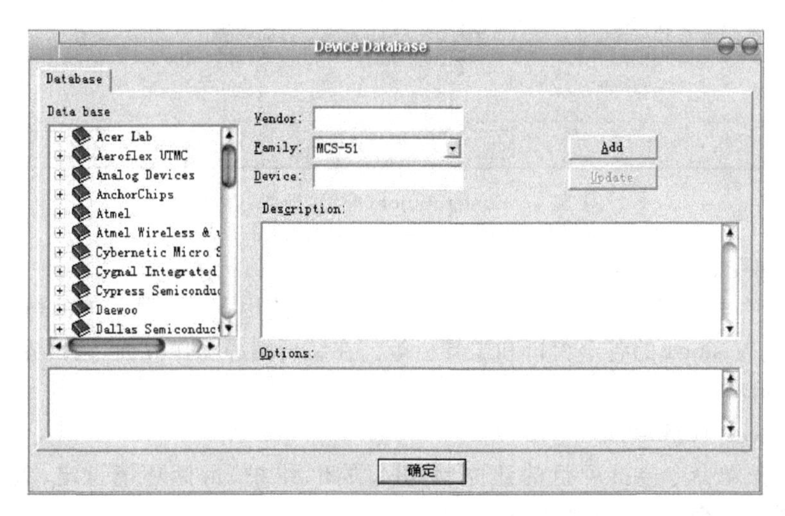

图 10-3 “Device Database”对话框

Family 下拉列表框：用于选择 MCS-51 单片机家族以及其他微控制器家族，有 MCS-51、MCS-251、80C166/167、ARM。

Device 文本框：用于设定单片机的型号。

Description 列表框：用于选定单片机的功能描述。

Options 列表框：用于输入支持型号对应的 DLL 文件等信息。

Add 按钮：单击 Add 按钮添加新的支持型号。

Updata 按钮：单击 Updata 按钮确认当前修改。

(2) 编辑菜单。

Edit(编辑)菜单主要包括剪切、复制、粘贴、查找、替换等通用编辑操作。此外，本软件有Bookmark(书签管理命令)、Find(查找)及Configuration(配置)等操作功能。其中，Configuration(配置)选项用于设置软件的工作界面参数，如编辑文件的字体大小及颜色等参数。Configuration(配置)操作对话框如图10-4所示，有Editor(编辑)、Colors & Fonts(颜色与字体)、User Keywords(设置用户关键词)、Shortcut Key(快捷关键词)、Templates(模板)、Other(其他)等配置选项。

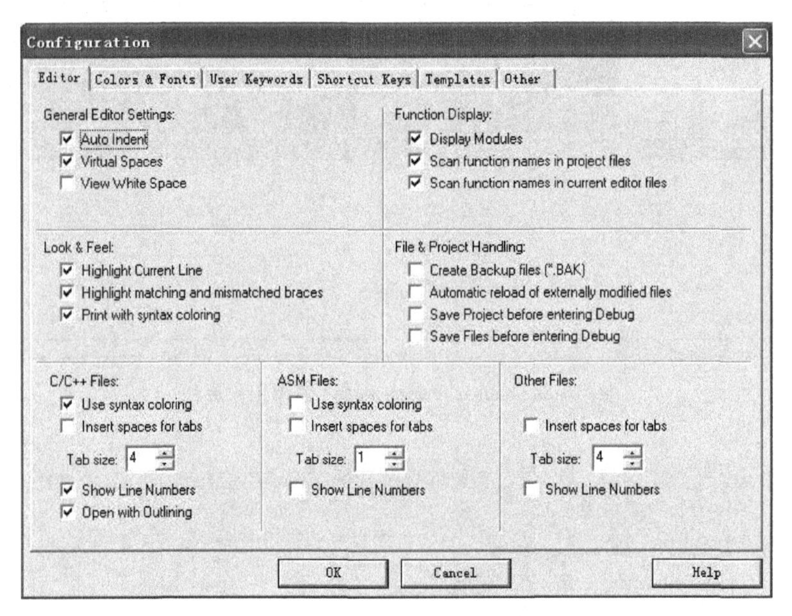

图10-4 Configuration(配置)操作对话框

(3) View(视图)菜单。

View菜单中用于控制Keil μVision4界面显示，使用View菜单中的命令可以显示或隐藏Keil μVision4的各个窗口和工具栏等。在编辑编译工作界面、调试界面有不同的工具栏和显示窗口。

(4) Project(项目)菜单。

Project菜单命令包括项目的建立、打开、关闭、维护、目标环境设定、编译等命令。Project菜单各个命令功能介绍如下。

New Project：建立一个新项目。

New Multi-Project Workspace：新建多项目工作区域。

Open Project：打开一个已存在的项目。

Close Project：关闭当前项目。

Export：导出为μVision3格式。

Manage：工具链、头文件和库文件的路径管理

Select Device for Target：为目标选择器件。

Remove Item：从项目中移除文件或文件组。

Options：修改目标、组或文件的选项设置。

Bulid Target：编译修改过的文件，并生成应用程序。

Rebulid Target：重新编译所有文件，并生成应用程序。

Translate：传输当前文件。

Stop Build：停止编译。

(5) Flash(下载)菜单。

Flash 菜单主要用于程序下载到 E^2PROM 的控制。

(6) Debug(调试)菜单。

Debug 菜单中命令用于软件仿真环境下的调试，提供断点、单步、跟踪与全速运行等操作命令。

(7) Peripherals(外设)菜单。

Peripherals 菜单是外围模块菜单命令，用于芯片的复位和片内功能模块的控制。

(8) Tools(工具)菜单。

Tools 菜单主要用于支持第三方调试系统，包括 Gimpel Software 公司的 PC-Lint 和西门子公司的 Easy-Case。

(9) SVCS(软件版本控制系统)菜单。

SVCS 菜单命令用于设置和运行软件版本控制系统(Software Version Control，SVCS)。

(10) Window(窗口)菜单。

Window(窗口)菜单命令用于设置窗口的排列方式，与 Window 的窗口管理兼容。

(11) Help(帮助)菜单。

Help(帮助)菜单命令用于提供软件帮助信息和版本说明。

2) 工具栏

Keil μVision4 在编辑、编译界面和调试界面有不同的工具栏，在此介绍编辑、编译界面的工具栏。

(1) 常用工具栏。

图 10-5 所示为 Keil μVision4 的常用工具栏，从左至右依次为 New(新建文件)、Open(打开文件)、Save(保存当前文件)、Save All(保存全部文件)、Cut(剪切)、Copy(复制)、Paste(粘贴)、Undo(取消上一步操作)、Redo(回复上一步操作)、Navigate Backwards(回到先前的位置)、Navigate Forwards(前进到下一个位置)、Insert/Remove Bookmark(插入或删除书签)、Go to Previous Bookmark(转到前一个已定义书签处)、Go to the next Bookmark(转到下一个已定义书签处)、Clear All Bookmarks(取消所有已定义的书签)、Indent Selection(右移一个制表符)、Unindent Selection(左移一个制表符)、Comment Selection(选定文本行内容)、Uncomment Selection(取消选定文本行内容)、find in Files...(查找文件)、Find...(查找内容)、Incremental Find(增量查找)、Start/Stop Debug Session(启动或停止调试)、Insert/Remove Breakpoint(插入或删除断点)、Enable/Disable Breakpoint(允许或禁止断点)、Disable All Breakpoint(禁止所有断点)、Kill All

图 10-5 常用工具栏

Breakpoint(删除所有断点)、Project Windows(窗口切换)、Configuration(参数配置)等工具图标。单击工具图标,执行图标对应的功能。

(2) 编译工具栏。

图10-6所示为Keil μVision4的编译工具栏,从左至右依次为Translate(传输当前文件)、Build(编译目标文件)、Rebuild(编译所有目标文件)、Batch Build(批编译)、Stop Build(停止编译)、Down Load(下载文件到Flash ROM)、Select Targe(选择目标)、Targe Option...(目标环境设置)、File Extensions,Books and Environment(文件的组成、记录与环境)、Mange Multi-Project Workspace(管理多项目工作区域)等工具图标。单击图标,执行图标对应的功能。

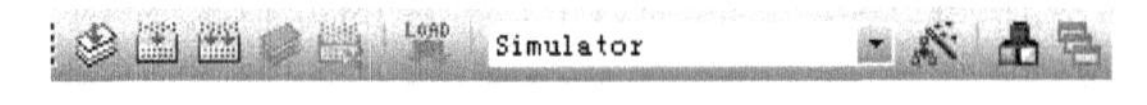

图10-6 编译工具栏

3) 窗口

Keil μVision4的窗口在编辑、编译界面和调试界面有不同的窗口,在此介绍编辑、编译界面的窗口。

(1) 编辑窗口。

在编辑窗口中,用户可以输入或修改源程序,Keil μVision4的编辑器支持程序行自动对齐和语法高亮显示。

(2) 项目窗口。

选择菜单命令View→Project Window或单击工具图标,可以显示或隐藏项目窗口(Project Window)。该窗口主要用于显示当前项目的文件结构和寄存器状态等信息。项目窗口中共有4个选项卡,分别为Files、Books、Functions、Templates。Files选项卡显示当前项目的组织结构,可以在该窗口中直接单击文件名打开文件,如图10-7所示。

图10-7 项目窗口中的Files选项卡

(3) 输出窗口。

Keil μVision4的编译信息输出窗口(Output Window)用于显示编译时的输出信息,如图10-8所示。在窗口中,双击输出的Warning或Error信息,可以直接跳转至源程序的警告或错误所在行。

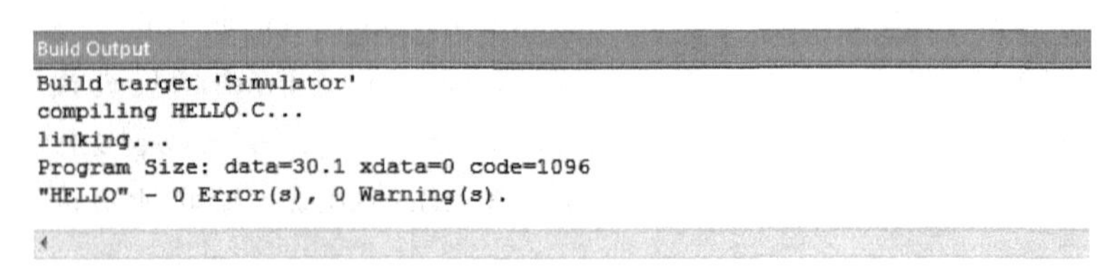

图10-8 Output Window中的Build选项卡

任务实施

1. 示例程序功能与示例源程序

1）流水灯程序功能

设单片机 P1 口 P1.0～P1.7 分别接 8 只 LED 灯，当 P1 端口某位输出低电平时，对应的 LED 灯亮，输出高电平时灯灭；P2 口的 P2.0 接一只开关 sw，断开时，P2.0 输入高电平；合上时，P2.0 输入低电平。

开机后，8 只 LED 灯最右边灯（P1.0 对应控制的灯）点亮，当开关 sw 合上时，LED 灯每 0.5s 左移一次，周而复始；当开关 sw 断开时，流水灯停止移动。

2）源程序清单

单片机程序编程可采用 C51 和汇编两种编程语言编写，采用 C51 编写的程序如下。

EX10-1-1.c：

```
#include<reg51.h>
#include<intrins.h>
#define uchar unsigned char
#define uint  unsigned int
uchar x=0xfe;                     //定义变量 x,并赋值 feH
sbit sw=P2^0;                     //定义输入引脚
void delay(uint ms)               //延时子函数,控制流水灯移动时间间隔
{
    uint i,j;
    for(j=0;j<ms;j++)
        for(i=0;i<121;i++);
}
void main(void)
{
    while(1)
    {
        if(sw==0)                 //当开关 sw 合上时,执行流水灯程序
        {
            P1=x;                 //将 x 值送 P1 口输出,控制 LED 灯
            x=_crol_(x,1);        //x 循环左移一位
            delay(500);           //延时
        }
    }
}
```

2. 应用 Keil μVision4 集成开发环境编辑、编译用户程序

应用 Keil μVision4 集成开发环境的开发流程如下：创建项目→输入、编辑应用程序→把程序文件添加到项目中→编译与连接、生成机器代码文件→调试程序。

1）创建项目

在 Keil μVision4 中的项目是一个特殊结构的文件，它包含与应用系统相关的所有文

件的相互关系。在 Keil μVision4 中，主要是使用项目来进行应用系统的开发。

(1) 创建项目文件夹。

根据自己的存储规划，创建一个存储该项目的文件夹，如 H:\Kiel 4 项目。

(2) 启动 Kiel μVision4，选择菜单命令 Project→New μVision Project，屏幕弹出"Create New Project(创建新项目)"对话框，在对话框中选择新项目要保存的路径和输入文件名，如图10-9所示。Keil μVision4 项目文件的扩展名为.uvproj。

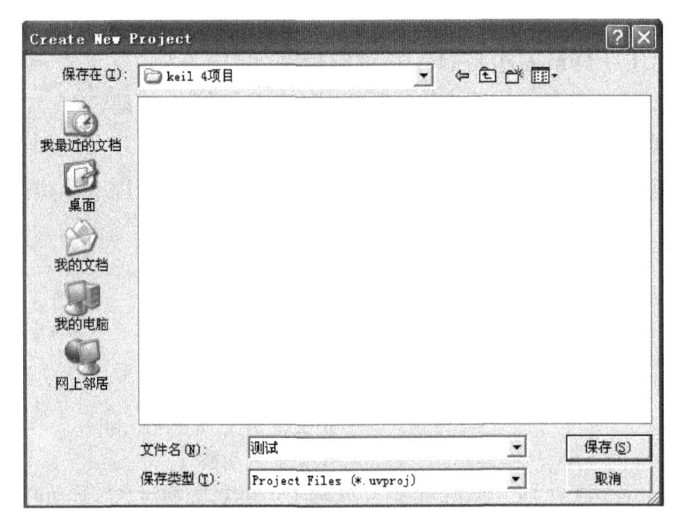

图10-9 "Create New Project"对话框

(3) 单击"保存"按钮，屏幕弹出"Select Device for Target(选择目标芯片)"对话框，如图10-10所示。用户需要在左侧的数据列表(Data base)选择开发使用的51单片机型号(先选厂家：如 Atmel，后选型号：如 AT89C51)，使用对话框右侧的 Description 列表框查看选中芯片的性能说明。

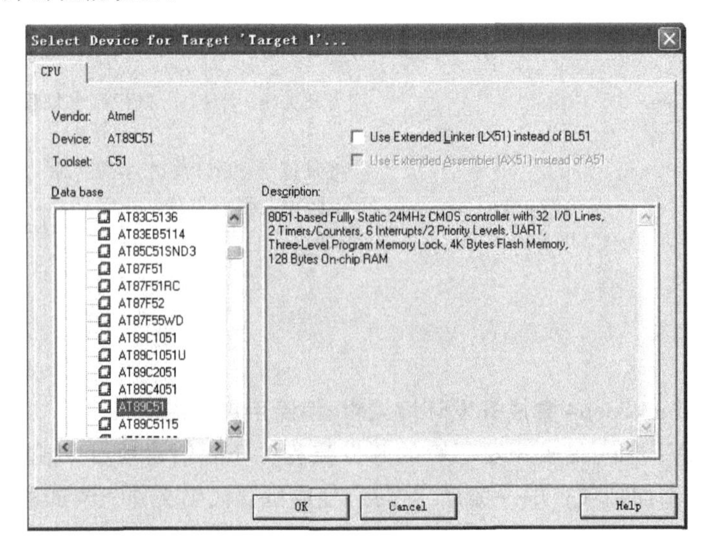

图10-10 "Select Device for Target 'Target 1'..."对话框

(4) 单击“Select Device for Target”对话框中的“确定”按钮，程序会询问是否将标准 51 初始化程序(STARTUP. A51)加入到项目中，如图 10-11 所示。单击“是”按钮，程序会自动复制标准 51 初始化程序到项目所在目录并将其加入项目中。一般情况下，单击“否”按钮。

图 10-11　添加标准 51 初始化程序确认框

2) 编辑程序

选择菜单命令 File→New，弹出程序编辑工作区，如图 10-12 所示。在编辑区中，按示例所示源程序(EX10-1-1. c)清单输入程序，并以“测试. c”文件名保存，如图 10-13 所示。

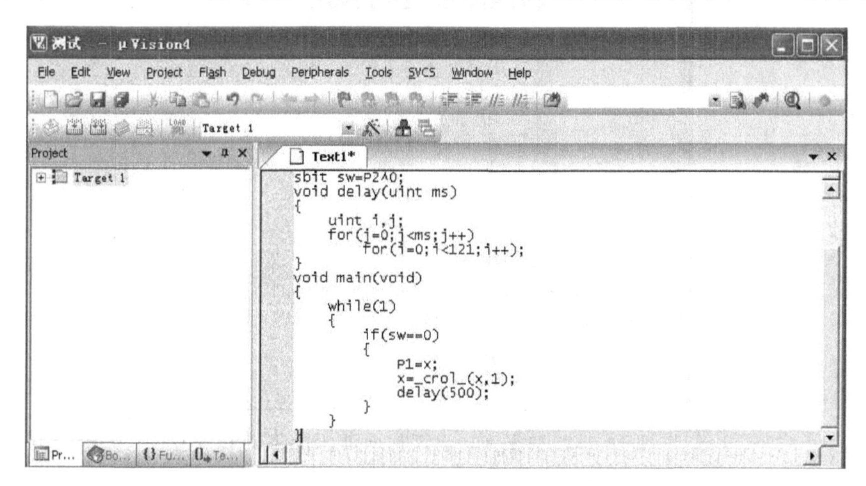

图 10-12　在编辑框中输入程序

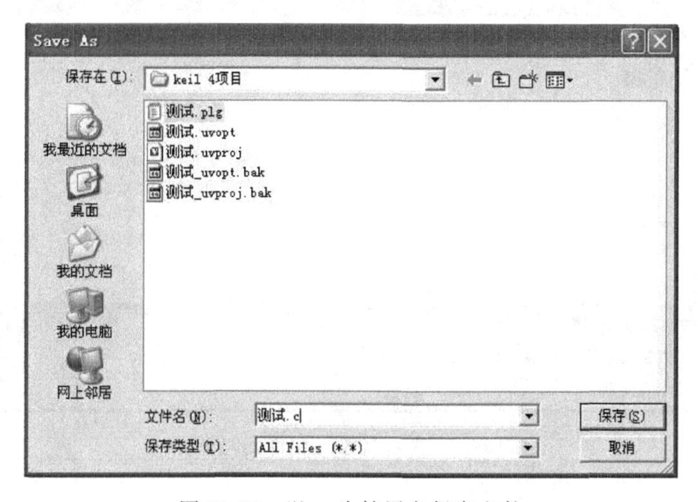

图 10-13　以. c 为扩展名保存文件

提示：保存时应注意选择文件类型，若编辑的是汇编语言源程序，以.asm为扩展名存盘；若编辑的是C51程序，以.c为扩展名存盘。

3）将应用程序添加到项目中

选中项目窗口中的文件组后右击，在弹出的快捷菜单中选择“Add Files to Group(添加文件)”命令，如图10-14所示。选择Add Files to Group命令后，弹出为项目添加文件(源程序文件)对话框，如图10-15所示，选择中“测试.c”文件，单击Add按钮添加文件，单击Close按钮关闭添加文件对话框。

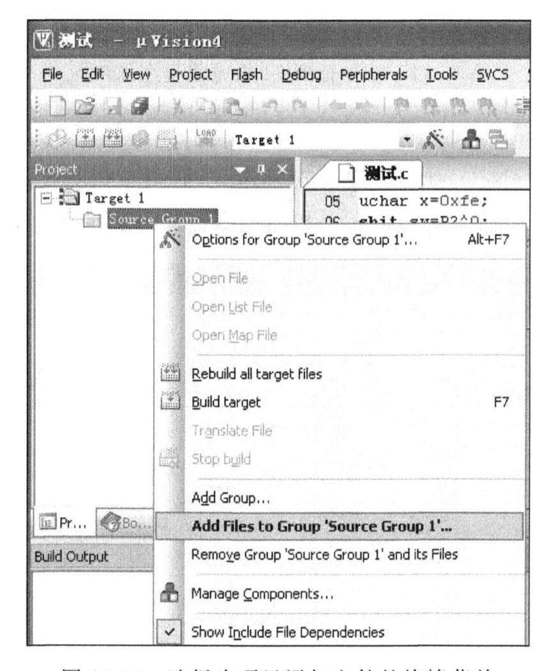

图10-14　选择为项目添加文件的快捷菜单

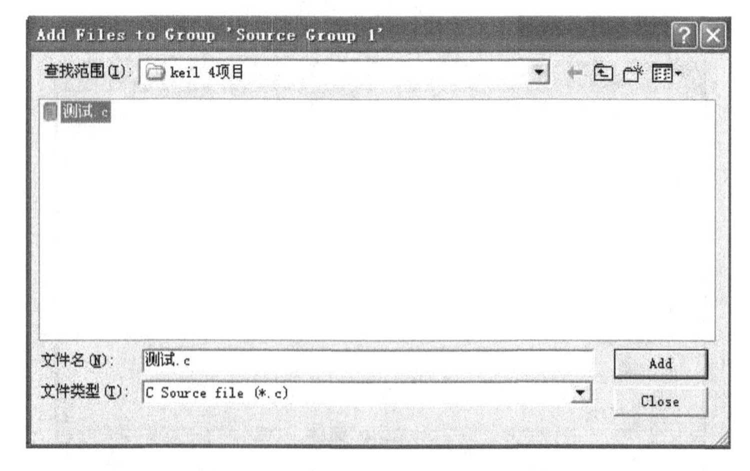

图10-15　为项目添加文件的对话框

展开项目窗口中的文件组，可查看添加的文件，如图 10-16 所示。

图 10-16　查看添加的文件

可连续添加多个文件，添加所有必要的文件后，就可以在程序组目录下看到并进行管理，双击选中的文件可以在编辑窗口中打开该文件。

4) 编译与连接、生成机器代码文件

项目文件创建完成后，就可以对项目文件进行编译、创建目标文件（机器代码文件.HEX），但在编译、连接前需要根据样机的硬件环境先在 Keil μVision4 中进行目标配置。

(1) 环境设置。

选择菜单命令 Project→Options for Target，或单击工具栏中的按钮，弹出“Options for Target（目标环境设置）”对话框，如图 10-17 所示。使用该对话框设定目标样机的硬件环境。Options for Target 对话框有多个选项卡，用于设备选择、目标属性、输出属性、C51 编译器属性、A51 编译器属性、BL51 连接器属性、调试属性等信息的设置。一般情况下，按默认设置应用，但有一项是必须设置的，即设置在编译、连接程序时自动生成机器代码文件，即“测试.hex”文件。

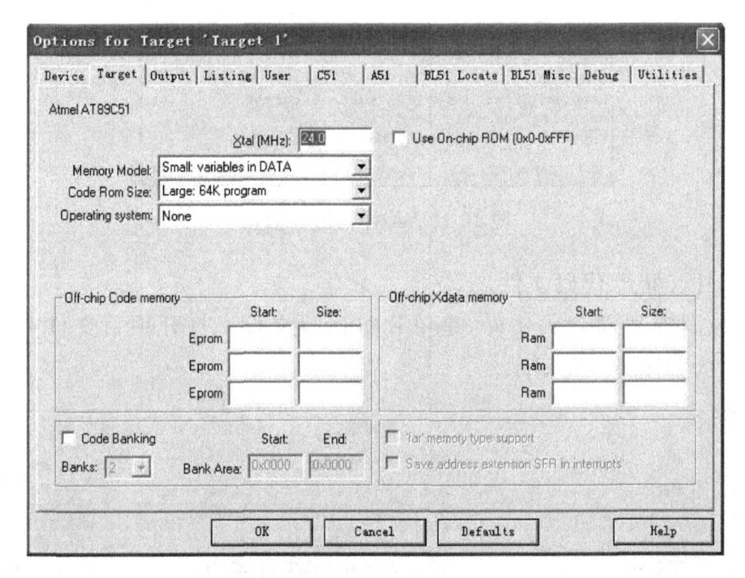

图 10-17　目标设置对话框(Target 选项)

单击 Output 选项，弹出 Options for Target 设置对话框，如图 10-18 所示，勾选 Create HEX File 复选框，单击 OK 按钮结束设置。

(2) 编译与连接。

选择菜单命令 Project→Build target(Rebuild target files)或单击编译工具栏相应的编译按钮，启动编译、连接程序，在输出窗口中将输出编译、连接信息，如图 10-19 所示。如提示 0 error，则表示编译成功；否则提示错误类型和错误语句位置。双击错误信息光标出现在程序错误行，可进行程序修改，程序修改后必须重新编译，直至提示 0 error

为止。

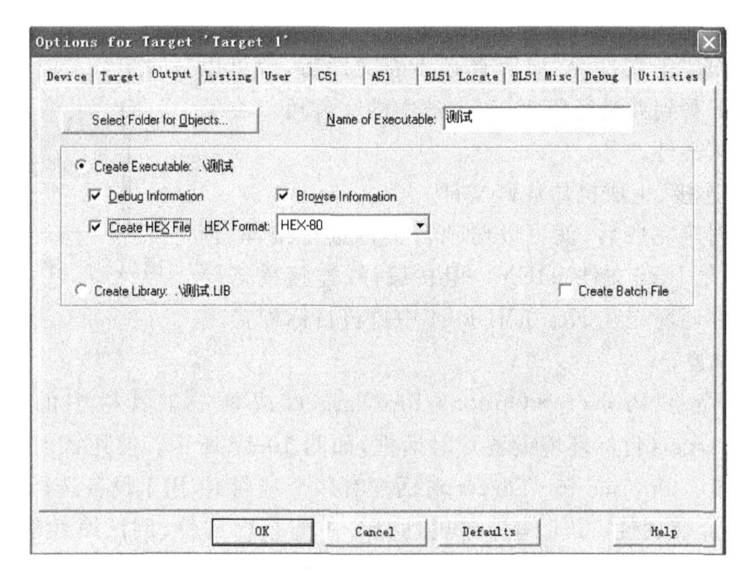

图 10-18　Output 选项(设置创建 HEX 文件)

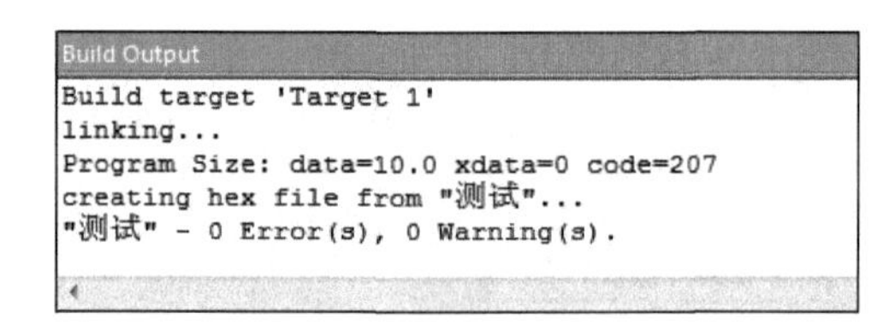

图 10-19　编译与链接信息

(3) 查看 HEX 机器代码文件。

Hex 类型文件是机器代码文件,是单片机运行文件。打开项目文件夹,查看是否存在机器代码文件,如图 10-20 所示。

名称	修改日期	类型	大小
测试	2013/5/25 10:14	文件	2 KB
测试.c	2013/4/10 11:34	C Source file	1 KB
测试.hex	2013/5/25 10:14	HEX 文件	1 KB
测试.lnp	2013/5/25 10:14	LNP 文件	1 KB
测试.LST	2013/4/10 11:42	LST 文件	2 KB
测试.M51	2013/5/25 10:14	M51 文件	4 KB
测试.OBJ	2013/4/10 11:42	Intermediate file	2 KB
测试.plg	2013/5/25 10:13	HTML 文档	1 KB
测试.uvopt	2013/4/10 11:59	UVOPT 文件	56 KB
测试.uvproj	2013/4/10 11:59	礦ision4 Project	13 KB
测试_uvopt.bak	2013/4/10 11:22	BAK 文件	54 KB
测试_uvproj.bak	2013/4/10 11:22	BAK 文件	0 KB

图 10-20　查看.hex 文件

任务拓展

（1）查找资料，分析工具栏中图标中 3 个按钮的功能有什么不同？实际应用时应如何选择？

（2）查找资料，分析工具栏中图标中的功能。

（3）查找资料，说明工具栏中图标中的功能。

任务 10.2　应用 Keil μVision4 集成开发环境调试用户程序

任务说明

Keil μVision4 集成开发环境除可以编辑 C 语言源程序和汇编语言源程序外，还可以软件模拟调试和硬件仿真调试用户程序，以验证用户程序的正确性。

本任务中，主要学习 Keil μVision4 集成开发环境的软件模拟调试。硬件仿真调试涉及硬件环境，在本教材学习中不作要求，但为了便于今后的学习与知识的完整性，放在任务拓展栏中，供后续学习与应用参考。

相关知识

图 10-21 所示为调试用户界面，在此环境下可实现单步、跟踪、断点与全速运行方式调试，并可打开寄存器窗口、存储器窗口、定时/计数器窗口、中断窗口、串行窗口及自定义变量窗口进行管理与监控。

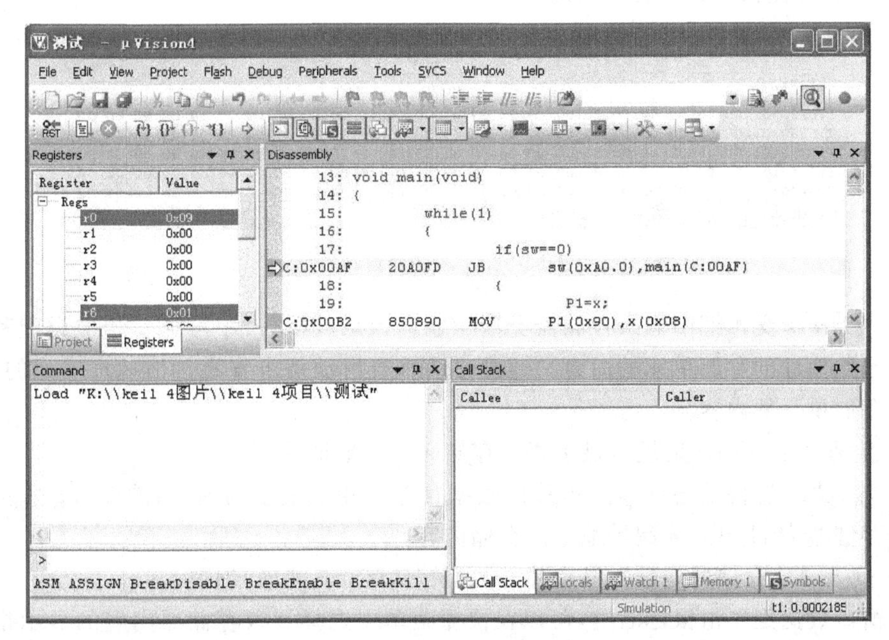

图 10-21　调试用户界面

1. 调试工具栏

图 10-22 所示为 Keil μVision4 的调试工具栏，从左至右依次为 Reset(程序复位)、Run(程序全速运行)、Stop(程序停止运行)、Step(跟踪运行)、Step Over(单步运行)、Step Out(执行跟踪并跳出当前函数)、Run to Cursor Line(执行至光标处)、Show Next Statement(显示当前寄存器的下一步状态)、Command Window(显示与隐藏命令窗口)、Disassembly Window(显示与隐藏反汇编窗口)、Symbol Window(显示与隐藏符号窗口)、Registers Window(显示与隐藏寄存器窗口)、Call Stack Window(显示与隐藏堆栈窗口)、Watch Window(显示与隐藏变量观察窗口)、Memory Window(显示与隐藏存储器窗口)、Serial Window(显示与隐藏串行输出窗口)、Analysis Window(显示与隐藏分析窗口)、Trace Window(显示与隐藏跟踪窗口)、System ViewerWindow(显示与隐藏系统查看器窗口)、Toolbox(显示与隐藏工具箱)、Debug Restore Views(调试恢复视图)等工具图标。单击工具图标，执行图标对应的功能。

图 10-22 调试工具栏

2. 窗口

1) 存储器窗口

进入调试模式后，选择菜单命令 View→Memory Window，可以显示与隐藏存储器窗口(Memory Window)，如图 10-23 所示。存储器窗口用于显示当前程序内部数据存储器、外部数据存储器与程序存储器的内容。

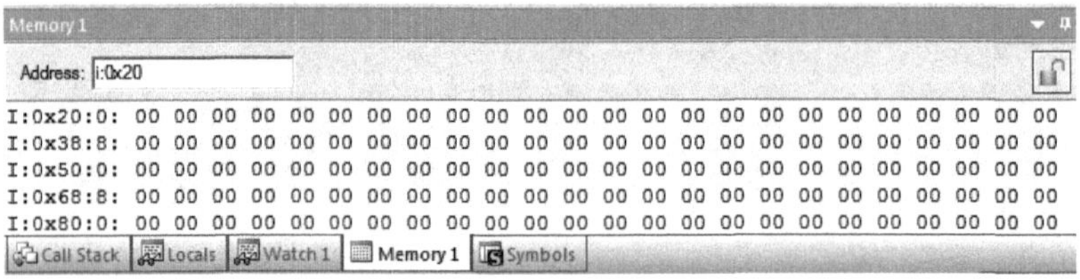

```
Memory 1
Address: i:0x20
I:0x20:0: 00 00 00 00 00 00 00 00 00 00 00 00 00 00 00 00 00 00 00 00 00 00 00 00
I:0x38:8: 00 00 00 00 00 00 00 00 00 00 00 00 00 00 00 00 00 00 00 00 00 00 00 00
I:0x50:0: 00 00 00 00 00 00 00 00 00 00 00 00 00 00 00 00 00 00 00 00 00 00 00 00
I:0x68:8: 00 00 00 00 00 00 00 00 00 00 00 00 00 00 00 00 00 00 00 00 00 00 00 00
I:0x80:0: 00 00 00 00 00 00 00 00 00 00 00 00 00 00 00 00 00 00 00 00 00 00 00 00
Call Stack | Locals | Watch 1 | Memory 1 | Symbols
```

图 10-23 存储器窗口

在 Address 文本框中输入存储器类型与地址，存储器窗口中可显示相应类型和相应地址为起始地址的存储单元的内容。通过移动垂直滑动条可查看其他地址单元的内容，或修改存储单元的内容。

① 输入"C：存储器地址"，显示程序存储区相应地址的内容。

② 输入"I：存储器地址"，显示片内数据存储区相应地址的内容，图 10-23 所示为片内数据存储器 20H 单元为起始地址的存储内容。

③ 输入"X：存储器地址"，显示片外数据存储区相应地址的内容。

在窗口数据处单击鼠标右键，可以在快捷菜单中选择修改存储器内容的显示格式或修改指定存储单元的内容。

2）I/O 口控制窗口

进入调试模式后，选择菜单命令 Peripherals→I/O-Port，再在下级子菜单中选择显示与隐藏指定的 I/O 口（P0、P1、P2、P3 口）的控制窗口，如图 10-24 所示。使用该窗口可以查看各 I/O 口的状态和设置输入引脚状态。在相应的 I/O 端口中，上为 I/O 端口输出锁存器值，下为用于设置输入引脚状态。

3）定时器控制窗口

进入调试模式后，选择菜单命令 Peripherals→Timer，再在下级子菜单中选择显示与隐藏指定的定时/计数器控制窗口，如图 10-25 所示。使用该窗口可以设置对应定时/计数器的工作方式，观察和修改定时/计数器相关控制寄存器的各个位，以及定时/计数器的当前状态。

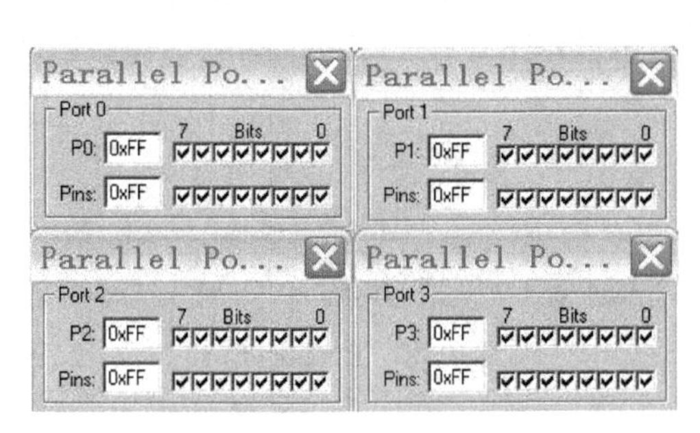

图 10-24　I/O 口控制窗口

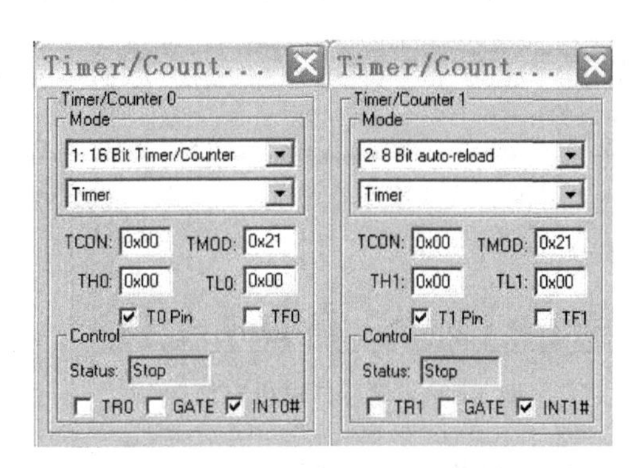

图 10-25　定时/计数器控制窗口

4）中断控制窗口

进入调试模式后，选择菜单命令 Peripherals→Interrupt，可以显示与隐藏中断控制窗口，如图 10-26 所示。中断控制窗口用于显示和设置 8051 单片机的中断系统。根据单片机型号的不同，中断控制窗口会有所区别。

5）串行口控制窗口

进入调试模式后，选择菜单命令 Peripherals→Serial，可以显示与隐藏串行口的控制窗口，如图 10-27 所示。使用该窗口可以设置串行口的工作方式，观察和修改串行口相关

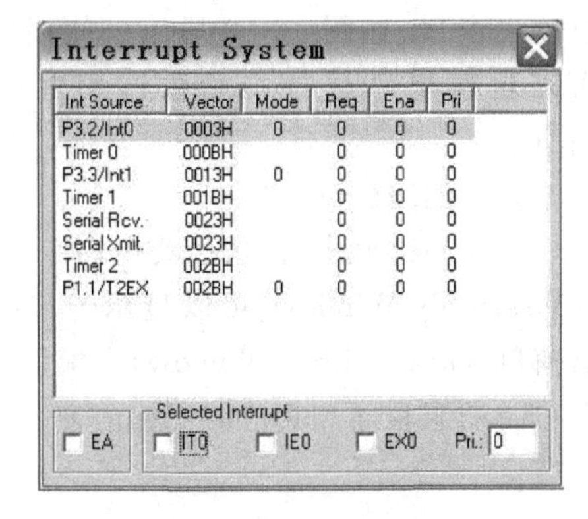

图 10-26　中断控制窗口

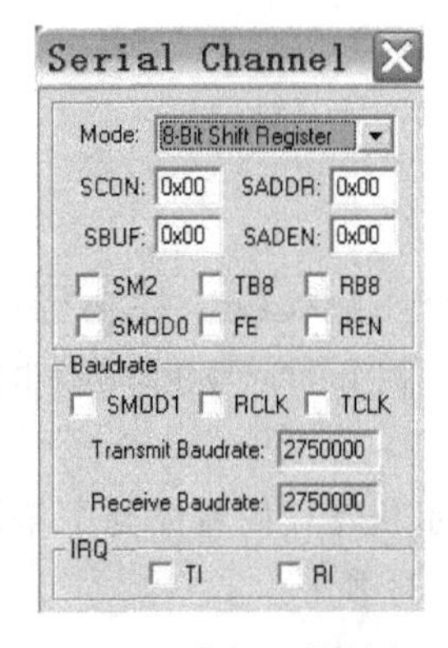

图 10-27　串行口控制窗口

控制寄存器的各个位，以及发送、接收缓冲器的内容。

6）串行口输出窗口

进入调试模式后，在菜单命令 View→Serial Window 中，共有 UART＃1、UART＃1、UART＃1 与 Debug(printf)viewer 选项卡，单击相应选项，可以显示与隐藏对应的串行口输出窗口，如图 10-28 所示。

7）监视窗口

进入调试模式后，在菜单命令 View→Watch Window 中，共有 Locals、Watch ＃1、Watch ＃2 等选项卡，每个选项对应一个窗口，单击相应选项，可以显示与隐藏对应的监视输出窗口(Watch Window)，如图 10-29 所示。使用该窗口可以观察程序运行中特定变量或寄存器的状态以及函数调用时的堆栈信息。

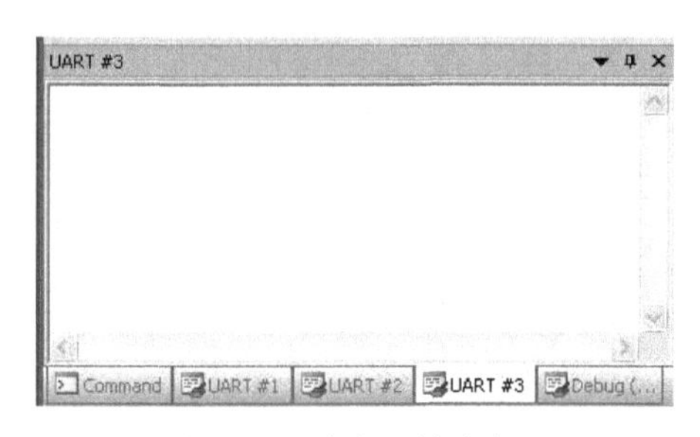

图 10-28　串行口输出窗口

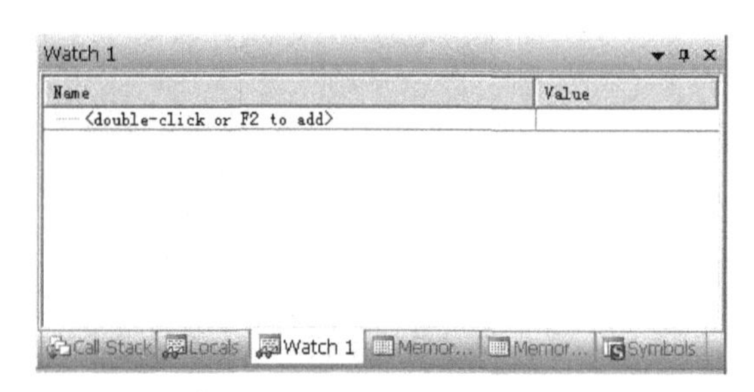

图 10-29　监视窗口

该窗口共有 3 个选项卡。

Locals：该选项卡用于显示当前运行状态下的变量信息。

Watch ＃1：监视窗口 1，可以按 F2 键添加要监视的名称，Keil μVision4 会在程序运行中全程监视该变量的值，如果该变量为局部变量，则运行变量有效范围外的程序时，该变量的值以???? 形式表示。

Watch ＃2：监视窗口 2，操作与使用方法同监视窗口 1。

8）堆栈信息窗口

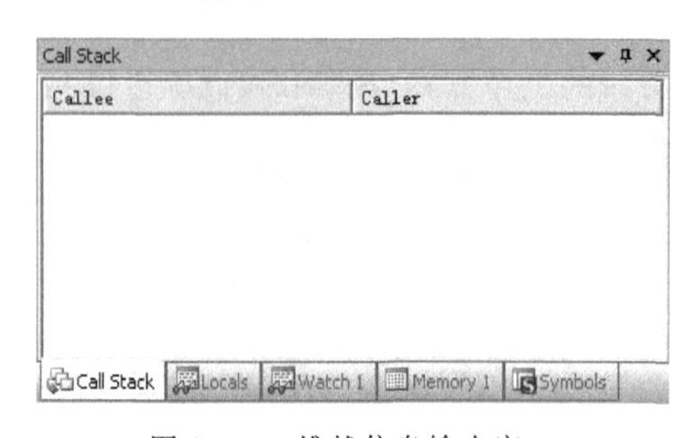

图 10-30　堆栈信息输出窗口

进入调试模式后，选择菜单命令 View→Call Stack Window，可以显示与隐藏堆栈信息输出窗口，如图 10-30 所示。使用该窗口可以观察程序运行中函数调用时的堆栈信息。

9)反汇编窗口

进入调试模式后，选择菜单命令 View→Disassembly Window，可以显示与隐藏编译后窗口(Disassembly Window)。编译后窗口同时显示机器代码程序与汇编语言源程序(或 C51 的源程序和相应的汇编语言源程序)，如图 10-31 所示。

```
Disassembly
C:0x0000    020003    LJMP    C:0003
C:0x0003    787F      MOV     R0,#0x7F
C:0x0005    E4        CLR     A
C:0x0006    F6        MOV     @R0,A
C:0x0007    D8FD      DJNZ    R0,C:0006
C:0x0009    758108    MOV     SP(0x81),#x(0x08)
C:0x000C    02004A    LJMP    C:004A
C:0x000F    0200AF    LJMP    main(C:00AF)
C:0x0012    E4        CLR     A
```

图 10-31　反汇编窗口

任务实施

Keil μVision4 集成开发环境有两种仿真调试模式，即软件模拟仿真与硬件仿真。本任务主要练习 Keil μVision4 集成开发环境的软件模拟仿真。

1. 设置软件模拟仿真方式

打开编译环境设置对话框，打开 Debug 选项卡，选中 Use Simulator 单选按钮，如图 10-32 所示，单击“确定”按钮，Keil μVision4 集成开发环境被设置为软件模拟仿真。

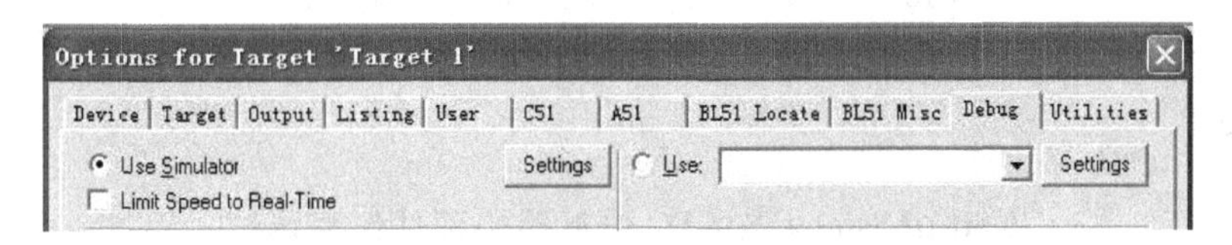

图 10-32　目标设置对话框(Debug 选项，选中“Use Simulator”)

2. 仿真调试

选择菜单命令 Debug→Start/Stop Debug Session 或单击工具栏中的调试按钮，系统进入调试界面，调试界面如图 12-21 所示；若单击调试按钮，则退出调试界面。在调试界面可采用单步、跟踪、断点、运行到光标处、全速运行等方式进行调试。

使用调试界面上的监视窗口可以设定程序中要观察的变量，随时监视其变化，也可以使用存储器窗口观察各个存储区指定地址的内容。

使用 Peripherals 菜单，可以调用 51 单片机的片内接口电路的控制窗口，使用这些窗口可以实现对单片机硬件资源的完全控制。

如图 10-33 所示，单击全速运行按钮，因 P2.0 输入为高电平，流水灯不工作；单击 P2.0 的引脚输入框，框中“√”符号消失，表示输入低电平，此时流水灯左移，即 P1 口的空白框向左移动，如图 10-34 所示。

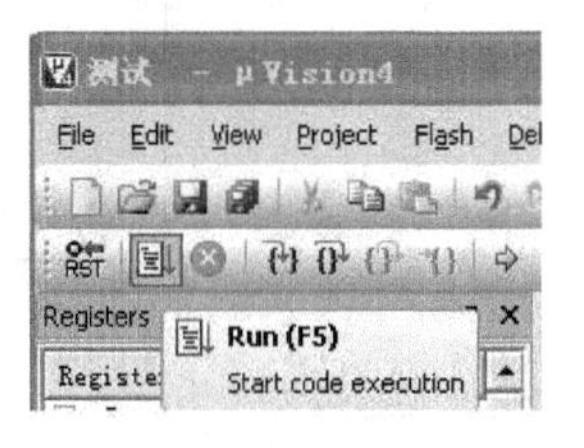

图 10-33　全速运行按钮

说明：框中有“√”表示输出或输入的电平为高电平，框中无“√”表示输出或输入的电平为低电平。

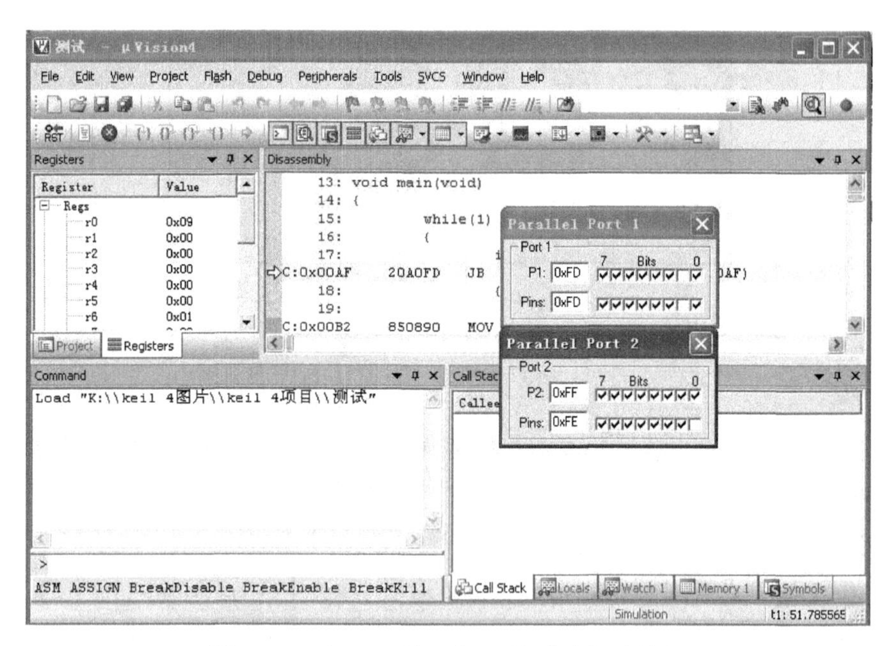

图 10-34　当 P2.0 输入为 0 时的仿真调试效果

任务拓展

Keil μVision4 与 STC 仿真器的硬件仿真调试

Keil μVision4 的硬件仿真需要与外围 8051 单片机仿真器配合实现，在此，选用 IAP15F2K61S2 单片机来实现，IAP15F2K61S2 单片机兼有在线仿真功能。

1. Keil μVision4 的硬件仿真的电路连接

(1) 采用 PC 机 RS-232 串行接口与单片机的串口连接。

连接电路如图 10-35 所示。

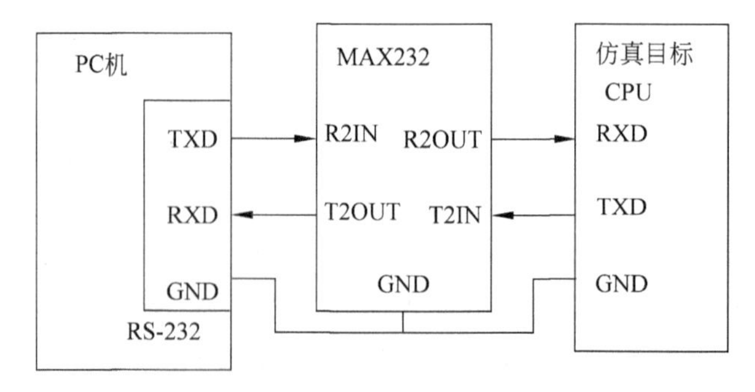

图 10-35　采用 RS-232 接口的硬件仿真

(2) PC 机采用 USB 接口与单片机串口连接。

目前，许多 PC 机已无 RS-232 接口引出，需要用 USB 接口连接，PC 机与单片机之间必须采用 CH340T 芯片进行逻辑电平转换。转换电路如图 10-36 所示。

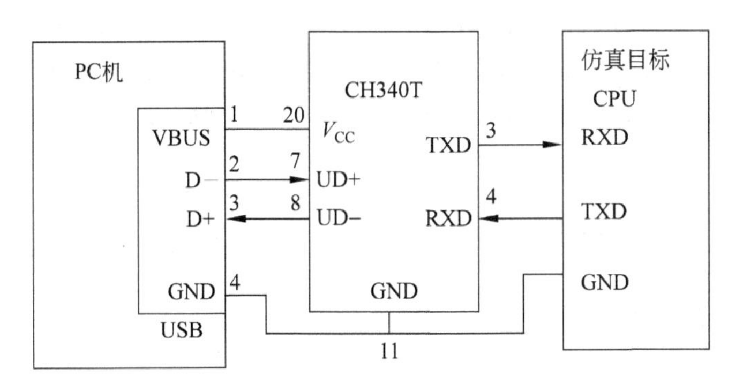

图 10-36 采用 USB 接口的硬件仿真

说明：当使用 USB 接口连接时，需要加载 USB 转串口驱动程序，使用 USB 模拟的串口号进行 RS-232 串口通信。

2. 设置 STC 仿真器

由于 STC 单片机有了基于 Flash 存储器的在线编程(ISP)技术，可以无仿真器、编程器就可进行单片机应用系统的开发，但为了满足习惯于采用硬件仿真的单片机应用工程师的要求，STC 也开发了 STC 硬件仿真器，而且是一大创新，单片机芯片既是仿真芯片，又是应用芯片，下面简单介绍 STC 仿真器的设置与使用。

说明：仿真、目标 CPU 芯片必须是宏晶 STC 的 IAP15F2K61S2 或 IAP15L2K61S2 芯片。

(1) 将 STC 系列单片机添加到 Keil μVision4 集成开发环境。

Keil μVision4 集成开发环境自身并没用 STC 系列单片机参数，为了便于硬件仿真，可采用 STC-ISP 在线编程工具中的 Keil 关联设置选项中的“添加 MCU 型号到 Keil 中”按钮功能，如图 10-37 所示。

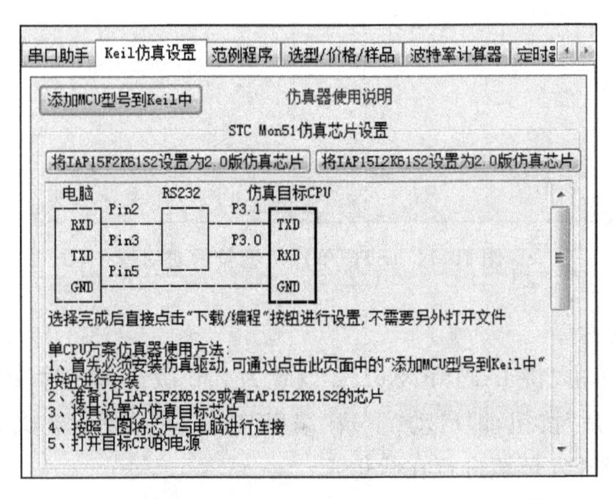

图 10-37 STC-ISP 在线编程工作界面(Keil 关联设置)

单击“添加 MCU 型号到 Keil 中”按钮后，屏幕弹出“请选择 Keil 的安装目录”对话框，如图 10-38 所示，一般为 C:\Keil。

单击“确定”按钮后,屏幕弹出“STC MCU 型号添加成功!”信息框,如图 10-39 所示。

说明:当添加 STC MCU 型号,在选择目标单片机时,就增加了“STC 系列与常规单片机系列”选择对话框和选择 STC 单片机型号的对话框,分别如图 10-40 和图 10-41 所示。

图 10-38　选择 Keil 的安装目录

图 10-39　“STC MCU 型号添加成功”信息框

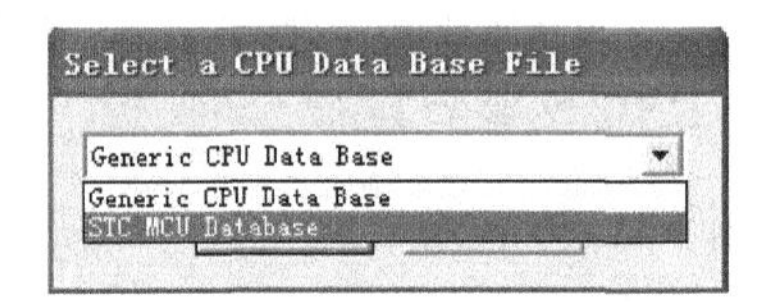

图 10-40　“STC 系列与常规单片机系列”选择对话框

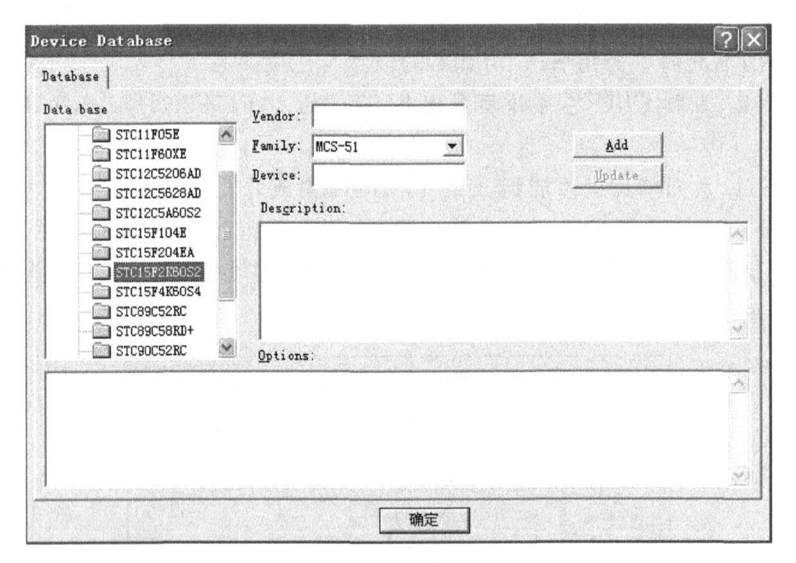

图 10-41　STC 单片机型号的对话框

(2) 创建仿真芯片。

根据选用芯片,单击“将 IAP15F2K61S2 设置为 2.0 版仿真芯片”或“将 IAP15L2K61S2 设置为 2.0 版仿真芯片”按钮,即启动“下载/编程”功能,完成后该芯片即为仿真芯片,即可与 Keil μVision4 集成开发环境进行在线仿真。

3. 设置 Keil μVision4 硬件仿真调试方式

(1) 打开编译环境设置对话框,打开 Debug 选项卡,选中“Use STC Monitor-51 Driver”单选按钮,勾选“Go till main”选项,如图 10-42 所示,单击“确定”按钮,Keil

μVision4 集成开发环境被设置为硬件仿真。

(2) 设置 Keil μVision4 硬件仿真参数。

单击图 10-42 右上角的"Settings"按钮，弹出硬件仿真参数设置对话框，如图 10-43 所示。根据仿真电路所使用的串口号(或 USB 驱动的模拟串口号)选择串口端口。

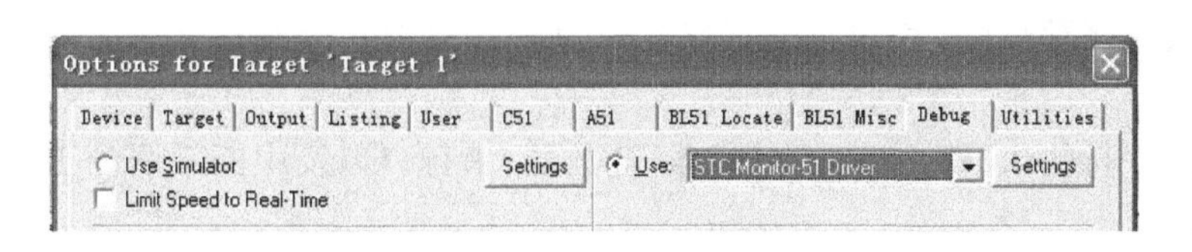

图 10-42　目标设置对话框

图 10-43　Keil μVision2 硬件仿真参数

① 选择串口：根据硬件仿真时实际使用的串口号(或 USB 驱动时的模拟串口号)，如本例的 COM3。

② 设置串口的波特率。单击下拉按钮，从弹出的下拉列表框中选择合适的波特率，如本例的"115200"。

设置完毕后，单击 OK 按钮，再单击图 10-42 中的"确定"按钮即完成硬件仿真的设置。

4. 在线调试

同软件模拟调试一样，选择菜单命令 Debug→Start/Stop Debug Session 或单击工具栏中的调试按钮，系统进入调试界面；若再单击调试按钮，则退出调试界面。在线调试除可以在 Keil μVision4 集成开发环境调试界面观察程序运行信息外，还可以直接从目标电路上观察程序的运行结果。

思考与提高

1. 填空题

(1) Keil μVision4 集成开发环境既能处理 C 语言源程序，也能处理________源程序，新编程序文件存盘时，其默认存储文件的扩展名是________。

(2) Keil μVision4 集成开发环境在默认状态编译时，________会自动生成机器代码文件；编译产生的机器代码文件，在默认状态下，其名称与________的名称相同。

(3) Keil μVision4 集成开发环境中，在软件模拟仿真状态下，有全速运行、________、________、运行到光标处等运行模式(或调试模式)，可通过查看________状态和特殊功能寄存器的状态来了解程序的运行状态。

(4) 应用 Keil μVision4 集成开发环境来处理某应用程序(获取应用程序的机器代码文件)，其操作步骤包括________、新建程序文件(输入与编辑程序)、________、设置编译环境与________等步骤。

（5）机器代码文件的后缀名是________。

2. 问答题

（1）Keil μVision4集成开发环境，编译产生的机器代码文件，在默认状态下，其名称与谁的名称相同？若要存储成其他名称应如何操作？

（2）Keil μVision4集成开发环境中，如何切换编辑与调试程序界面？

（3）什么是断点？如何设置与取消断点？在什么情况下要设置断点？

（4）如何查看和修改程序存储器、片内数据存储器以及片外数据存储器存储单元的内容？

（5）如何查看与设置并行输入/输出端口、定时器/计数器、串行口以及中断系统的工作状态？

（6）简述Keil μVision4集成开发环境硬件仿真的设置。

（7）STC系列单片机中，哪两款单片机可作为仿真器使用？

（8）PC机与8051单片机通信时，有哪两种连接方式？各采用什么芯片进行逻辑电平的转换？

（9）在Keil μVision4集成开发环境的调试界面中，在存储器窗口的地址栏中输入I:20H，并回车，其操作的意义是什么？若将I:20H换成C: 0x1000或X:0x2000，其各自的操作意义又是什么？

项目 11

C51 应用编程

C 语言既是高级语言，又能直接面向机器操作。C51 就是专门针对 8051 单片机操作开发的，前述 Keil C 就是针对 8051 单片机 C 语言编程的开发工具。

突出 C51 新增功能特性，即如何访问 8051 单片机的硬件结构，包括访问 8051 单片机的存储空间、内部接口及中断功能的实现。

C51 应用编程主要内容如下。

(1) 存储类型与 8051 单片机存储空间、寻址方式间的关系。

(2) 特殊功能寄存器符号与特殊功能寄存器地址的关系。

(3) 特殊功能寄存器位与特殊功能寄存器位地址的关系。

(4) C51 新增的数据类型与 C51 变量存储类型的定义。

(5) 应用 sfr、sbit 定义特殊功能寄存器与特殊功能寄存器位符号的地址。

(6) 中断函数的应用编程。

重点与难点：

(1) C51 变量存储类型的定义。

(2) 应用 sfr、sbit 定义特殊功能寄存器与特殊功能寄存器位符号的地址。

(3) 中断函数的应用编程。

任务 11.1　C51 基础

任务说明

C51 是专门针对 8051 单片机应用编程而设计的，是 C 语言应用的具体体现。C51 保留了 C 语言的基本特性，新增了面向 8051 单片机的编程特性。当面向一个单片机进行 C 语言编程时，实际上是如何用 C 语言直接使用单片机的存储器和 I/O 接口的问题。

本任务主要涉及的内容就是在 C51 中如何对 8051 单片机的存储器以及 I/O 接口进行操作。

相关知识

1. 8051 单片机的存储结构

8051 单片机的存储结构在应用上分为三大空间，具体如表 11-1 所示。

表 11-1　8051 单片机的存储空间

存储器名称		存储空间
程序存储器		64KB,0000H～FFFFH
片内 RAM(IRAM)	低 128B	00H～7FH
	特殊功能寄存器	80H～FFH
片外扩展 RAM(XRAM)		64KB,0000H～FFFFH

2. 8051 单片机的 I/O 接口

8051 单片机有 4 个并行输入/输出端口：P0、P1、P2、P3，两个 16 位的定时器/计数器，中断系统和串行通信接口。8051 单片机的 I/O 接口的所有操作与控制都是通过对片内 RAM 的特殊功能寄存器的读写来实施的，不同地址、不同名称的特殊功能寄存器控制着不同的 I/O 接口，8051 单片机 I/O 接口与特殊功能寄存器名称、地址的对应关系如表 11-2 所示。

表 11-2　8051 单片机 I/O 接口与特殊功能寄存器名称、地址的对应关系

SFR	名　称	字节地址	位地址/位符号							
P0	P0 口	80H	87H	86H	85H	84H	83H	82H	81H	80H
			P0.7	P0.6	P0.5	P0.4	P0.3	P0.2	P0.1	P0.0
SP	堆栈指针	81H	始终指向堆栈位置，用于管理堆栈区域							
DPL	数据指针低 8 位	82H	DPL、DPH 可独立按字节访问，但主要用于组合在一起构成 16 位数据指针，命名为 DPTR，DPTR 作为数据指针用于访问 16 位程序存储空间或片外数据存储空间							
DPH	数据指针高 8 位	83H								
PCON	电源控制寄存器	87H	按字节访问，但相应位有特殊的含义							
TCON	定时器控制寄存器	88H	8FH	8EH	8DH	8CH	8BH	8AH	89H	88H
			TF1	TR1	TF0	TR0	IE1	IT1	IE0	IT0
TMOD	定时器方式寄存器	89H	按字节访问，但相应位有特殊的含义							
TL0	T0 定时器低 8 位	8AH								
TH0	T0 定时器高 8 位	8BH								
TL1	T1 定时器低 8 位	8CH								
TH1	T1 定时器高 8 位	8DH								
P1	P1 口	90H	97H	96H	95H	94H	93H	92H	91H	90H
			P1.7	P1.6	P1.5	P1.4	P1.3	P1.2	P1.1	P1.0
SCON	串行口控制寄存器	98H	9FH	9EH	9DH	9CH	9BH	9AH	99H	98H
			SM0	SM1	SM2	REN	TB8	RB8	TI	RI
SBUF	串行口缓冲器	99H								
P2	P2 口	A0H	A7H	A6H	A5H	A4H	A3H	A2H	A1H	A0H
			P2.7	P2.6	P2.5	P2.4	P2.3	P2.2	P2.1	P2.0

续表

SFR	名　称	字节地址	位地址/位符号							
IE	中断允许控制寄存器	A8H	AFH	AEH	ADH	ACH	ABH	AAH	A9H	A8H
			EA	—	—	ES	ET1	EX1	ET0	EX0
P3	P3 口	B0H	B7H	B6H	B5H	B4H	B3H	B2H	B1H	B0H
			P3.7	P3.6	P3.5	P3.4	P3.3	P3.2	P3.1	P3.0
IP	中断优先控制寄存器	B8H	BFH	BEH	BDH	BCH	BBH	BAH	B9H	B8H
			—	—	—	PS	PT1	PX1	PT0	PX0
PSW	程序状态字	D0H	D7H	D6H	D5H	D4H	D3H	D2H	D1H	D0H
			CY	AC	F0	RS1	RS0	OV	—	P
ACC	累加器	E0H	E7H	E6H	E5H	E4H	E3H	E2H	E1H	E0H
			ACC.7	ACC.6	ACC.5	ACC.4	ACC.3	ACC.2	ACC.1	ACC.0
B	寄存器 B	F0H	F7H	F6H	F5H	F4H	F3H	F2H	F1H	F0H
			B.7	B.6	B.5	B.4	B.3	B.2	B.1	B.0

任务实施

1. 8051 单片机存储器的使用

8051 单片机存储器的分配是通过定义变量的存储类型来实现的,但不需要指定具体的地址。

1) 变量的存储类型

在 C51 中对变量的定义格式为:

```
[存储种类] 数据类型 [存储器类型] 变量名表
```

(1) C51 变量的存储种类。

变量的存储种类有 4 种,分别为:auto(自动)、extern(外部)、static(静态)、register(寄存器)。默认时为 auto,一般取默认状态。

(2) C51 变量的数据类型。

对于 Keil C51 编译器来说,short 型与 int 型相同,double 型与 float 型相同。表 11-3 所示为 Keil C51 编译器支持的数据类型。

表 11-3 Keil C51 编译器支持的数据类型

数据类型	长　度	值　域
unsigned char	单字节	0～255
signed char	单字节	－128～＋127
unsigned int	双字节	0～65 535
signed int	双字节	－32 768～＋32 767
unsigned long	4 字节	0～4 294 967 295

续表

数据类型	长度	值域
signed long	4字节	-2 147 483 648～+2 147 483 647
float	4字节	±1.175 494E-38～±3.402 823E+38
*	1～3字节	对象的地址
bit	位	0或1

(3) C51变量的存储器类型。

Keil C编译器完全支持8051系列单片机的硬件结构,可以访问其硬件系统的各个部分,对于各个变量可以准确地赋予其存储器类型,使之能够在单片机内准确定位。Keil C编译器支持的存储器类型如表11-4所示。

表11-4 Keil C编译器支持的存储器类型

存储器类型	说明
data	直接访问内部数据存储器128B(00H～7FH),访问速度最快
bdata	可位寻址内部数据存储器16B(20H～2FH),允许位与字节混合访问
idata	间接访问内部数据存储器256B(00H～7FH,80H～FFH(仅52型单片机有,如8052))
pdata	分页访问外部数据存储器256B(00H～FFH),用MOVX @Ri指令
xdata	访问全部外部数据存储器64KB(0000H～FFFFH),用MOVX @DPTR指令
code	访问程序存储器64KB(0000H～FFFFH),用MOVC A, @A+ DPTR指令

例如:

```
1    auto    int     data    x;
2            char    code    y=0x22;
```

行号1中,变量x编译后,自动分配到低128字节存储区域,占用2个字节,并采取直接寻址方式。

行号2中,变量y编译后,自动分配到程序存储空间,占用1个字节。在实际应用中,对于“存储种类”和“存储器类型”是可选项,默认的存储种类是auto(自动);如果省略存储器类型时,则按Keil C编译器编译模式SMALL、COMPACT、LARGE所规定的默认存储器类型确定存储器的存储区域。

2) Keil C编译器的编译模式与默认存储器类型

(1) SMALL。

变量被定义在8051单片机的内部数据存储器(data)区中,直接寻址访问,因此对这种变量的访问速度最快。另外,所有的对象,包括堆栈,都必须嵌入内部数据存储器。

(2) COMPACT。

变量被定义在外部数据存储器(pdata)区中,外部数据段长度可达256B。这时对变量的访问是通过寄存器间接寻址(MOVX @Ri)实现的。采用这种模式编译时,变量的高8位地址由P2口确定。因此,在采用这种模式的同时,必须适当改变启动程序STARTUP.A51中的参数:PDATASTART和PDATALEN,用L51进行连接时还必须采用控制命令 PDATA 来对 P2 口地址进行定位，这样才能确保 P2 口为所需要的高 8 位地址。

(3) LARGE。

变量被定义在外部数据存储器(xdata)区中，使用数据指针 DPTR 进行访问。这种访问数据的方法效率是不高的，尤其是对于两个或多个字节的变量，用这种数据访问方法对程序的代码长度影响非常大。另一个不便之处是数据指针不能对称操作。

2. 8051 单片机 I/O 口的操作与控制

由前述可知，8051 单片机的 I/O 口与特殊功能寄存器有一一对应关系，对 8051 单片机 I/O 口的操作就是对与其对应的特殊功能寄存器或特殊功能寄存器位的操作，因此，操作时必须给出准确地址。为此，对特殊功能寄存器变量必须进行准确的地址定义。

1) 8051 单片机特殊功能寄存器变量的定义

8051 系列单片机有 21 个特殊功能寄存器，它们离散地分布在片内 RAM 的高 128B 中。为了能直接访问这些特殊功能寄存器或特殊功能寄存器位，C51 编译器扩充了关键字 sfr、sfr16 和 sbit，利用 sfr、sfr16 和 sbit 关键字可以在 C 语言源程序中直接对特殊功能寄存器或特殊功能寄存器位进行“地址”定义。

(1) 8 位地址特殊功能寄存器的定义。

定义格式：

```
sfr 特殊功能寄存器名=地址常数;
```

例如：

```
sfr P0=0x80;            定义特殊功能寄存器 P0 口的地址为 80H
```

要注意的是：特殊功能寄存器定义与普通变量定义中的赋值，其意义是不一样的，在特殊功能寄存器定义中，赋值是必须有的，用于定义特殊功能寄存器所对应内存的地址(即分配存储地址)；而在普通变量的定义中，赋值是可选的，是对变量存储单元赋值。

例如：

```
int i=0x22;
```

此语句为定义 x 为整型变量，同时对 x 进行赋值，即 x 变量的内容为 22H，其效果等同于以下两条语句：

```
int i;
i=0x22;
```

(2) 16 位特殊功能寄存器变量的定义。

在新一代的增强型 8051 单片机中，特殊功能寄存器经常组合成 16 位使用。为了有效地访问这种 16 位的特殊功能寄存器，可采用关键字 sfr16 进行定义。例如，定义 8052 单片机的定时器/计数器 T2，就可用以下方法定义：

```
sfr16 T2=0xCC;         定义 T2,其地址为 T2L=CCH,T2H=CDH
```

这里T2为特殊功能寄存器名，等号后面是它的低字节地址，其高字节地址是低字节地址加1。此定义仅适用于地址相邻的16位特殊功能寄存器，而且定义时给出的一定是低字节地址。

(3) 特殊功能寄存器中位变量的定义。

在8051单片机编程中，要经常访问特殊功能寄存器中的某些位，Keil C编译器为此提供了sbit关键字，利用sbit可以对特殊功能寄存器中的位寻址变量进行定义，定义方法有以下3种。

① sbit 位变量名=位地址。

这种方法将位的绝对地址赋给位变量，位地址必须位于80H～FFH之间。例如：

```
sbit OV=0xD2;          定义位变量OV(溢出标志),其位地址为D2H。
sbit CY=0xD7;          定义位变量CY(进位位),其位地址为D7H。
```

② sbit 位变量名=特殊功能寄存器名^位位置。

适用已定义的特殊功能寄存器位变量的定义，位位置值为0～7。

例如：

```
sbit OV=PSW^2;         定义位变量OV(溢出标志),它是PSW的第2位
sbit CY=PSW^7;         定义位变量CY(进位位),它是PSW的第7位
```

③ sbit 位变量名=字节地址^位位置。

这种方法是以特殊功能寄存器的地址作为基址，其值位于80H～FFH之间，位位置值为0～7。例如：

```
sbit OV=0xD0^2;        定义位变量OV(溢出标志),直接指明了特殊功能寄存器PSW的 地址为
                       D0H,OV是D0H地址单元的第2位
sbit CY=0xD0^7;        定义位变量CY(进位位),直接指明了特殊功能寄存器PSW的地址为D0H,
                       CY是D0H地址单元第7位
```

实际使用中，经常利用sbit将并行输入/输出引脚与外部引脚功能联系在一起，如RSPIN。

例如：

```
sbit RSPIN=0x80^0;或 sbit RSPIN=P0^0;
```

定义单片机引脚变量RSPIN，RSPIN是P0口的第0位。对RSPIN操作就是对P0.0操作。

2) 8051单片机头文件REG51.H

Keil C编译器包含了对8051系列单片机各特殊功能寄存器以及特殊功能寄存器位定义的头文件REG51.H，在程序设计时只要利用包含指令将头文件REG51.H包含进来即可。8051单片机中有效的特殊功能寄存器以及特殊功能寄存器位的符号就可以直接使用了。

但对于增强型8051单片机，新增特殊功能寄存器就需要用sfr和sbit新增定义。

REG51.H程序清单如下。

```
/*----------------------------------------
REG51.H
Header file for generic 80C51 and 80C31 microcontroller.
Copyright(c)1988—2002 Keil Elektronik GmbH and Keil Software, Inc.
All rights reserved.
---------------------------------------- */

#ifndef_REG51_H_
#define_REG51_H_

/*  BYTE Register    */
sfr P0    =0x80;
sfr P1    =0x90;
sfr P2    =0xA0;
sfr P3    =0xB0;
sfr PSW   =0xD0;
sfr ACC   =0xE0;
sfr B     =0xF0;
sfr SP    =0x81;
sfr DPL   =0x82;
sfr DPH   =0x83;
sfr PCON  =0x87;
sfr TCON  =0x88;
sfr TMOD  =0x89;
sfr TL0   =0x8A;
sfr TL1   =0x8B;
sfr TH0   =0x8C;
sfr TH1   =0x8D;
sfr IE    =0xA8;
sfr IP    =0xB8;
sfr SCON  =0x98;
sfr SBUF  =0x99;

/*  BIT Register   */
/*  PSW   */
sbit CY   =0xD7;
sbit AC   =0xD6;
sbit F0   =0xD5;
sbit RS1  =0xD4;
sbit RS0  =0xD3;
sbit OV   =0xD2;
sbit P    =0xD0;

/*  TCON  */
sbit TF1  =0x8F;
sbit TR1  =0x8E;
sbit TF0  =0x8D;
sbit TR0  =0x8C;
sbit IE1  =0x8B;
```

```
sbit IT1  =0x8A;
sbit IE0  =0x89;
sbit IT0  =0x88;

/*  IE   */
sbit EA   =0xAF;
sbit ES   =0xAC;
sbit ET1  =0xAB;
sbit EX1  =0xAA;
sbit ET0  =0xA9;
sbit EX0  =0xA8;

/*  IP   */
sbit PS   =0xBC;
sbit PT1  =0xBB;
sbit PX1  =0xBA;
sbit PT0  =0xB9;
sbit PX0  =0xB8;

/*  P3  */
sbit RD   =0xB7;
sbit WR   =0xB6;
sbit T1   =0xB5;
sbit T0   =0xB4;
sbit INT1 =0xB3;
sbit INT0 =0xB2;
sbit TXD  =0xB1;
sbit RXD  =0xB0;

/*  SCON  */
sbit SM0  =0x9F;
sbit SM1  =0x9E;
sbit SM2  =0x9D;
sbit REN  =0x9C;
sbit TB8  =0x9B;
sbit RB8  =0x9A;
sbit TI   =0x99;
sbit RI   =0x98;

#endif
```

3. C51程序分析

C51程序结构与ANSI C程序结构是一致的，下面以一C51程序实例给出C51编程特点。

EX11-1-1.c：

```
#include<REG51.H>                //必须包含的头文件，头文件名称大小写都可以
#define uchar unsigned char      //常用数据类型的宏定义，无符号字符型
```

```
#define uint unsigned int         //常用数据类型的宏定义,无符号整型
uchar code SEG7[10]={0x3f,0x06,0x5b,0x4f,0x66,0x6d,0x7d,0x07,0x7f,0x6f};
                                  //定义共阴极数码管字形码数组,并存储在程序存储器中
uchar data ACT[4]={0xfe,0xfd,0xfb,0xf7};
                                  //定义共阴极数码管字位控制码数组,并存储在片内 RAM 中
uchar  x=0x88;                    //定义无符号数字符型变量 x,并赋值 88H,存储在片内 RAM
uint   y=2233;                    //定义无符号数整型变量 y,并赋值 2233,存储在片内 RAM
bit bdata  MYBIT_0;               //定义位标量 MYBIT_0,分配在片内 RAM 的位寻址区
sbit IN_PIN=P2^1;                 //定义输入引脚变量
sbit OUT_PIN=P2^7;                //定义输出引脚变量
void main(void)
{
    uchar  k;                     //定义无符号数字符型变量 k,分配在片内 RAM
    while(1)
    {
        k=P0;                     //读 P0 端口输入,存储在变量 k 中
        P1=k;                     //将 k 的内容送 P1 端口输出
        MYBIT_0=IN_PIN;           //读 P2.1,存储在位变量 MYBIT_0 中
        OUT_PIN=MYBIT_0;          //将 MYBIT_0 值送 P2.7 输出
    }
}
```

任务拓展

实践练习应用 Keil μVision4 集成开发环境编辑、编译 EX11-1-1. c,进入调试界面运行程序,检查以下内容。

(1) 调出程序存储器窗口,查询 SEG7[10]位于程序存储空间的位置。

(2) 调出片内 RAM 存储器窗口,查询 ACT[4]数组和变量 x、y、k 以及位变量 MYBIT_0 在片内 RAM 的位置。

(3) 从 P0 口输入数据 55H,检查 P1 端口的输出状态。

(4) 从 P2. 1 输入“0”,检查 P2. 7 的输出状态。

任务 11. 2 if、while、for、switch/case 语句的应用编程

任务说明

if、while、for、switch/case 等控制语句在 C 语言程序设计中占有重要的地位,同样,在 C51 应用编程中 if、while、for 等语句是应用最为频繁的。本任务实例介绍 if、while、for、switch/case 等控制语句在 8051 单片机应用系统中的应用。

相关知识

if、while、for、switch/case 等控制语句功能、格式的复习。

1. 条件分支语句

条件语句又称为分支语句,它是由关键字 if 构成,有 3 种格式。

1）格式1

```
if(条件表达式)语句
```

若条件表达式的结果为真(非0值)，就执行后面的语句；若条件表达式的结果为假(0值)，就不执行后面的语句。这里的语句也可以是复合语句。

2）格式2

```
if(条件表达式)语句 1
else 语句 2
```

若条件表达式的结果为真(非0值)，就执行后面的语句1；若条件表达式的结果为假(0值)，就执行语句2。这里的语句1和语句2均可以是复合语句。

3）格式3

```
if(条件表达式 1)语句 1
else if(条件表达式 2)语句 2
    else if(条件表达式 3)语句 3
     …
        else if(条件表达式 n)语句 n
            else  语句 n+1
```

这种条件语句常用来实现多方向条件分支，它是由if-else语句嵌套而成的，在这种结构中，else总是与邻近的if相配对。

2. 开关语句

switch/case开关语句是一种多分支选择语句，是用来实现多方向条件分支的语句。

```
switch(表达式)
{
    case 常量表达式 1:{语句 1}break;
    case 常量表达式 2:{语句 2}break;
            …
    case 常量表达式 n:{语句 n}break;
    default:          {语句 n+1}break;
}
```

开关语句说明如下。

(1) 当switch后面表达式的值与某一case后面的常量表达式的值相等时，就执行该case后面的语句，遇到break语句就退出switch语句。

(2) switch后面括号内的表达式，可以是整型或字符型表达式，也可以是枚举型数据。

(3) 每一个case常量表达式的值必须不同。

(4) 每个case和default的出现次序不影响执行结果，可先出现default，再出现其他case。

3. while语句与do-while语句

1）while语句的格式

```
while(条件表达式){语句}
```

当条件表达式的结果为真(非 0 值)时,程序就重复执行后面的语句,一直执行到条件表达式的结果变化为假(0 值)为止。

2) do-while 语句的格式

```
do
{语句}
while(条件表达式);
```

先执行给定的循环体语句,然后再检查条件表达式的结果。当条件表达式的值为真(非 0 值)时,则重复执行循环体语句,直到条件表达式的结果变化为假(0 值)为止。

4. for 语句

for 语句的格式如下。

```
for  ([初值设定表达式 1];[循环条件表达式 2];[修改表达式 3])
{
函数体语句
}
```

先计算出初值表达式 1 的值作为循环控制变量的初值,再检查循环条件表达式 2 的结果,当满足循环条件时就执行循环体语句并计算修改表达式 3;然后再根据修改表达式 3 的计算结果来判断循环条件 2 是否满足,满足就执行循环体语句,依次一直执行到循环条件表达式 2 的结果为假(0 值)时退出循环体。

5. goto 语句、break 语句和 continue 语句

1) goto 语句的格式

goto 语句是一个无条件语句,其格式为:

```
goto 语句标号;
```

其中语句标号是用于标识语句所在地址的标识符,语句标号与语句之间用冒号“:”分隔。当执行跳转语句时,使程序跳转到标号所指向的地址,从该语句继续执行程序。将 goto 语句和 if 语句一起使用,可以构成一个循环结构。但更常见的是采用 goto 语句来跳出多重循环。需要注意的是,只能用 goto 语句从内层循环跳到外层循环,而不允许从外层循环跳到内层循环。

2) break 语句的格式

break 语句除了可以用在 switch 语句中,还可以用在循环体中。在循环体中遇见 break 语句,立即结束循环,跳到循环体外,执行循环结构后面的语句。break 语句的格式为:

```
break;
```

break 语句只能跳出它所处的那一层循环,而 goto 语句可以从最内层循环体中跳出来。而且,break 语句只能用于开关语句和循环语句中。

3) continue 语句的格式

continue 语句也是一种中断语句,它一般用在循环结构中,其功能是结束本次循环,即跳过循环体中下面尚未执行的语句，把程序流程转移到当前循环语句的下一个循环周期，并根据控制条件决定是否重复执行该循环体。continue 语句的格式为：

```
continue;
```

continue 语句和 break 语句的区别在于：continue 语句只结束本次循环而不是终止整个循环的执行；break 语句则是结束整个循环，不再进行条件判断。

任务实施

1. 任务功能

用 4 个按键(设分别为 S0、S1、S2、S3，按下时输入低电平)控制 8 只 LED 灯(设分别为 L0、L1、L2、L3、L4、L5、L6、L7，低电平驱动)的显示，按键 S0、S1、S2、S3 分别接 P3 口的 P3.0、P3.1、P3.2 和 P3.3；P1 端口的 P1.0、P1.1、P1.2、P1.3、P1.4、P1.5、P1.6、P1.7 分别接 L0、L1、L2、L3、L4、L5、L6、L7 等 8 只 LED 灯，控制要求如下：

当按下 S0 键时，P1.3、P1.4 输出低电平，L3、L4 灯亮。

当按下 S1 键时，P1.2、P1.5 输出低电平，L2、L5 灯亮。

当按下 S2 键时，P1.1、P1.6 输出低电平，L1、L6 灯亮。

当按下 S3 键时，P1.0、P1.7 输出低电平，L0、L7 灯亮。

当无按键按下时，P1.2、P1.3、P1.4、P1.5 输出低电平，L2、L3、L4、L5 灯亮。

2. 编程思路分析

采用 if 对 4 个按键输入逐个判断，并从 P1 口输出相应的值，控制 LED 灯；或采用一次性读入 P3 口输入值，采用 switch/case 语句进行比较，并从 P1 口输出相应的值，控制 LED 灯。

3. 编写程序

(1) 采用 if 语句编程的源程序清单(EX11-2-1.c)。

```
#include<REG51.H>
#define uchar unsigned char
#define uint unsigned int
sbit KEY_S0=P3^0;                    //定义输入引脚
sbit KEY_S1=P3^1;
sbit KEY_S2=P3^2;
sbit KEY_S3=P3^3;
/*------延时子函数-------*/
void delay(uint k)
{
  uint i,j;
  for(i=0;i<k;i++)
  {
    for(j=0;j<121;j++)
    {;}
  }
}
```

```
/*-------主函数--------*/
void main(void)
{
    delay(50);                          //调用延时子函数
    while(1)
    {
      if(!KEY_S0){P1=0xe7;}             //按下 S0 键,P1.3、P1.4 输出低电平,L3、L4 灯亮
       else if(!KEY_S1){P1=0xdb;}       //按下 S1 键,P1.2、P1.5 输出低电平,L2、L5 灯亮
        else if(!KEY_S2){P1=0xbd;}      //按下 S2 键,P1.1、P1.6 输出低电平,L1、L6 灯亮
         else if(!KEY_S3){P1=0x7e;}     //下 S3 键时,P1.0、P1.7 输出低电平,L0、L7 灯亮
           else {P1=0xc3;}
                  //当无按键按下时,P1.2、P1.3、P1.4、P1.5 输出低电平,L2、L3、L4、L5 灯亮
      delay(5);                         //调用延时子函数
    }
}
```

(2) 采用 switch/case 语句编程的源程序清单(EX11-2-2.c)。

```
#include<REG51.H>
#define uchar unsigned char
#define IN_PORT  P3
/-------主函数--------/
void main(void)
{
    uchar temp;
    IN_PORT=0xff;                       //将 P3 口置成输入状态
    while(1)
    {
        temp=N_PORT;                    //读 P3 口的输入状态
        switch(temp&=0x0f)              //屏蔽高 4 位
        {
            case 0x0e: P1=0xe7;break;   //按下 S0 键,P1.3、P1.4 输出低电平,L3、L4 灯亮
            case 0x0d: P1=0xdb;break;   //按下 S1 键,P1.2、P1.5 输出低电平,L2、L5 灯亮
            case 0x0b: P1=0xbd;break    //按下 S2 键,P1.1、P1.6 输出低电平,L1、L6 灯亮
            case 0x07: P1=0x7e;break    //下 S3 键时,P1.0、P1.7 输出低电平,L0、L7 灯亮
            default   P1=0xc3;break;    //当无按键按下或多个按键同时按下时,P1.2、P1.3、
                                          P1.4、P1.5 输出低电平,L2、L3、L4、L5 灯亮
        }
    }
}
```

4. Keil μVision4 模拟仿真

(1) 用 Keil μVision4 集成开发环境分别编辑、编译 EX11-2-1.c、EX11-2-2.c 程序,生成机器代码程序 EX11-2-1.hex、EX11-2-2.hex。

(2) 用 Keil μVision4 集成开发环境模拟仿真调试 EX11-2-1.c 和 EX11-2-2.c 程序,进入调试界面后,调出 P1 和 P3 端口,按表 11-5 所示要求从 P3 口输入按键值,并记录 P1 口状态值,填入表格中。

表 11-5　EX11-2-1.c 和 EX11-2-2.c 程序的调试表格

被调试程序	输　入				输　出							
	P3.3	P3.2	P3.1	P3.0	P1.7	P1.6	P1.5	P1.4	P1.3	P1.2	P1.1	P1.0
EX11-2-1.c	1	1	1	1								
	1	1	1	0								
	1	1	0	1								
	1	0	1	1								
	0	1	1	1								
	1	1	0	0								
EX11-2-2.c	1	1	1	1								
	1	1	1	0								
	1	1	0	1								
	1	0	1	1								
	0	1	1	1								
	1	1	0	0								

说明：教学中，教师先采用演示的方法教会学生，再由学生进行练习。除 Keil C 集成开发环境软件模拟调试法，教师也可以采用 Proteus 软件模拟调试或采用实物单片机应用系统进行调试，让学生进一步体会 C 语言在单片机编程中的应用，更重要的是让学生体会单片机的作用。

任务拓展

按键 S0、S1、S2、S3，可以形成 16 种状态，现要求每种输入状态对应一种输出状态，具体控制要求如表 11-6 所示。试编写程序实现，并模拟调试。

表 11-6　输入输出控制关系表

序号	输　入				输　出							
	P3.3	P3.2	P3.1	P3.0	P1.7	P1.6	P1.5	P1.4	P1.3	P1.2	P1.1	P1.0
1	0	0	0	0	0	0	0	0	0	0	0	0
2	0	0	0	1	1	0	0	0	0	0	0	1
3	0	0	1	0	1	1	0	0	0	0	1	
4	0	0	1	1	1	1	1	0	0	1	1	1
5	0	1	0	0	0	0	0	0	0	0	0	0
6	0	1	0	1	0	0	0	1	1	0	0	0
7	0	1	1	0	0	0	1	1	1	1	0	0
8	0	1	1	1	1	1	1	0	0	1	1	1
9	1	0	0	0	1	1	0	0	0	0	1	1
10	1	0	0	1	1	0	0	0	0	0	0	1

续表

序号	输　入				输　出							
	P3.3	P3.2	P3.1	P3.0	P1.7	P1.6	P1.5	P1.4	P1.3	P1.2	P1.1	P1.0
11	1	0	1	0	1	1	1	1	0	0	0	
12	1	0	1	1	0	0	0	0	1	1	1	1
13	1	1	0	0	0	0	1	1	1	1	0	0
14	1	1	0	1	1	1	0	0	0	0	1	1
15	1	1	1	0	0	0	0	0	0	0	0	0
16	1	1	1	1	1	1	1	1	1	1	1	1

任务 11.3　C51 中断函数

任务说明

C 语言程序的基本组成单位是函数，但函数的使用是由用户在编程时主动调用的。在 8051 单片机内部有一个中断系统，用于接收中断源(定时器、串行接口、外部中断源等)提出的中断请求，给中断源提供中断服务，但中断请求是不定时的、不确定的，只有中断源需要时才提供服务，因此，无法在编程时主动提供中断服务。

中断函数是一种特殊函数，编程时不能调用中断函数。当某中断源发出请求后，CPU 响应时会自动执行该中断源的中断函数。

本任务学习 8051 单片机各中断源中断函数的定义与应用。

相关知识

C51 编译器支持在 C 语言源程序中直接编写 C51 单片机的中断服务函数程序。为了能够在 C 语言源程序中直接编写中断服务函数，C51 编译器对函数的定义进行了扩展，增加了一个扩展关键字 interrupt。关键字 interrupt 是函数定义时的一个选项，加上这个选项就可以将一个函数定义成中断服务函数。

1. 中断服务函数的定义

中断服务函数定义的一般格式为：

```
函数类型 函数名(形式参数表)[interrupt n] [using m]
```

其中，关键字 interrupt 后面的 n 是中断号，n 的取值范围为 0～31。编译器从 8n+3 处产生中断矢量，具体的中断号 n 和中断矢量取决于不同的单片机芯片。

关键字 using 用于选择工作寄存器组，m 为对应的寄存器组号，m 取值为 0～3，对应 8051 单片机的 0～3 工作寄存器组。

2. 8051 单片机中断源

8051 单片机中断源的中断号与中断矢量如表 11-7 所示。

表 11-7　8051 单片机中断源的中断号与中断矢量表

中　断　源	中断号 n	中断矢量 8n+3
外部中断 0	0	0003H
定时器/计数器中断 0	1	000BH
外部中断 1	2	0013H
定时器/计数器中断 1	3	001BH
串行口中断	4	0023H

3. 中断服务函数的编写规则

(1) 中断函数不能进行参数传递，如果中断函数中包含任何参数声明都将导致编译出错。

(2) 中断函数没有返回值，如果企图定义一个返回值将得到不正确的结果。因此，最好定义中断函数时将其定义为 void 类型，以明确说明没有返回值。

(3) 在任何情况下都不能直接调用中断函数；否则会产生编译错误。因为中断函数的返回是由 8051 单片机指令 RETI 完成的，RETI 指令影响 8051 单片机的硬件中断系统。

(4) 如果中断函数中用到浮点运算，必须保存浮点寄存器的状态，当没有其他程序执行浮点运算时可以不保存。

(5) 如果在中断函数中调用了其他函数，则被调用函数所使用的寄存器组必须与中断函数相同。用户必须保证按要求使用相同的寄存器组；否则会产生不正确的结果。如果定义函数时没有使用 using 选项，则由编译器选择一个寄存器组作绝对寄存器组访问。

任务实施

1. 任务功能

将 EX10-1-1.c 流水灯程序的启动、停止控制改为用外部中断 0 实现。

2. 编程思路分析

设定一个标志 flag，当 flag 为 1 时流水灯停止工作；当 flag 为 0 时流水灯左移。

每中断一次，对 flag 值取反。外部中断 0 的输入端是 P3.2 输入端，每产生一个下降沿，就会引发中断一次，即在 P3.2 连接一个按键，每按动一次就产生一个中断，flag 值取反一次，即改变流水灯的工作状态。

在 EX10-1-1.c 程序基础上做以下处理。

(1) 中断初始化，包括外部中断 0 的中断触发方式，外部中断 0 的中断允许与 CPU 中断的中断允许。

(2) 外部中断 0 中断服务函数。

3. 编写程序

中断控制的流水灯 C51 源程序如下。

EX11-3-1.c：

```
#include<reg51.h>
#include<intrins.h>
#define uchar unsigned char
#define uint  unsigned int
uchar x=0xfe;
bit bdata flag=1;                  //定义位标量,存储在位寻址区 20H～2FH
void delay(uint ms)
{
    uint i,j;
    for(j=0;j<ms;j++)
        for(i=0;i<121;i++);
}
void ex0_inti(void)                //中断初始化
{
    IT0=1;                         //设置外部中断 0 的中断触发方式,即下降沿触发
    EX0=1;                         //开放外部中断 0
    EA=1;                          //开放 CPU 中断
}
void main(void)
{
    ex0_inti();
    while(1)
    {
        if(flag==0)
        {
            P1=x;
            x=_crol_(x,1);
            delay(500);
        }
    }
}
void extern_int0(void)interrupt 0 using 0         //外部中断 0 服务函数
{
    flag=!flag;                    //标志位取反
}
```

4. Keil μVision4 模拟仿真

(1) 用 Keil μVision4 集成开发环境编辑、编译 EX11-3-1.c 程序,生成机器代码程序 EX11-3-1.hex。

(2) 进入 Keil μVision4 集成开发环境模拟仿真调试界面。

(3) 全速运行程序,检查程序功能是否与 EX11-3-1.c 流水灯程序功能一致。

① 观察初始工作状态(P1 口的工作状态)。

② P3.2 输入端输入按键信号,则高电平→低电平→高电平,观察程序运行状态(P1

口的工作状态)。

③ P3.2输入端再次输入按键信号,则高电平→低电平→高电平,观察程序运行状态(P1口的工作状态)。

任务拓展

按以下要求修改程序EX11-3-1.c及修改电路,并用Keil μVision4集成开发环境模拟仿真。

(1) 将外部中断0改为用外部中断1实现。

(2) 在外部中断1中断源按键的控制下,流水灯在左移和右移间切换。

思考与提高

1. 填空题

(1) 8051单片机包括________、片内RAM(含低128B与特殊功能寄存器)和________三大部分。

(2) 在C51中,新增data、code、idata、bdata、xdata等关键字,这些关键字主要用于定义变量的________,data代表________,code代表________。

(3) 在C51中,新增了________关键字,用于区分中断函数与普通函数的定义;8051单片机各中断的中断函数是通过中断号来区别的,外部中断0的中断号是________,定时器T1中断的中断号是________。

(4) 若定义变量时未定义存储器类型,编译时变量的存储空间的分配与编译器的编译模式有关,当编译模式为SMALL时,变量将分配到________存储器中;当编译模式为LARGE时,变量又将分配到________存储器中。

(5) 在C51中,新增了using关键字,其作用是________。

(6) 在C51中,新增了sfr、sbit关键字,其各自的作用分别是________和________。

2. 程序分析题

(1) 说明下列语句的含义。

①

```
#include<reg51.h>
#define uint unsigned int
sfr AUXR=0x8e;
uint bdata x;
sbit x_1=x^1;
```

②

```
for(;;)
{
```

```
…
}
```

③

```
while(1)
{
…
}
```

④

```
#define uchar unsigned char
uchar tmp;
P1=0xff;
temp=P1;
temp &=0x0f;
```

（2）分析程序运行结果。

①

```
bit k;
unsigned char x;
unsigned char y;
x=1;
y=3;
k=(bit)(x+y);
```

②

```
#define uchar unsigned char
uchar a;
uchar b;
uchar min;
a=0xf6;
b=235;
min=(a<b)?a:b;
```

3. 问答题

（1）解释 sfr P0＝0x80;与 unsigned char x＝0x80;的含义，特别说明“＝”号的不同含义。

（2）C51 编程中，首先要求用包含语句将 reg51.h 头文件包含到程序中，请问 reg51.h 头文件的主要内容是什么？为什么说在 C51 编程中，一定要将 reg51.h 或类似头文件包含到程序中？

（3）在 C51 编程中，是如何应用 8051 单片机的存储器和特殊功能寄存器的？

4. 编程题

(1) 求1～100各个自然数的和,个位数、十位数从P1口输出,百位数、千位数从P2口输出,分别用while语句和for语句实现。

(2) 从P1口输入数据,当输入数据小于100时,P3.0输出低电平;当输入数据不小于100且小于200时,P3.1输出低电平;当输入数据不小于200时,P3.2输出低电平;试编写程序实现,并模拟调试。

附录一

ASCII 码表

$b_6b_5b_4$ / $b_3b_2b_1b_0$	000	001	010	011	100	101	110	111
0000	NUL	DLE	SP	0	@	P	、	p
0001	SOH	DC1	!	1	A	Q	a	q
0010	STX	DC2	”	2	B	R	b	r
0011	ETX	DC3	#	3	C	S	c	s
0100	EOT	DC4	$	4	D	T	d	t
0101	ENQ	NAK	%	5	E	U	e	u
0110	ACK	SYN	&	6	F	V	f	v
0111	BEL	ETB	,	7	G	W	g	w
1000	BS	CAN	(	8	H	X	h	x
1001	HT	EM	)	9	I	Y	i	y
1010	LF	SUB	*	:	J	Z	j	z
1011	VT	ESC	+	;	K	[	k	{
1100	FF	FS	,	<	L	\	l	|
1101	CR	GS	—	=	M	]	m	}
1110	SO	RS	.	>	N	↑	n	~
1111	SI	US	/	?	O	←	o	DEL

说明：ASCII 码表中各控制字符的含义如下。

NUL 空字符
SOH 标题开始
STX 正文开始
ETX 正文结束
EOY 传输结束
ENQ 请求
ACK 确认
BEL 响铃
BS 退格
HT 水平制表符
LF 换行
SP 空格
VT 垂直制表符
FF 换页
CR 回车
SO 移位输出
SI 移位输入
DLE 数据链路转义
DC1 设备控制 1
DC2 设备控制 2
DC3 设备控制 3
DC4 设备控制 4
NAK 拒绝接收
SYN 空转同步
ETB 信息组传送结束
CAN 取消
EM 介质中断
SUB 换置
ESC 溢出
FS 文件分隔符
GS 组分隔符
RS 记录分隔符
US 单元分隔符
DEL 删除

附录二

C 语言关键字

auto	声明自动变量,缺省时编译器一般默认为 auto
int	声明整型变量
double	声明双精度变量
long	声明长整型变量
char	声明字符型变量
float	声明浮点型变量
short	声明短整型变量
signed	声明有符号类型变量
unsigned	声明无符号类型变量
struct	声明结构体变量
union	声明联合数据类型
enum	声明枚举类型
static	声明静态变量
switch	用于开关语句
case	开关语句分支
default	开关语句中的“其他”分支
break	跳出当前循环
register	声明寄存器变量
const	声明只读变量
volatile	说明变量在程序执行中可被隐含地改变
typedef	用以给数据类型取别名
extern	声明变量是在其他文件中声明(也可以看做是引用变量)
return	子程序返回语句(可以带参数,也可不带参数)
void	声明函数无返回值或无参数,声明空类型指针
continue	结束当前循环,开始下一轮循环
do	循环语句的循环体
while	循环语句的循环条件
if	条件语句
else	条件语句否定分支(与 if 连用)
for	一种循环语句
goto	无条件跳转语句
sizeof	计算对象所占内存空间大小

附录三

C语言的运算符种类、优先级与结合性

<table>
<tr><th>运算符种类</th><th>优先级</th><th>运算符</th><th>含义</th><th>操作个数</th><th>结合方向</th></tr>
<tr><td rowspan="4">初等运算符</td><td rowspan="4">1
优先级最高</td><td>( )</td><td>圆括号</td><td rowspan="4"></td><td rowspan="4">左结合
(自左至右)</td></tr>
<tr><td>[ ]</td><td>下标运算符</td></tr>
<tr><td>-></td><td>指向结构体成员运算符</td></tr>
<tr><td>.</td><td>结构体成员运算符</td></tr>
<tr><td rowspan="9">单目运算符</td><td rowspan="9">2</td><td>!</td><td>逻辑非运算符</td><td rowspan="9">1
单目运算符</td><td rowspan="9">右结合
(自右至左)</td></tr>
<tr><td>~</td><td>按位取反运算符</td></tr>
<tr><td>++</td><td>自增运算符</td></tr>
<tr><td>--</td><td>自减运算符</td></tr>
<tr><td>-</td><td>负号运算符</td></tr>
<tr><td>(类型)</td><td>类型转换运算符</td></tr>
<tr><td>*</td><td>指针运算符</td></tr>
<tr><td>&</td><td>取地址运算符</td></tr>
<tr><td>sizeof</td><td>长度运算符</td></tr>
<tr><td rowspan="5">算术运算符</td><td rowspan="3">3</td><td>*</td><td>乘法运算符</td><td rowspan="5">2
双目运算符</td><td rowspan="5">左结合
(自左至右)</td></tr>
<tr><td>/</td><td>除法运算符</td></tr>
<tr><td>%</td><td>求余运算符</td></tr>
<tr><td rowspan="2">4</td><td>+</td><td>加法运算符</td></tr>
<tr><td>-</td><td>减法运算符</td></tr>
<tr><td rowspan="2">位运算符</td><td rowspan="2">5</td><td><<</td><td>左移位运算符</td><td rowspan="2">2
双目运算符</td><td rowspan="2">左结合
(自左至右)</td></tr>
<tr><td>>></td><td>右移位运算符</td></tr>
<tr><td rowspan="3">关系运算符</td><td>6</td><td><,<=,>,>=</td><td>关系运算符</td><td>2
双目运算符</td><td>左结合
(自左至右)</td></tr>
<tr><td rowspan="2">7</td><td>==</td><td>等于运算符</td><td rowspan="2">2
双目运算符</td><td rowspan="2">左结合
(自左至右)</td></tr>
<tr><td>!=</td><td>不等于运算符</td></tr>
<tr><td rowspan="3">位运算符</td><td>8</td><td>&</td><td>按位与运算符</td><td rowspan="3">2
双目运算符</td><td rowspan="3">左结合
(自左至右)</td></tr>
<tr><td>9</td><td>^</td><td>按位异或运算符</td></tr>
<tr><td>10</td><td>|</td><td>按位或运算符</td></tr>
</table>

续表

<table>
<tr><th>运算符种类</th><th>优先级</th><th>运算符</th><th>含义</th><th>操作个数</th><th>结合方向</th></tr>
<tr><td rowspan="2">逻辑运算符</td><td>11</td><td>&&</td><td>逻辑与运算符</td><td rowspan="2">2
双目运算符</td><td rowspan="2">左结合
(自左至右)</td></tr>
<tr><td>12</td><td>||</td><td>逻辑或运算符</td></tr>
<tr><td>条件运算符</td><td>13</td><td>? :</td><td>条件运算符</td><td>3
三目运算符</td><td>右结合
(自右至左)</td></tr>
<tr><td>赋值运算符</td><td>14</td><td>=,+=,-=,
*=,/=,>>=,
<<=,&=,^=,|=</td><td>赋值运算符</td><td>2
双目运算符</td><td>右结合
(自右至左)</td></tr>
<tr><td>逗号运算符</td><td>15</td><td>,</td><td>逗号运算符(顺序求值运算符)</td><td></td><td>左结合
(自左至右)</td></tr>
</table>

说明：

(1) 同一优先级的运算符，运算次序由其结合性决定。例如，* 与/具有相同的优先级别，其结合方向为自左至右，因此 3*5/4 的运算次序是先乘后除。--和++为同一优先级别，结合方向为自右至左，因此--i++相当于--(i++)。

(2) 不同的运算符要求不同的运算对象个数，如+(加)和—(减)为双目运算符，要求在运算符两侧各有一个运算对象(如 3+5、8-3 等)。而+ +和--(负号)运算符是单目运算符，只能在运算的一侧出现一个运算对象(如--a、i++、--i、(float)i、sizeof(int)、* p 等)。条件运算符是C语言中唯一一个三目运算符 x? a:b。

(3) 从上述表中可以大致归纳出各类算术运算符的优先级(上面的高，下面的低)：

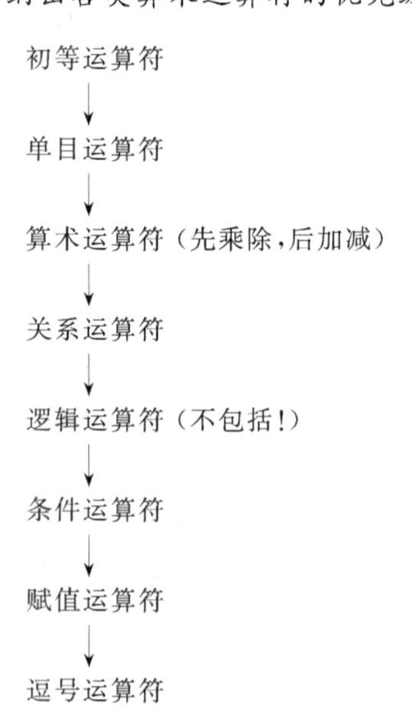

以上的优先级别由上到下递减。初等运算符优先级最高，逗号运算符优先级别最低，位运算符的优先级别比较分散，有的在算术运算符之前(如～)，有的在算术运算符之后关系运算符之前(如<<和>>)，有的在关系运算符之后(如 &、^、|)。为了便于记忆，使用位运算符时可加圆括号。

附录四

常用头文件与库函数

1. stdio.h(输入/输出函数)

函数名	函数原型	功　　能	返　回　值	说　　明
clearerr	void clearerr(FILE * fp);	使 fp 所指文件的错误,标志和文件结束标志置 0	无返回值	
close	int close(int fp);	关闭文件	成功返回 0,不成功返回-1	非 ANSI 标准
create	int create(char * filename,int mode);	以 mode 所指定的方向建立文件	成功返回正数,否则返回-1	非 ANSI 标准
eof	inteof(int fd);	检查文件是否结束	遇文件结束返回 1,否则返回 0	非 ANSI 标准
fclose	int fclose(FILE * fp);	关闭 fp 所指的文件,释放文件缓冲区	有错返回非 0,否则返回 0	
feof	int feof(FILE * fp);	检查文件是否结束	遇文件结束符返回非零值,否则返回 0	
fgetc	int fgetc(FILE * fp);	从 fp 所指定的文件中取得下一个字符	返回所得到的字符,若读入出错,返回 EOF	
fgets	char * fgets(char * buf, int n,FILE * fp);	从 fp 指向的文件读取一个长度为($n-1$)的字符串,存入起始地址为 buf 的空间	返回地址 buf,若遇文件结束或出错,返回 NULL	
fopen	FILE * fopen (char * filename,char * mode);	以 mode 指定的方式打开名为 filename 的文件	成功返回一个文件指针(文件信息区的起始地址),否则返回 0	
fprintf	int fprintf(FILE * fp,char * format,args,...);	把 args 的值以 format 指定的格式输出到 fp 所指定的文件中	返回实际输出的字符数	
fputc	int fputc(char ch,FILE * fp);	将字符 ch 输出到 fp 指向的文件中	成功则返回该字符,否则返回非 0	
fputs	int fputs(char * str,FILE * fp);	将 str 指向的字符串输出到 fp 所指定的文件	成功则返回 0,若出错返回非 0	

续表

函数名	函数原型	功能	返回值	说明
fread	int fread(char * pt, unsigned size, unsigned n, FILE * fp);	从fp所指定的文件中读取长度为size的n个数据项，存到pt所指向的内存区	返回所得的数据项个数，如遇到文件结束或者出错返回0	
fscanf	int fscanf(FILE * fp, char format, args, ...);	从fp指定的文件中按format给定的格式将输入数据送到args所指向的内存单元(args是指针)	返回已输入的个数	
fseek	int fseek(FILE * fp, long offset, int base);	将fp所指向的文件的位置指针移到以base所指出的位置为基准、以offset为位移量的位置	返回当前位置，否则返回－1	
ftell	long ftell(FILE * fp);	返回fp所指向的文件中的读写位置	成功则返回fp所指向的文件中的读写位置	
fwrite	int fwrite(char * ptr, unsigned size, unsigned n, FILE * fp);	把ptr所指向的n * size个字节输出到fp所指向的文件中	成功则返回写到fp文件中的数据项的个数	
getc	int getc(FILE * fp);	从fp所指向的文件中读入一个字符	成功则返回所读的字符，若文件结束或出错，则返回EOF	
getchar	int getchar(void);	从标准输入设备读取下一个字符	成功则返回所读字符，若文件结束或出错，则返回－1	
getw	int getw(FILE * fp);	从fp所指向的文件读取下一个字(整数)	成功则返回输入的整数，如文件结束或出错，则返回－1	非ANSI标准函数
open	int open(char * filename, int mode);	以mode指出的方式打开已存在的名为filename的文件	成功则返回文件号(正数)，如打开失败，则返回－1	非ANSI标准函数
printf	int printf(char * format, args, ...);	按format指向的格式字符串所规定的格式，将输出表列args的值输出到标准输出设备	成功则返回输出字符的个数，若出错，则返回负数。format可以是一个字符串，或字符数组的起始地址	
putc	int putc(int ch, FILE * fp);	把一个字符ch输出到fp所指定的文件中	成功则返回输出的字符ch，若出错，则返回EOF	
putchar	int putchar(char ch);	把字符ch输出到标准输出设备	成功则返回输出的字符ch，若出错，则返回EOF	
puts	int puts(char * str);	把str指向的字符串输出到标准输出设备	成功则返回换行符，若失败，则返回EOF	

续表

函数名	函数原型	功　　能	返　回　值	说　　明
putw	int putw(int w, FILE * fp);	将一个整数 w(即一个字)写到 fp 指向的文件中	返回输出的整数,若出错,则返回 EOF	非 ANSI 标准函数
read	int read(int fd, char * buf,unsigned count);	从文件号 fd 所指示的文件中读 count 个字节到由 buf 指示的缓冲区中	返回真正读入的字节个数,如遇文件结束返回 0,出错则返回 −1	非 ANSI 标准函数
rename	int rename(char * oldname, char * newname);	把由 oldname 所指的文件改名为由 newname 所指的文件名	成功返回 0,出错则返回 −1	
rewind	void rewind(FILE * fp);	将 fp 指示的文件中的位置指针置于文件开头位置,并清除文件结束标志和错误标志	无返回值	
scanf	int scanf(char * format, args,…);	从标准输入设备按 format 指向的格式字符串所规定的格式,输入数据给 args 所指向的单元,读入并赋给 args 的数据个数。args 为指针	遇文件结束返回 EOF,出错则返回 0	
write	int write(int fd, char * buf,unsigned count);	从 buf 指示的缓冲区输出 count 个字符到 fd 所标志的文件中	返回实际输出的字节数,如出错则返回 −1	非 ANSI 标准函数

2. math.h(数学函数)

函数名	函数原型	功　　能	返　回　值	说　　明
abs	int abs(int x);	求整型 x 的绝对值	返回计算结果	
acos	double acos(double x);	计算 arccos(x)的值,x 应在 −1～1 范围内	返回计算结果	
asin	double asin(double x);	计算 arcsin(x)的值,x 应在 −1～1 范围内	返回计算结果	
atan	double atan(double x);	计算 arctan(x)的值	返回计算结果	
atan2	double atan2(double x, double y);	计算 arctan(y/x)的值	返回计算结果	
cos	double cos(double x);	计算 cos(x)的值,x 的单位为弧度	返回计算结果	
cosh	double cosh(double x);	计算 x 的双曲余弦 cosh(x)的值	返回计算结果	
exp	double exp(double x);	求 e^x 的值	返回计算结果	
fabs	duoble fabs(fouble x);	求 x 的绝对值	返回计算结果	
floor	double floor(double x);	求出不大于 x 的最大整数	返回该整数的双精度实数	

续表

函数名	函数原型	功　能	返　回　值	说　明
fmod	double fmod (double x, double y);	求整除 x/y 的余数	返回该余数的双精度	
frexp	double frexp (double x, double * eptr);	把双精度数 val 分解为数字部分(尾数)x 和以 2 为底的指数 n,即 val=x * 2n,n 存放在 eptr 指向的变量中,0.5≤x<1	返回数字部分 x	
log	double log(double x);	求 lnx,Inx	返回计算结果	
log10	double log10(double x);	求 lgx	返回计算结果	
modf	double modf (double val, double * iptr);	把双精度数 val 分解为整数部分和小数部分,把整数部分存到 iptr 指向的单元	返回 val 的小数部分	
pow	double pow (double x, double * iprt);	计算 xy 的值	返回计算结果	
rand	int rand(void);	产生－90～32 767 间的随机整数	返回随机整数	
sin	double sin(double x);	计算 sinx 的值,x 的单位为弧度	返回计算结果	
sinh	double sinh(double x);	计算 x 的双曲正弦函数 sinh(x)的值	返回计算结果	
sqrt	double sqrt(double x);	计算根号 x,x≥0	返回计算结果	
tan	double tan(double x);	计算 tan(x)的值,x 的单位为弧度	返回计算结果	
tanh	double tanh(double x);	计算 x 的双曲正切函数 tanh(x)的值	返回计算结果	

3. ctype.h(字符函数)

函数名	函数原型	功　能	返　回　值	说　明
isalnum	int isalnum(int c)	判断字符 c 是否为字母或数字	当 c 为数字 0～9 或字母 a～z 及 A～Z 时,返回非零值,否则返回零	
isalpha	int isalpha(int c)	判断字符 c 是否为英文字母	当 c 为英文字母 a～z 或 A～Z 时,返回非零值,否则返回零	
iscntrl	int iscntrl(int c)	判断字符 c 是否为控制字符	当 c 在 0x00～0x1F 之间或等于 0x7F(DEL)时,返回非零值,否则返回零	
isxdigit	int isxdigit(int c)	判断字符 c 是否为十六进制数字	当 c 为 A～F、a～f 或 0～9 之间的十六进制数字时,返回非零值,否则返回零	

续表

函数名	函 数 原 型	功 能	返 回 值	说 明
isgraph	int isgraph(int c)	判断字符 c 是否为除空格外的可打印字符	当 c 为可打印字符(0x21～0x7e)时,返回非零值,否则返回零	
islower	int islower(int c)	检查 c 是否为小写字母	是,返回 1;不是,返回 0	
isprint	int isprint(int c)	判断字符 c 是否为含空格的可打印字符		
ispunct	int ispunct(int c)	判断字符 c 是否为标点符号。标点符号指那些既不是字母、数字,也不是空格的可打印字符	当 c 为标点符号时,返回非零值,否则返回零	
isspace	int isspace(int c);	判断字符 c 是否为空白符。空白符指空格、水平制表、垂直制表、换页、回车和换行符	当 c 为空白符时,返回非零值,否则返回零	
isupper	int isupper(int c)	判断字符 c 是否为大写英文字母	当 c 为大写英文字母(A～Z)时,返回非零值,否则返回零	
isxdigit	int isxdigit(int c)	判断字符 c 是否为十六进制数字	当 c 为 A～F、a～f 或 0～9 之间的十六进制数字时,返回非零值,否则返回零	
tolower	int tolower (int c)	将字符 c 转换为小写英文字母	如果 c 为大写英文字母,则返回对应的小写字母;否则返回原来的值	
toupper	int toupper(int c)	将字符 c 转换为大写英文字母	如果 c 为小写英文字母,则返回对应的大写字母;否则返回原来的值	
toascii	int toascii(int c)	将字符 c 转换为 ASCII 码,toascii 函数将字符 c 的高位清零,仅保留低 7 位	返回转换后的数值	

4. string.h(字符串函数)

函数名	函 数 原 型	功 能	返 回 值	说 明
memset	void * memset (void * dest,int c,size_t count)	将 dest 前面 count 个字符置为字符 c	返回 dest 的值	
memmove	void * memmove(void * dest,const void * src,size_t count)	从 src 复制 count 字节的字符到 dest. 如果 src 和 dest 出现重叠,函数会自动处理	返回 dest 的值	
memcpy	void * memcpy (void * dest,const void * src,size_t count)	从 src 复制 count 字节的字符到 dest。与 memmove 功能一样,只是不能处理 src 和 dest 出现重叠	返回 dest 的值	
memchr	void * memchr (const void * buf, int c, size_t count)	在 buf 前面 count 字节中查找首次出现字符 c 的位置,找到了字符 c 或者已经搜寻了 count 个字节,查找即停止	操作成功则返回 buf 中首次出现 c 的位置指针,否则返回 NULL	

续表

函数名	函数原型	功　能	返　回　值	说　明
memccpy	void * _memccpy(void * dest,const void * src,int c,size_t count)	从 src 复制 0 个或多个字节的字符到 dest。当字符 c 被复制或者 count 个字符被复制时，复制停止	如果字符 c 被复制，函数返回这个字符后面紧挨一个字符位置的指针，否则返回 NULL	
memcmp	int memcmp(const void * buf1,const void * buf2,size_t count)	比较 buf1 和 buf2 前面 count 个字节大小	返回值<0，表示 buf1<buf2；返回值为 0，表示 buf1=buf2；返回值>0，表示 buf1>buf2	
memicmp	int memicmp(const void * buf1,const void * buf2,size_t count)	比较 buf1 和 buf2 前面 count 个字节。与 memcmp 不同的是，它不区分大小写	返回值<0，表示 buf1<buf2；返回值为 0，表示 buf1=buf2；返回值>0，表示 buf1>buf2	
strlen	size_t strlen(const char * string)	获取字符串长度，字符串结束符 NULL 不计算在内	没有返回值指示操作错误	
strrev	char * strrev(char * string)	将字符串 string 中的字符顺序颠倒过来。NULL 结束符位置不变	返回调整后的字符串的指针	
_strupr	char * _strupr(char * string)	将 string 中所有小写字母替换成相应的大写字母，其他字符保持不变	返回调整后的字符串的指针	
_strlwr	char * _strlwr(char * string)	将 string 中所有大写字母替换成相应的小写字母，其他字符保持不变	返回调整后的字符串的指针	
strchr	char * strchr(const char * string,int c)	查找字符 c 在字符串 string 中首次出现的位置，NULL 结束符也包含在查找中	返回一个指针，指向字符 c 在字符串 string 中首次出现的位置，如果没有找到，则返回 NULL	
strrchr	char * strrchr(const char * string,int c)	查找字符 c 在字符串 string 中最后一次出现的位置，也就是对 string 进行反序搜索，包含 NULL 结束符	返回一个指针，指向字符 c 在字符串 string 中最后一次出现的位置，如果没有找到，则返回 NULL	
strstr	char * strstr(const char * string, const char * strSearch)	在字符串 string 中查找 strSearch 子串	返回子串 strSearch 在 string 中首次出现位置的指针。如果没有找到子串 strSearch，则返回 NULL。如果子串 strSearch 为空串，函数返回 string	
strdup	char * strdup(const char * strSource)	函数运行中会自己调用 malloc 函数为复制 strSource 字符串分配存储空间，然后再将 strSource 复制到分配到的空间中。注意要及时释放这个分配的空间	返回一个指针，指向为复制字符串分配的空间；如果分配空间失败，则返回 NULL 值	

续表

函数名	函数原型	功能	返回值	说明
strcat	char * strcat (char * strDestination, const char * strSource)	将源串 strSource 添加到目标串 strDestination 后面，并在得到的新串后面加上 NULL 结束符。源串 strSource 的字符会覆盖目标串 strDestination 后面的结束符 NULL。在字符串的复制或添加过程中没有溢出检查，所以要保证目标串空间足够大。不能处理源串与目标串重叠的情况	返回 strDestination 值	
strncat	char * strncat (char * strDestination, const char * strSource, size_t count)	将源串 strSource 开始的 count 个字符添加到目标串 strDest 后。源串 strSource 的字符会覆盖目标串 strDestination 后面的结束符 NULL。如果 count 大于源串长度，则会用源串的长度值替换 count 值，得到的新串后面会自动加上 NULL 结束符，与 strcat 函数一样，本函数不能处理源串与目标串重叠的情况	返回 strDestination 值	
strcpy	char * strcpy (char * strDestination, const char * strSource)	复制源串 strSource 到目标串 strDestination 所指定的位置，包含 NULL 结束符，不能处理源串与目标串重叠的情况	返回 strDestination 值	
strncpy	char * strncpy (char * strDestination, const char * strSource, size_t count)	将源串 strSource 开始的 count 个字符复制到目标串 strDestination 所指定的位置，如果 count 值小于或等于 strSource 串的长度，不会自动添加到 NULL 结束符目标串中。而 count 大于 strSource 串的长度时，则将 strSource 用 NULL 结束符填充补齐 count 个字符，复制到目标串中。不能处理源串与目标串重叠的情况	返回 strDestination 值	
strset	char * strset (char * string, int c)	将 string 串的所有字符设置为字符 c，遇到 NULL 结束符停止	返回内容调整后的 string 指针	
strnset	char * strnset (char * string, int c, size_t count)	将 string 串开始 count 个字符设置为字符 c，如果 count 值大于 string 串的长度，将用 string 的长度替换 count 值	返回内容调整后的 string 指针	

续表

函数名	函数原型	功能	返回值	说明
size_t strspn	size_t strspn(const char * string,const char * strCharSet)	查找任何一个不包含在strCharSet串中的字符(字符串结束符NULL除外)在string串中首次出现的位置序号	返回一个整数值,指定在string中全部由characters中的字符组成的子串的长度。如果string以一个不包含在strCharSet中的字符开头,函数将返回0值	
size_t strcspn	size_t strcspn(const char * string,const char * strCharSet)	查找strCharSet串中任何一个字符在string串中首次出现的位置序号,包含字符串结束符NULL	返回一个整数值,指定在string中全部由非characters中的字符组成的子串的长度。如果string以一个包含在strCharSet中的字符开头,函数将返回0值	
strspnp	char * strspnp(const char * string,const char * strCharSet)	查找任何一个不包含在strCharSet串中的字符(字符串结束符NULL除外)在string串中首次出现的位置指针	返回一个指针,指向非strCharSet中的字符在string中首次出现的位置	
strpbrk	char * strpbrk(const char * string,const char * strCharSet)	查找strCharSet串中任何一个字符在string串中首次出现的位置,不包含字符串结束符NULL	返回一个指针,指向strCharSet中任一字符在string中首次出现的位置。如果两个字符串参数不含相同字符,则返回NULL值	
strcmp	int strcmp(const char * string1,const char * string2)	比较字符串string1和string2的大小	返回值<0,表示string1<string2; 返回值为0,表示string1=string2; 返回值>0,表示string1>string2	
stricmp	int stricmp(const char * string1,const char * string2)	比较字符串string1和string2大小,和strcmp不同,比较的是它们的小写字母版本	返回值<0,表示string1<string2; 返回值为0,表示string1=string2; 返回值>0,表示string1>string2	
strcmpi	int strcmpi(const char * string1,const char * string2)	等价于stricmp函数		

续表

函数名	函数原型	功　能	返　回　值	说　明
strncmp	int strncmp(const char * string1,const char * string2,size_t count)	比较字符串 string1 和 string2 大小,只比较前面 count 个字符。比较过程中,任何一个字符串的长度小于 count,则 count 将被较短的字符串的长度取代。此时如果两串前面的字符都相等,则较短的串要小	返回值<0,表示 string1 的子串小于 string2 的子串; 返回值为 0,表示 string1 的子串等于 string2 的子串; 返回值>0,表示 string1 的子串大于 string2 的子串	
strnicmp	int strnicmp (const char * string1,const char * string2,size_t count)	比较字符串 string1 和 string2 大小,只比较前面 count 个字符。与 strncmp 不同的是,比较的是它们的小写字母版本	返回值与 strncmp 相同	
strtok	char * strtok(char * strToken,const char * strDelimit)	在 strToken 串中查找下一个标记,strDelimit 字符集则指定了在当前查找调用中可能遇到的分界符	返回一个指针,指向在 strToken 中找到的下一个标记。如果找不到标记,就返回 NULL 值。每次调用都会修改 strToken 内容,用 NULL 字符替换遇到的每个分界符	

5. malloc. h(或 stdlib. h,或 alloc. h,动态存储分配函数)

函数名	函数原型	功　能	返　回　值	说　明
calloc	void * calloc(unsigned int num,unsigned int size);	按所给数据个数和每个数据所占字节数开辟存储空间	分配内存单元的起始地址,如不成功,返回 0	
free	void free(void * ptr);	将以前开辟的某内存空间释放	无	
malloc	void * malloc (unsigned int size);	开辟指定大小的存储空间	返回该存储区的起始地址,如内存不够返回 0	
realloc	void * realloc(void * ptr, unsigned int size);	重新定义所开辟内存空间的大小	返回指向该内存区的指针	

6. reg51. h(C51 函数)

该头文件对标准 8051 单片机的所有特殊功能寄存器以及可寻址的特殊功能寄存器位进行了地址定义,详见项目 11 任务 11. 1。在 C51 编程中,必须包含该头文件;否则,8051 单片机的特殊功能寄存器符号以及可寻址位符号就不能直接使用了。

7. intrins. h(C51 函数)

函数名	函数原型	功　能	返　回　值	说　明
crol	unsigned char _crol_(unsigned char val,unsigned char n)	将 char 字符循环左移 n 位	char 字符循环左移 n 位后的值	
cror	unsigned char _cror_(unsigned char val,unsigned char n);	将 char 字符循环右移 n 位	char 字符循环右移 n 位后的值	

续表

函数名	函数原型	功 能	返回值	说 明
irol	unsigned int _irol_(unsigned int val,unsigned char n);	将val整数循环左移n位	val整数循环左移n位后的值	
iror	unsigned int _iror_(unsigned int val,unsigned char n);	将val整数循环右移n位	val整数循环右移n位后的值	
lrol	unsigned int _lrol_(unsigned int val,unsigned char n);	将val长整数循环左移n位	val长整数循环左移n位后的值	
lror	unsigned int _lror_(unsigned int val,unsigned char n);	将val长整数循环右移n位	val长整数循环右移n位后的值	
nop	void _nop_(void);	产生一个NOP指令	无	
testbit	bit _testbit_(bit x);	产生一个JBC指令,该函数测试一个位,如果该位置为1,则将该位复位为0。_testbit_只能用于可直接寻址的位;在表达式中使用是不允许的	当x为1时返回1,否则返回0	

附录五

Keil C51 编译器扩展的关键字

关 键 字	类　　型	作　　用
bit	位标量声明	声明一个位标量或位类型的函数
sbit	位变量地址定义	定义一个可位寻址变量的地址
sfr	特殊功能寄存器地址定义	定义一个特殊功能寄存器(8 位)的地址
sfr16	16 位特殊功能寄存器地址定义	定义一个 16 位的特殊功能寄存器的地址
data	存储器类型说明	直接寻址的 8051 单片机内部数据存储器
bdata	存储器类型说明	可位寻址的 8051 单片机内部数据存储器
idata	存储器类型说明	间接寻址的 8051 单片机内部数据存储器
pdata	存储器类型说明	“分页”寻址的 8051 单片机片外数据存储器(或者说扩展存储器)
xdata	存储器类型说明	8051 单片机的外部数据存储器(或扩展存储器)
code	存储器类型说明	8051 单片机程序存储器
interrupt	中断函数声明	定义一个中断函数
reetrant	再入函数声明	定义一个再入函数
using	寄存器组定义	定义 8051 单片机的工作寄存器组

参 考 文 献

[1] 谭浩强.C程序设计(第4版)[M].北京：清华大学出版社,2010.

[2] 崔武子,齐华山,付钪,等. C程序设计试题精选(第2版)[M]. 北京：清华大学出版社,2009.

[3] 吉顺如,刘新铭,辜碧容,东政. C语言程序设计教程(第2版)[M]. 北京：机械工业出版社,2010.

[4] 希赛教育等考学院.30天通过全国计算机等级考试：二级C(2012版).[M]. 北京：电子工业出版社,2012.

[5] 教育部考试中心.全国计算机等级考试二级教程：C语言程序设计(2011年版)[M]. 北京：高等教育出版社,2010.

[6] 何光明,杨静宇.C语言程序设计与应用开发[M].北京：清华大学出版社,2006.

[7] 夏涛.C语言程序设计[M].北京：北京邮电大学出版社,2008.

[8] 周兴华.手把手教你学单片机C程序设计[M].北京：北京航空航天大学出版社,2007.

[9] 丁向荣,谢俊,王彩申.单片机C语言编程与实践[M].北京：电子工业出版社,2009.

[10] 丁向荣,贾萍.单片机应用系统与开发技术[M].北京：清华大学出版社,2011.

[11] Ivor Horton.杨浩译.C语言入门经典(第4版)[M].北京：清华大学出版社,2008.

[12] [美]克尼汉.C程序设计语言(第2版新版)[M].北京：机械工业出版社,2004.

[13] 尹宝林.C程序设计思想与方法[M].北京：机械工业出版社,2010.

[14] 陈兴无. C语言程序设计项目化教程[M]. 武汉：华中科技大学出版社,2009.

[15] 崔武志. C语言程序设计[M]. 北京：清华大学出版社,2008.

[16] 宗大华. C语言程序设计教程(第3版)[M]. 北京：人民邮电出版社,2012.

[17] 唐涛,杨本胜. C程序设计任务驱动教程[M]. 青岛：中国海洋大学出版社,2011.